U0839898

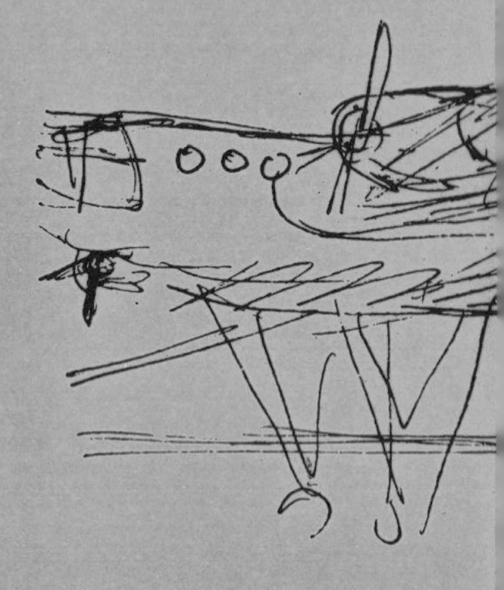

一座机场的美，是空间的壮阔！
——（图·文）勒·柯布西耶

从现代向后现代的路上

《建筑师》编辑部编

中国建筑工业出版社

图书在版编目（CIP）数据

从现代向后现代的路上（Ⅰ）/《建筑师》编辑部编．—北京：中国建筑工业出版社，2007
（《建筑师》丛书）
ISBN 978-7-112-09366-3

Ⅰ.从... Ⅱ.建... Ⅲ.建筑学－文集 Ⅳ.TU－53

中国版本图书馆CIP数据核字（2007）第077619号

丛书策划：黄居正 易 娜 李 东
责任编辑：易 娜
责任校对：王雪竹 兰曼利

《建筑师》丛书
从现代向后现代的路上（Ⅰ）
《建筑师》编辑部编
*
中国建筑工业出版社出版、发行（北京西郊百万庄）
各地新华书店、建筑书店经销
北京嘉泰利德公司制版
北京中科印刷有限公司印刷
*
开本：880×1230毫米 1/20 印张：$14^4/_5$ 字数：256千字
2007年8月第一版 2007年8月第一次印刷
印数：1—3000册 定价：40.00元
ISBN 978-7-112-09366-3
（16030）

谨以此书献给曾经和仍旧喜爱、关注
《建筑师》杂志的作者和读者们

序　言

日前，《建筑师》杂志主编黄居正先生与我洽谈，并告知他们正准备把历年来发表在《建筑师》上的优秀论文分门别类的做成多册论文集汇编，并约我为该刊汇编作序。作为老编委之一，深感义不容辞，于是欣然允诺。

《建筑师》创刊于1979年，距今已28载，共发行128期，堪称建筑界最早的期刊之一。回顾这风风雨雨的28载，令人不胜感慨。

28年前，文革刚刚结束，但人们的思想依然禁锢在“左”的氛围之中，当时只有《建筑学报》在中国建筑学会的领导下，可谓是“正宗”学术刊物。鉴于改革开放势在必行，中国建筑工业出版社的杨永生同志邀请了相关高等院校的七位教师（当时均未恢复职称）组建了编委会，并筹建了建筑学领域里的另一本学术刊物——《建筑师》。此刊物的名称实际上起着为“建筑师”正名的作用。因为，当时职称系列中只有“工程师”这一称号，而无“建筑师”。“工程师”这一称号不仅不能与国际接轨，而且反映出我们国家一片文化废墟的凄凉景象。在青黄不接之时，杨永生同志为创办《建筑师》做出了不可磨灭的贡献。

依我之见，与正宗的《建筑学报》相比，《建筑师》

杂志不仅专业性、研究性强，且办刊的形式多样灵活，发表论文的空间更加广阔，尽管这样办刊在那个时候会有一定的风险。

28年是一个漫长的历史过程，虽然《建筑师》当时的编委很少，但他们激情满怀，一路风风雨雨，历尽艰辛。他们有过辉煌，也曾步入低谷。但老一代与新一代编委们志同道合，团结一致，在他们共同的努力下，克服了重重困难，终于迎来了辉煌的今天。

借此之机，衷心地祝愿这份老刊物能够不断地焕发青春，并企盼这多卷论文集汇编能够唤起人们对《建筑师》往昔的怀念及对未来的憧憬。希望有更多更优秀的论文在《建筑师》上发表，从而不断地提高刊物的学术水平。

如今，年轻一代的编者们为把《建筑师》办得更好而在不懈的努力着，他们信念坚定，朝气蓬勃，为迎来新的辉煌而高歌猛进。

2007.6.26.于天津大学

目　录

密斯·凡·德·罗的建筑思想

张似赞　译

译者按：路德维希·密斯·凡·德·罗1886年生于（德）阿亨城一个石匠兼承包商的家庭。他未接受过高等建筑教育——他的营造学原理都是通过先当石匠徒弟，继而进工艺学校，最后当德国建筑师彼得·贝伦斯的学生而学到的。

密斯在自己设计的两座建筑物：巴塞罗那国际博览会德国馆（1929年）和（捷）布尔诺的吐根哈特住宅（1930年）建成之后就开始扬名了。20世纪30年代初，密斯（当时已是著名建筑师了）担任德国建筑学校"包豪斯"的校长，1938年由法西斯"第三帝国"的德国移居美国，担任伊利诺伊工学院建筑系主任。密斯于1969年去世。

本文是密斯的言论摘译。

1924年　谈建筑工业化

我们今天的建筑施工方法应当是工业化的。如果说不久前这一点还有许多人怀疑的话，那么，到今天已经连建筑业之外的人们也都一致同意了。

工业化涉及生活的各个领域，如果不是有特殊障碍的话，它早就会不顾建筑界各种落后观点而在建筑业中确立起来了。我认为，对建筑师说来，建筑工业化问题是现代最重要的问题。如果我们圆满地解决了这个问题，那么其他社会、经济、技术甚至审美等问题也就都容易解决了。如何实现工业化呢？我们只有对至今仍阻碍工业化发展的原因进行分析，才能对这种问题得出有说服力的答案。不要归罪于旧有的施工方法——它们倒是这种阻碍的后果，而不是其原因。

所有各种新施工方法的探索，凡取得成功的都是在能够采用工业化方法的建筑施工部门中。最早的是钢铁工业进行工厂预制的装配构件的生产，今天，木材工业也开始步其后尘了。

但是建筑业其余各部门的大部分生产过程仍旧采用传统的手工业方式。我们在改革建筑工业的施工组织或改善生产过程中，并未消除手工业的生产方式。众所周知，采用大块材能大大降低材料消耗和建筑成本，但却不能使我们摆脱手工操作。

我们面临的就不是对现有施工方法的合理化改善，而是必须对建筑工业本身性质作革命性的改革。

建筑施工过程的工业化，是个建筑材料的问题。因此我们的首要任务就是寻求某种新型建筑材料。必须为我们的施工操作方法发明一种既能用工业化方法生产，又能抵御自然气候侵蚀，有良好隔声、隔热性能的材料，这样的材料肯定是要发明出来的。这种材料应当重量轻，不但可能而且必须是用工业化方法才能生产，全部建筑构件都在工厂预制，而施工现场的工序仅限于装配，所需人工和工时都很少。这就能大大降低建筑造价。只有这样，新建筑才能占统治地位。我相信，传统的建筑施工方法必将成为过去。那些为手工业生产方式感到惋惜的人们不要忘记，汽车是不可能去完成轿式马车的任务的。

1924 年　谈建筑与时代

人们都把希腊神庙、罗马巴西里卡和中世纪教堂看做是各时代的产物，而不认为是哪个建筑师个人的创造。谁会去究问建造这些建筑物的建筑师呢？那些一时走运的创作者个人到底有多大作用呢？这样的创造物本身性质就不是可以与任何个人联系在一起的。它们完全是自己所处时代的反映。它们的真正意义就在于它们是自己所处时代的象征。

建筑是以其空间形式来反映时代精神的。

关于建筑本质的问题具有头等重要的意义。必须搞清楚，一切建筑都是与自己所处时代密不可分的，并且它们只有通过它们当代的形式，也只有通过它们自身所处时代的建筑语汇，才能具有表现力，自古以来毫无例外。

凡是企图在现代建筑中去搬用过去建筑形式的，都完全无指望取得成功。就连最优秀的艺术上的天才要这样做也是注定要失败的。我们已经一而再、再而三地见到一些有天分的建筑师一旦在创作上落后于时代就落得个垮台的下场。尽管他们有天分，但终究不过是一些无识之士，要知道，如果他们坚持错误的道路，那他们的热情又有什么用呢？这就是基本之点。向后看的就不可能有所前进；生活在过去之中，就不可能走向未来。

我们时代的基本趋向就是追求现实世界的生活。神秘主义者所追求的东西已成历史陈迹了。我们已经更进一步地认识了现实生活，因此我们也不再去建造教堂了。浪漫主义者的大胆豪举，对我们也已没有什么意义了。我们只感到他们创造的形式空虚。我们的时代不是激情的时代，我们珍视理智和现实主义更超乎突发的热情。

我们必须满足我们时代的人们现实主义的和功能主义的要求。只有这样，我们的建筑物才能体现我们时代内在的威力。只有蠢人才会认为我们的时代是缺乏威力的。

我们现在正忙于解决公共性的问题。个人正在逐渐失去巨人般的作用，这种个人的前途和命运已不再是我们所关心的事了。各个领域中所取得的成就都是没有个人特色的，在大多数情况下其创造者都是不知名的。这里表现了我们这个时代有一种作品不挂名的总趋向。一些工程建设就是很好的例子。巨型的水坝、宏大的工业设施和大桥梁的建设，都被认为是理所当然的事，人们并未铭记创造它们的工程师的名字。它们预示着技术进展的未来。

如果把古罗马沉重的水道桥与现代轻巧得像蛛网般的钢架相比，或把厚重的拱顶与薄壁的钢筋混凝土结构相比，我们就能看出，我们时代的建筑在形式和表现手法上与过去的建筑有多么悬殊的区别。现代的工业化施工方法正是促进了这种发展。

否认现代的建筑物是实用性的营造物，这是毫无意义的。但是，只要撇开浪漫主义的观念，我们就能看到，古希腊人在石造建筑上的创造和古罗马人用砖和混凝土所进行的营造，以及中世纪教堂的营造，都是工程技术的大胆成果。毫无疑问，最初的几座哥特式建筑物，在它们的罗马风式样的同类建筑中间，必定显得好像一些不速之客一样。

只要我们这些有实用性的建筑物能够用自己完满适应功能要求的表现形式，来表现我们的时代，那它们也就配称为建筑艺术品了。

1923年　关于建筑和关于形式问题的一些警句

我们反对一切审美方面的虚夸、教条和形式主义。

建筑以空间形式体现出时代的精神，这种体现是生动、多变而新颖的。

要赋予建筑以形式，只能是赋以今天的形式，而不应是昨天的，也不应是明天的，只有这样的建筑才是有创造性的。

应当从我们建设任务的实质出发，利用我们时代的施工方法来进行形式的创造。这就是我们的任务。

我们不承认有单纯形式的问题，我们只承认有整个建筑的问题。

形式并非我们工作的目的，它们只是结果。

形式自身是不能独立存在的。

把形式本身当作目的，这就是形式主义，这是我们所反对的。

我们的任务主要的就是要把建筑实践从艺术投机分子的控制下解放出来，以还其本来面目：就是建筑。

1922年　关于两座玻璃摩天楼

摩天楼大胆的结构构思，随着施工的进展正在呈现出来。在这个阶段，巨型的钢铁网架给观者以强烈的印象。但是，当外墙逐渐加上之际，无根据而随意的杂乱形式就掩盖了本应是艺术构思基础的结构骨架。最终，这种建筑物能够使我们惊叹的只不过徒有体积的庞大，虽然它们不成问题也能作为技术水平的一种见证。为力求改变这种求助于旧形式来解决新问题的做法，我们必须从新任务的实质出发来创造新的形式。

用玻璃来作外墙，就能特别清楚地显现新结构。在今天，这是容易做到的。因为框架建筑物的墙是不承重的。采用玻璃就为新的解决办法打开广阔的前景。

我在柏林弗烈德立大街火车站附近的摩天楼设计中采用了棱柱体形式，在我看来，这与三角形的地盘最为相称。我使玻璃面呈不大的角度相接，以避免大玻璃面的单调感。

在作玻璃模型时，这里主要的效果是映像的变化，而不是一般建筑物普遍的光影变化效果。

这个试验的成果也表现在我的第二个设计中。初看起来，曲折的平面形式好像是任意的，实际上这些曲线是由三个因素决定的：建筑物的采光要求，建筑体积的造型要求，映像效果的要求。在用玻璃做的模型中，我已证实，考虑光影变化效果对于玻璃建筑物的设计毫无用处。

楼梯井和电梯井是平面中惟一不能变动的固定点；其他所有各部分都可随建筑物的功能要求而变动，并且也都可用玻璃来做。

1927年 多户住宅建筑设计方案（评述）

在现代，经济性的要求决定了多户住宅的建设必须合理化和标准化。另一方面，我们的要求更为复杂了，这又需要平面布置有灵活性。未来的发展就必须考虑这两种因素。要达到这些目标，最合宜的结构系统就是框架式。采用这种形式能够应用先进的施工方法并保证内部平面布置更为自由灵活。卫生技术设备要求厨房和浴室不能不做成固定的小间，而住户中其余所有空间则可以用活动隔墙来随意划分。我认为，这样做应该能够满足全部要求了。

1927年 写给里茨乐博士论建筑形式的信

我的抨击并不是反对形式，而是反对把形式本身作为目的。

我是因为得到教训了才进行这样的抨击的。

把形式当作目的，就不可避免地走向纯粹形式主义。

这种搞法仅仅集中注意外观效果。但是只有那些内部有活力的，其外观效果才会有生命力。

只有那些生命力强的，其形式才有力量。每一个“怎么样”（“how”）都是建立在某一个“什么”（“what”）的基础上的。

“不成形”并不比“过分讲求形式”更坏。

前者不过是什么也没有，而后者则徒有其表。

真正的形式是以真正的生活为前提的。

但不要“曾经是这样”（“has been”）或“可能会是这样”（“would be”）。

下面是我们的准则：

我们不应过多地凭结果来评价，而应更多地看其创作过程。

因为正是这个过程才能看出形式是否产生于生活本身，或者是为形式本身而生造出来的。

这就是为什么创作过程如此地事关紧要。

生活对我们是有决定意义的。

它具有丰满的、精神与物质相互关联的内容。德意志制造联盟难道不应当作为最重要的任务之一，来弄清、分析和整理我们精神和物质两方面的目前局面，从而起个带头作用吗？

难道还不该让所有其他一切都服从于创造的力量吗？

1930 年　新时代

（在维也纳举行的德意志制造联盟一次会议上的讲话）

新时代已经成为事实了：它已经不顾我们置以“可”或“否”而出现了。但是它比之任何别的时代却既不显得好些，也并不更坏。因此我也不愿费劲去给它下定义或去弄清它的基本结构。

我们别把机械化和标准化说得过分重要。

我们要承认经济和社会条件已经变化这一事实。

所有这一切都沿着不可选择的命定的途径向前发展着。

有一件事是有决定意义的；这就是看我们在环境条件面前所抱的态度。

从这点出发，那些精神方面的问题就开始出现了。应该提出的紧要问题是“怎样做”，而不是“是什么”。至于我们生产什么产品，或者使用什么工具，则没有精神方面的意义。从精神方面的观点来看，是建摩天楼还是低层建筑物的问题如何定夺，是否采用钢铁和玻璃来建造，都是无关紧要的问题。

然而恰恰是价值的问题又是有决定意义的。

因为，对不管任何时代——包括这个新时代——正确的东西总是占据显要地位的，这就是：要使精神获得存活的机会。

1930 年　艺术评论

（在“艺术家议论评论家”座谈会上的即席发言）

难道说判断错误不是很自然的事情吗？难道说评论工作是很容易的吗？

目前评论文章甚少，艺术作品同样也甚少。因此我想提醒大家注意评论，包括艺术学的评论的基础和本质。如果这一点不弄明确，那就不可能有真正的评论，对评论家也就会提出过分的要求。

评论家的作用是：研究分析艺术作品，评价其意义和价值。要做到这一点，评论家首先应当了解作品。这是不容易的。艺术作品产生于自己特定的生活环境，并非任何时候任何人都能领会的。为了领会艺术作品，我们必须接触该艺术作品所表述的那种种条件。评论正是在这点上既能取得巨大效果又有其局限性。

评论的局限性还在于，存在着价值的等级，没有这种等级，任何比较衡量都是不可能的。目前的评论总难免充当一种价值的尺度。

1938 年　在就任阿尔莫工学院建筑系主任时的讲话

任何教育工作都应从实践入手。

但是目前的教育则必须跨越这第一阶段，以促进个性的形成。

首要的任务是要给学生以实际生活所必需的知识和能力。其次的任务是促进其个性的发展，以使他能够正确应用自己的知识和技能。

这样，当前的教育所追求的就不仅是实用性的目标，而且还进行精神方面发展的教育。

我们在实用方面的教学内容只表现物质方面的进展情况。我们的精神方面的意向，则表现我们文化的水平。但不管我们的实际目标与精神倾向是何等不同，它们之间无论如何总是紧密联系的。

我们精神方面的意向若不是与实际目标相联系的话，还能与别的什么相联系呢？

人类生存同时依赖两个基础：我们的实际活动保证了物质方面的需求；我们的精神意向则提供了进行创造的条件。

这对于整个人类活动都是适用的，甚至对那些精神因素作用很小的活动也是一样，而对建筑师的创作活动就更有典型意义了。

我们若想有所成就，就必须从这些原则出发来组织我们的建筑教育体系。这种体系也必须适应客观现实条件。任何建筑科目的教学都应揭示现实与精神的相互联系。

我们应当一步一步地阐明，什么是可以做的，什么是必须做的，什么是重要的。

教育要说有目标的话，这首先就是培养敏锐的眼光、预见能力和责任感。

教育工作应当把我们从无根据的见解引到能作负责任的判断，从偶然凑合引到合理的明确性和逻辑性。

因此，让我们引导学生沿着认识的阶梯从物质的研究（通过了解功能）走到独立的创造。让我们引导他们进入朴实无华的施工方法健康发展的境界，在那里，每一斧劈都有其作用，每一雕凿都有其表现力。

过去木构建筑那种结构上的明确性现在到哪里还能再找到呢？其材料、结构与形式如此地统一，现在到哪里还能再找到呢？

这是多少代人智慧的结晶。

这些建筑物具有对材料多么非凡的敏感性，又是多么富有表现力呀！

它们何等亲切而优美！有如古老民歌的回响。

他们对材料的理解何等正确无误，何等运用自如呀！

过去的匠师们对于哪儿可以、哪儿不能使用石材，洞察力是何等惊人呀！

我们从何处还能找到这样丰富多彩的结构方案呢？现在哪儿还有这样自然而健康的美呢？

他们把楼板搁在墙壁的古老石块之上何其优雅，门洞开得又是何等精巧呀！

问年轻的建筑师们，我们还能找到比这更鲜明的范例吗？他们到哪里还能学到从这些无名的匠师所能学到的简朴真实的艺术技巧呢？

我们从砖砌建筑物中也能学到不少东西。

砖块的形式是何其合理而便利，它们何其适应于各种不同的用途呀！它们的错缝、砌筑方式和表面效果是何其合理呀！

这种最为简单的墙面又是何等丰富呀！

如此说来，每一种材料都有自己的特性，它们是可以被认识和加以利用的。

钢铁、混凝土也是一样。必须搞清楚，问题不在于用什么材料，而在于我们如何去使用它们。

新材料不见得总比旧的好。每种材料都是这样，我们如何处理它，它就会成为什么样子。

我们对建筑功能也必须像对建筑材料一样地熟悉。应当对功能要求进行分析，把它们搞得更明确。例如，必须了解居住建筑与其他类型建筑的区别。

对于建筑物可能是什么样的，又应该是什么样的，以至它不应该是什么样的，都必须心中有数。

我们必须研究建筑物的全部功能要求，并使其成为形式创造的依据。

除应了解材料和功能要求之外，还必须了解我们时代人们的心理和精神方面的特点。

我们必须了解我们时代的主要内容和动力，要善于从物质、功能和精神这三方面的观点来进行分析。

关于我们时代与别的时代的区别，以及它与过去时代有何共同之处，我们也必须有明确的概念。

这就产生了施工方法的问题。

技术不但使我们有力量，也会给生活造成危害；这与人类所有活动一样，祸福并行。因此我们必须明确决定，要采取什么样的建筑原则。

建筑中审美原则过分着重理想和形式方面，这既不适应我们的生活需要，也不适应对待生活的现实主义态度。

因此我们决定采取有机建筑，以期达到局部与整体能成功地互相协调。这就是我们的基本观点。

从对材料的研究（通过了解功能）到积极创造，这条漫长的道路，其目的只有一个：就是要创造出建筑的系统。我们需要有一种系统，其中，一切都有自己应有的地位和自己的定义。我们但愿这种系统发展完善，以便我们的创作园地从中繁荣滋长。

我们奋斗的目的和意义最好的表述，就是下面这句含义全面而深刻的话："真实性的伟力就是美"。

1940年　论F·L·赖特

（为纽约现代艺术博物馆举行的F·L·赖特展览会未正式出版的目录册所写的评论）

约在本世纪初，威廉·莫里斯煽起的欧洲大规模的艺术复兴潮流，在趋向过分精致讲究之后，已逐渐丧失势力了。衰竭的明显迹象已经出现。从形式的角度来复兴建筑的企图已呈灭亡之势。缺乏健全的体制是显而易见的。甚至当代艺术家们作最大的努力，也不能克服这种缺陷。他们所作的努力，毕竟只限于主观方面。由于建筑的正确做法总必须是讲求客观现实性的，我们确实可以发现当时惟一健全的解决办法都存在于那些坚持有客观条件限制的场合，并且都是不容主观想法有机会放纵的场合。在工业建筑的领域中，这一点在当时是正确的。只要重温彼得·贝伦斯为电力工业所做的出色创作，就足以说明了。但是在建筑创作的所有其他问题上，建筑师则闯入了历史的领地。对于其中的有些人来说，古典形式的复兴好像还是合理的，而在纪念性建筑的领域中，甚至好像是绝对必要的。

当然并非所有20世纪早期的建筑师们都是这样。而特别是凡·德·维尔德和贝尔拉格更不是这样。他们两人对自己的理想都是很坚定的。要他们背离他们认为必要的、既定的思路是不可能的，前一人是因为他知识的完备；后一人则是因为他对自己的理想怀有几乎像宗教般的信仰以及他性格上的真诚。由于这些原因，一个赢得我们最高度的尊重和爱慕，另一个也获得我们特别的敬仰和热爱。

但是，我们这些年轻的建筑师却感到内心存在着痛苦的混乱。我们热心追求无限好的东西，我们也决心献身于一种思想。但是在那时，该时期建筑思想的活力却已丧失了。

这就是1910年大致的局面。

正在这个对我们说来是转折关头的时刻，F·L·赖特的作品展览来到柏林了。这次内容充实的展出和他作品的详尽出版物的问世，使我们能够真正认识这位建筑师的成就。这次接触肯定对欧洲的进展具有极大的意义。

这位大师的作品展现了一个有意想不到的力量的建

筑领域，展现了表达上的明确性和形式上的丰富多彩。这个展览会是一个巨匠终于从建筑的真正源头汲出来的清泉；他的创作以真正的独创性问世了。在这里也显示，真正的有机建筑的花朵盛开了。我们研究这些创作越是专注，就越敬佩他无比的天才，他大胆的想法，以及他思想和行动上的独立自主。从他的作品所散发出来的有力的冲击，使整个一代人获取了力量。他的影响甚至在还未实际显现之前即已能强烈地感觉到了。

就这样，在这初次接触之后，我们就以时刻关注的心情追随这位罕见的人物。我们怀着惊奇去察看一个得天独厚的人赠与我们的礼物丰盛地层现出来。他以毫不衰减的力量，像广袤景色中一棵巨树的华冠，年复一年地繁荣滋长。

1950 年　写给伊利诺伊工学院的信

技术植根于过去、控制今天、展望未来。

这是一次真正的历史性运动——是那些能够改造和代表其时代的伟大运动之一。

只有古典时期对人的发现、古罗马的强权的威力和中世纪的宗教改革运动，才能与之相比。技术远不止是一种手段，它本身就别有天地。

技术作为一种手段，几乎对一切方面都可说是最优越的。

但是，只有当技术在宏伟的工程构筑物上充分发挥了作用，它才能显现出自身真正的本质。

在那里，技术很明显不仅是一种有用的手段，而是本身具有重要性，具有特殊意义的，并且具有强有力的形式。

那么，它到底仍算是技术呢，还是算作建筑艺术了呢？

这可能就是为什么有人会认为建筑的寿数已满，技术即将取而代之了。

这种认识却并非出自清醒的思考,而倒是恰恰相反。

凡是技术达到最充分发挥的地方，它必然就达到建筑艺术的境地。

建筑艺术诚然是以现实为依据的，但是它的活动领域却是在抒发意趣的境界中。

我希望你们能明白，建筑艺术与形式臆造毫无共同之处。

建筑艺术并非大人小孩的游戏场所。

建筑艺术是时代潮流的真正战场。

建筑艺术是各时代历史的纪录，它可以使各时代留名后世。

建筑艺术又是依存于自身所处时代的。

建筑艺术形式是以其内在的结构逐渐成形确定下来的。

这就说明了为什么技术与建筑艺术的关系竟是如此密切。我们希望，它们两者共同成长发展，我们期待终将有这么一天，建筑艺术形式将成为技术的表现。

只有到那时,我们才能拥有名副其实的建筑,即,成为我们时代真正标志的建筑。

1960年　接受美国建筑师学会颁发的金质奖章时的讲话

接受美国建筑师学会颁发的金质奖章对我来说是极大的荣誉[1]。

这表明，我的同行们赏识并器重我的工作。我深深感谢这种表示敬意的礼遇。

教学活动的需要，促使我必须把我的建筑观点和观念明晰地加以条理化。

创作活动则使我有机会在实践中来验证它们。

除其他各种因素之外，我的教学和设计工作证明:进行创作必须思想和行动都明确。

[1] 路德维希·密斯·凡·德·罗是在1960年4月美国建筑师学会在旧金山举行的年会上接受该金质奖章的。

缺乏明确性，就没有观点。而没有观点就没有坚定的目的性，只能是一片混乱。

也有过这样的时世,连伟大的人物也慌乱失措起来。1900年代就出现过这种情况：赖特、贝尔拉格、贝伦斯、奥尔布里赫、路斯与凡·德·维尔德，当时各走各的道路。“现在该向何处去？”这是当时的学生、建筑师们和关心建筑的人们多次向我提出的问题。

毫无疑问，没有任何必要也不可能每个星期天都杜撰出新的建筑风格来。

当前我们正处在一个时代的起点，这个时代将由新的思想来统治，它将要被新的技术方面、社会方面和经济方面的力量推向前进，它将获得新型机械装备和新型建筑材料。这个时代必将创造出新的建筑来。

但是未来是不会自行降临的。我们只有目的明确、专心致志地工作，才能为未来打下良好的基础。多年来，我越来越坚定地相信,建筑艺术不是单纯形式的游戏。我懂得了，建筑与文明有紧密的联系。

我也懂得了,建筑艺术产生于文明的最基本的动力，它最优秀的作品必定反映了自己所处的时代。

文明的构成并不单纯，它的一部分处于过去时代，一部分在现在，还有一部分则在未来。这是不容易鉴别也不容易领悟的。对于过去的东西不可能加以改变了,就因为它是过去的东西。对于现代的东西，我们必须承认其存在并发展它。对于未来呢……未来对创造性的思想和行动是敞开大门的。

建筑正是从这样一种结构中取得自己发展的基础的。因此，它只与文明的最显要的力量发生联系。只有那些反映时代本质的方面才是货真价实的，我把这称为真实的方面，按福马· 阿奎因斯基的理解，或按现代哲学家用现代语言来表达，则称为“事实的真相”。只有这样的一些方面才能反映文明的错综复杂的特性。只有这样做，建筑才能参与文明的发展。也只有这样做，建筑才能逐渐具备自己的形式。

这一直都是，而且仍将是建筑的任务。这个任务无疑是很艰巨的。但斯宾诺莎（1632～1677年荷兰唯物主义哲学家、无神论者——译注）早已教导过我们：各种伟大的成就从来都不是轻而易举的，它们既是难能的，也是可贵的。

（译自《苏维埃建筑》——苏联建筑师学会论文集1961年第13期、法国《现代建筑》1958年总第78、79期，原文载于《建筑师》第1期）

功能、结构与美——在英国建筑学会特别会议上的讲演

[美] 埃罗·沙里宁 著 刘振亚 译 张似赞 校

绪 言

我觉得我到伦敦来谈建筑学的有关问题可能是多余的。你们的建筑以至你们的建筑思想和建筑论著，都有非常伟大的传统。

我肯定我们都会同意这一点，即没有人曾把建筑赖以建立的条件和原则概括得比维特鲁威的格言更好的了。这一格言即是“方便、坚固和好看”，或以我们惯用的话来说，“功能、结构和美。”不论是埃及式建筑、哥特式、罗马风式或现代建筑，都必须满足这三个条件，否则它就不是建筑。我还确信我们也会同意这一点，每一个时代、时期或每种风格，都用不同方式满足了这三个条件。他们处理这些条件的相互关系可能各不相同，要不就是他们可能将其中的一个强调得超过了另外两方面。例如，再没有比我们这个时代对第三个条件，就是“好看”，更加不重视的了。恰如每一个时代在这三个条件约束之下都找到了新的出路和表现方法一样，每个个人也在这三个条件约束之下找到了自己的表现手法。

因此，今晚我将谈一些看法。这些看法我感到在建筑总发展的目前阶段是极其重要的。我并不是说它们是惟一的重要问题。我感到它们仅仅是我们在维特鲁威的

基本原则的前提下应当加以探讨的一些问题。我将涉及每一个问题。首先讲一讲，然后看图片。我最初的意图是用斯东（E. Stone）、雅马萨奇（Yamasaki）、鲁道夫（Paul Rudolph）、约翰逊（Philip Johnson）、布劳耶（M. Breuer）以及其他一些人的作品，加上我自己的作品，来阐明我的观点，以表明我们这些中年一辈中较年轻的一伙之间实际存在某些类似的想法。但是我没能及时拿到这些图，因此我只能用我自己的作品来说明这些观点，请不要以为我在这方面自命不凡。

技　术

我甚感兴趣并且要讲的第一方面是技术。当然，每一个时代都是用它当代的技术来创作自己的建筑的。但是没有任何一个时代拥有过像我们现在在处理建筑上所拥有的这样神奇的技术。大家都把我们的时代称为“一个神奇的技术世界”。然而这种说法已完全成为事实。用我们的技术，我们可以做出人们从未梦想过的东西。

现代技术已经深刻地影响到我们的建筑。没有它，我们就不会有摩天楼，就不会有“包豪斯”学派的理论，就不会有短杆穹窿（Geodesic Dome）以及主要用成批生产的预制构件建造的建筑。没有它，我们就不会有建造悬索结构的自由，这种结构是我们时代独一无二的。但我相信，我们仅仅是刚刚开始。混凝土、铝和塑料的建筑技术还几乎没有被探索过。成批生产的技术向我们提供了许多条件，但我们还没有充分利用这些条件。模数制也提供了新的条件，几何学和物理学中还有许多奥秘，这些奥秘总有一天会为我们所掌握。各种空间结构和气候控制系统对建筑具有新的潜力，这些并不是奇想或疯狂的科学幻想小说的构思。它们即将成为现实。它们将成为我们可以利用的东西。如果我们要与我们所处的时代相协调，我们就必须利用它们，否则，时代就会把我们抛在后边。

但是我们将怎样对待现代技术才好呢？难道我们听任它们支配并被引入愚蠢的行动中去吗？是屈从于技术呢？还是我们将控制技术？我们要不要学习赋予它们以诗意和表现力呢？我们要不要利用它们为新的更丰富的和更奇妙的建筑服务呢？结构上的完整性和结构上的明确性是我们时代审美的基本原则。我们能够善用新技术吗？

这些是我感受到的我们的技术提出的挑战。我为能生活在这样一个具有广阔可能性的时代而感到光荣。我认识到其危险性，但是我要力求去利用这些可能性。无论什么时候只要有可能，我们的责任都是力求去扩大这种技术的表现形式。在利用现代技术的潜力为建筑服务方面，我们要力求去跨出哪怕是微小的一步。

有些步子也许是非常小的。当我们在建造衣阿华州得梅因的德雷克大学一个小型科学馆时，我认为这是大板结构的首次应用。这些板厚2英寸。在住宅建筑中曾采用过一些大板结构，但是就我所知，这幢建筑是最先使用这种结构的。从建造科学馆开始到建造通用汽车公司技术中心时，这种结构已发展得更加精密了。在这个时期，我们已经解决了许多存在的问题。在墙内的铝压制品是用焊接结构做成的。在铝压制品上和窗上都衬贴了氯丁橡胶垫圈。大板的凸缘厚度与玻璃相同，因此同样的氯丁橡胶垫圈代替了镶玻璃的油灰，用来衬贴玻璃和板的四周（一侧还有像拉链一样的东西，因此如果人们要拿掉一扇窗或一块板，就可以把它拉开）。这种氯丁橡胶垫圈大约1英寸宽，板厚2英寸，而且内外表面都有精美的搪瓷面层。在工厂里已经把内外表面完全做好。它们的误差非常小。所有的构件是由美国各地包工制作的，而这些构件能够贴合得非常准确。一个有趣的特征是 这是与公共汽车和轿车窗子上的橡皮垫圈同类的东西。最初我们试用橡皮，但是玻璃的膨胀切断了橡皮，因此研究发明了氯丁橡胶。我们深信这将是把窗子嵌入建筑内的惟一的方法。我们曾经用80磅水压来压这样的窗子而没有漏入一滴水。釉面砖也是一种为通用汽车公司技术中心专门加工的新产品。

我们现正为明尼苏达州的国际商用机器厂设计一个工厂。明尼苏达州的气候是十分冷的，几乎和芬兰一样冷。外墙只有3/8英寸厚，而它的隔热系数和11英寸厚的空心砖墙一样。它的一面是在铝板上覆以瓷面，另一面是用石棉、瓷和铝。整个墙是由竖纹的压制铝板组成的。氯丁橡胶结构一边贴入压制铝板，另一边贴入板内，板和窗的厚度正好相等，因而它们都用同样的压制品。实在没有什么理由为什么一块板必须全是一种色彩。

在通用汽车公司我们试用了全铝吊顶，把管子掩藏在吊顶里面。吸声用的声学构件做成5英尺的标准构件。一旦有墙时，就把墙一直做到混凝土顶棚上面，从而形成了一道隔声物。全铝吊顶产生了良好的效果。这种做法曾经用在通用汽车公司的许多实验室里，因为那里有这种需要。又如喷水系统往往是统一装在5英尺模数的构件上，当然，所有的墙也采用5英尺作为模数。

通用汽车公司技术中心的入口门廊，其悬臂雨篷与玻璃面可算是技术先进的。技术中心有一个所谓“天穹”，这是一个供展出汽车的大厅。因此吊顶必须像天空一样，以便使汽车停在室内看起来和停在室外时效果一样。其结构是仿贮水池结构而作的，也就是说：3/8英寸的薄板全部焊接起来，直径180英尺。发光穹顶实际上是整个用薄铝板悬挂在上面的第二层顶盖。

建筑技术的另一项是钢筋混凝土薄壳。你们也许已经见过支在三个点上的麻省理工学院的圆屋顶(图1)。我们建成这座建筑的时间已经够长了，所以现在人们可以回顾它并且考虑它究竟是对的还是错的，把圆屋顶支在三点上到底对不对，它的形状是否太封闭，等等。

我并不认为在技术的发展上每一样东西都必须往钢和铝等等的方向发展。它们可能向砖石建筑发展。不需要取消砖石建筑，而且它的前途如何，现在也未可知。我并不认为砖也是不能用的。我想这是我们听到的新野性派（New Brutalism）的手法之一，而且看来它是从你们国家传播出来的。

我们正在挪威的奥斯陆修建美国大使馆，立面是用预制钢筋混凝土大板做成的（图2）。板上带有标准化的窗子，板的材料是碾碎过而且磨光的。板里还有光滑的珍珠状的花岗石碎粒。因而从这些碎粒中我们可以获得闪光效果。我们在这个建筑中获得的另一件使我感兴趣的事是：一个起伏相当大的立面未必不如一个平整的立面。

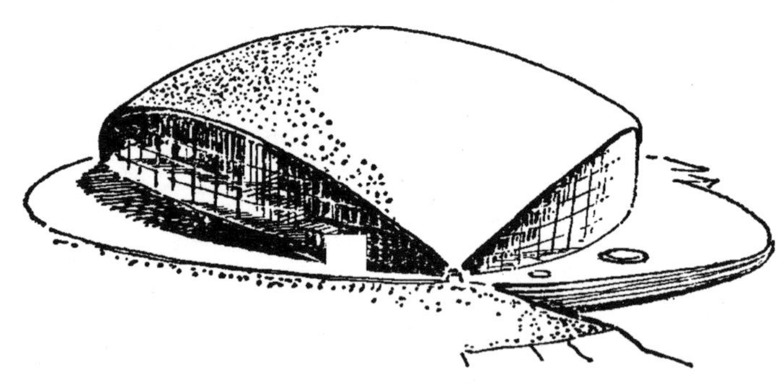

图1 麻省理工学院薄壳圆顶大会堂

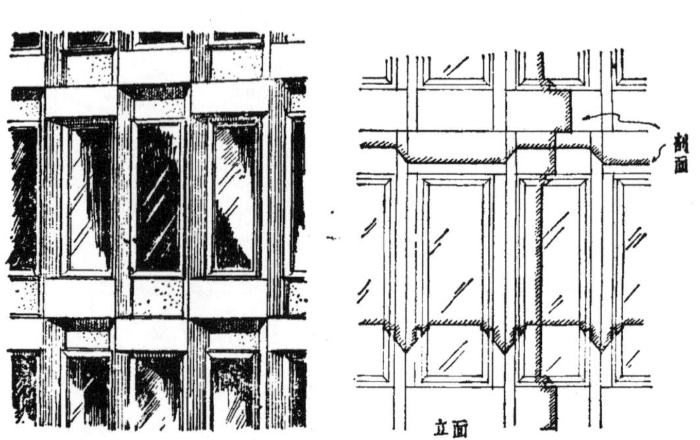

图2 挪威奥斯陆美国大使馆立面局部

塑造形式

我想谈的下一项是塑造形式。这是一种在技术上已经容易做到或者说对我们已有实现的可能性的东西。但是深受立体派影响的早期现代建筑几乎对它未加重视。只有勒·柯布西埃推动了我们去认识塑造形式的许多可能性和趣味。

在美国的一些建筑学派，对结构形式探求的热情十分高涨。壳体结构、折板、双曲抛物线圆顶和富勒(Bucky Fuller)穹顶（即短杆穹窿——译注），风靡于各学校的设计室，尤如印第安时期的牧场大火席卷了大草原一样。人们实在不敢说下一代的建筑师是否还能够容忍平常的空间形式了。

如你们所知，在美国以至无论什么别的地方，在许多已建成的和还在施工的建筑中都探讨了这些可能性。麻省理工学院的大会堂就是这方面的例子。我感到通常并没有经济上的理由要采用这些结构——这样的空间倒是用某些常规的方法来盖会更经济些。因此我想现在这些建筑之所以是这样建造起来，并且我们之所以对它感兴趣，事实上是出于审美上的原因而不是经济上的原因；我们必须面对这一事实。

在这些结构中使我感兴趣的东西是，在什么时候和什么场合去采用它们，以及为什么要去采用它们。深入研究这类结构的不同可能性，人们会发现他们不一定是单纯数学公式、规定必须这样或那样做，不然就会垮掉，而倒是存在着许多同样合理和良好的方式，这些方式各有许多不同发展趋向，而每一种趋向都同样是合理的，只是有一个其外观比其他的更好看些，这一种趋向就是我们所选定的。一种结构具有飞翔的感觉，另一种具有扎根地面的感觉(Earthboundness)。因此这事实上已完全变为与雕刻问题更有关联，而不是与数学问题有关的了。

在这方面我们需要考虑的是：我们伸入雕刻家的领域能到什么地步。我感到南美洲的人们用他们全部力量和热情，实在已经走过头了。他们完整的建筑物已经成为雕塑品，但不知为什么却没有能充分发挥结构作用。塑造形式的结构问题和美观问题的综合解决，掌握得最好的要算真正伟大的艺术家奈尔维（Nervi）了。我们在事务所里已经研究了许多形式并力求思索问题的症结，不光是结构问题，而且还有与结构问题相关联的审美问题。

我们在通用汽车公司技术中心的水塔上下了很大功夫。我们为它做了近30个模型并试验了不同的结构原理，不同的外形，以至每一种外形又作了各种不同比例的方案。共画了500～600张草图并作了20～30个完整成形的模型。我们最终对外观的好坏有了强烈的感受。你们也许不喜欢这个水塔。如果你们不喜欢它，我的议论也就不起作用了。这全然不是一个纯结构的形式，这是一种虚假的结构外形。它的结构隐藏在里面。这些隐藏结构把水箱的荷载传递到腿上——将球体荷载传至地面。结构上不合理但观感上合理，这是我们所能设计出来的外观最好的塔。那么哪一方应取胜呢？我恰恰感到，哪一个外观较好，哪一个就一定取胜。这个不锈钢水塔高约140英尺。它是整个技术中心垂直的中心主题（图3）。

图3 通用汽车公司技术中心水塔

麻省理工学院的一个$3\frac{1}{2}$英寸厚的圆屋顶支在三个点上。每个点在钢支座处的尺寸是6英寸见方。我现在感到这种形式过于封闭了。因为窗是不透明的。这个建筑的挺拔和飞翔的感觉不足。但由于我们是第一次设计这样的东西，在当时很难发现这个问题。

麻省理工学院小教堂的尖塔是由雕刻家西奥多·罗舍克（Theodore Rosherk）做成的（图4）。这是一个有趣的问题。因为我们知道教堂是需要有某种尖顶的，这是建筑师的任务还是雕刻家的任务呢？最终我们认为两方面的责任都有一点。我们确定了其总外形，然后交给雕刻家去完善它。因为他必定对于形式有比建筑师更大的敏感性和想像力。

图 4　麻省理工学院小教堂

现在在为耶鲁大学建造的冰球场有一个中心脊和混凝土拱，两边各有一个置于边墙上的拱。这个溜冰场将有3000个座位。在入口处有一个混凝土拱和暗藏的梁。此梁固定两边的拉索。这些拉索粗不足一英寸。自从模型做好后，我们已经加强了墙的外形和倾斜度。因此目前它是一个相当好看的建筑物（图 5）。

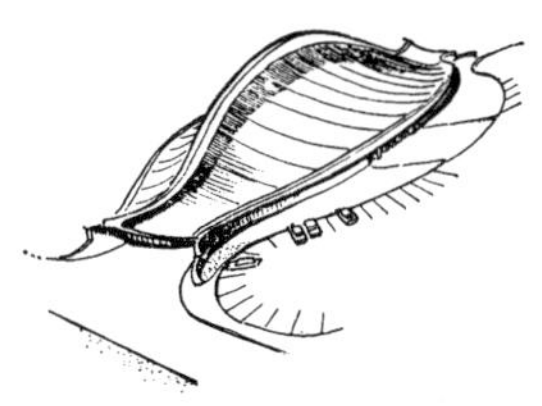

图 5　耶鲁大学冰球场

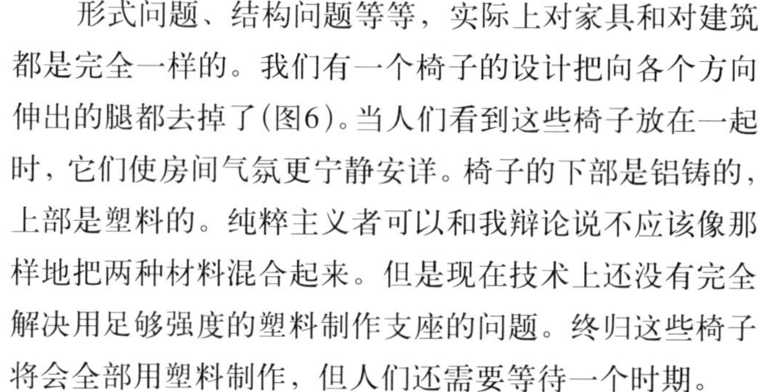

形式问题、结构问题等等，实际上对家具和对建筑都是完全一样的。我们有一个椅子的设计把向各个方向伸出的腿都去掉了（图6）。当人们看到这些椅子放在一起时，它们使房间气氛更宁静安详。椅子的下部是铝铸的，上部是塑料的。纯粹主义者可以和我辩论说不应该像那样地把两种材料混合起来。但是现在技术上还没有完全解决用足够强度的塑料制作支座的问题。终归这些椅子将会全部用塑料制作，但人们还需要等待一个时期。

图 6　沙里宁设计的椅子

我们正在设计纽约爱德尔怀尔德的 TWA 候机楼。我们在候机楼上用了四个壳体的组合（图 7）。这个模型是仔细考虑了1959 型的喷气机的尺寸做成的。这种飞机几乎比现在的飞机大一倍。

图 7　纽约 TWA 候机楼

色彩、质感和装饰

设计上我感兴趣的另一方面是色彩、质感，最后还有装饰的问题。人们在色彩上所犯的过错比在世界上任何其他事情上的都要更多。特别是在我的家乡。但是我对之有一个乐观的看法：我已知道底特律生产的黑色轿车数量增加极少。不管这些，终究我们不能就此憎恨色彩并且不去管它。因为色彩问题确实是一场严重的挑战。问题在于怎样以及在什么时候运用色彩才是正确的。我们如何能够组合它们并使之实际上成为建筑的组成部分？色彩不是随便用用就算的东西。

和色彩问题并行的是质感问题。当我们能够赏识色彩的一点好处时，我们就会同时赏识到质感也有某些好处，这样我们才对质感会变得较为敏感、也才能比较了解质感的全部问题。在早期的现代建筑中，几乎没有把质感作为一个要素来加以认识。一切都比现在光滑得多。质感可以采取许多不同形式，幕墙本身有其质感。从质感的角度来看，这种墙的好坏和总的效果怎样呢？它可以仅仅由落在墙上的太阳的光和影来形成。还可以由于墙本身及其材料的老化而产生效果。这是极其重要的一点。例如，我父亲过去常说，你要么用一种完全未曾老化的材料，要么用一种完全老化的材料，但不要有其他选择。

在这些色彩和质感问题之后，以及在这些领域中人们的知识增长之后，装饰的问题也就来了。所有其他时代和时期的建筑都是有装饰的，但我们事实上没有用装饰。所有其他时期都是出于他们要突出结构或结构的某一局部而采用装饰的。当一个人确定自己不作完全纯粹的功能主义者，而是还要为正当的审美需要而进行设计的时候，就能为装饰的逐渐出现提供机会。我感到现在大概是时候了，人们可以把自己的时间和精力用来迎接这场挑战。尽管这个过程必须缓慢发展。装饰只能在其他东西的基础上缓慢发展。我曾看到斯东和雅马萨奇的作品，我是很喜欢这些作品的。在装饰这个领域，目前已有普遍的发展了。

我们在通用汽车公司各面墙上使用的所有不同的颜色是在这些建筑物修建过程中安上去当作墙的试样的。在设计中不是少量地使用了各种色彩而是把色彩用在各个建筑巨大的山墙上。其中极大多数是40英尺高的一色墙面，好像是空间中的许多色卡。它们之间的玻璃窗墙则与自然界很好地融合在一起。有某些地方同一类色的应用与整个效果可能不协调，但这并不是我们的意图。我们想要的是更接近于土色的颜色，通过对比效果而融合为统一整体。在通用汽车公司中，所有这些上过釉的墙用的完全不是现成的建筑材料。我们把一些砖上了釉放在窑内烧第二遍，看看它将变成什么样，从而产生了非常好的效果。

在像锅炉房这样一个具体空间的室内设计中，我们也决定使用颜色。起先我们对不同的管子用不同的颜色标志，把有的管子漆成蓝色，有的是红色等等，以便把锅炉房搞得像我们所设想的那样。但后来公布了规定，不准用颜色作管道的标志，理由是色彩不易保持，虽然色彩对维护管道是有益的。后来我们决定单从美观角度来使用色彩这样一条原则，而就这样取得了好效果。

在麻省理工学院的大厅里我们用了这样的原则，即把厅内的许多椅子做成不同的颜色，因而即使只有一个人坐在厅内，也不觉得太寂寞、单调。

走进麻省理工学院的小教堂前，人们要穿过带有深色玻璃的柱廊，因而一个人的眼睛能逐渐适应教堂内更暗的室内环境。

在最近完工的一所住宅里，我们用了一些锯出来但没有磨光的大理石。对这些房间的墙来说，这种粗糙状态的大理石比磨光大理石效果要好得多。在一所大型住宅里，我们在住宅中间用了一个格状天窗。这是一座方形的住宅，中间是起居室，周围是卧室、车库及其他房间。起居室从上部采光，这种处理的效果很好。这是一所单层住宅。在室外，我们用另一种质感的石板代替了大理石板。

在我们正在设计的一个小小的路德教的神学院中，我们发展了一种菱形砖。用这种方法我们还可以做出菱形花格。这样我们就有了三种表面：砖墙面、花格和玻璃面。

我们把同样的方法用在大使馆的建筑上以便显出立面的质感。这些质地有浓重的、深色的、亮的、有阴影的，并且与相邻建筑的尺度保持某种关系。我们刚为这个大使馆做好一个新的模型，用波特兰石头和粗壮的铝制装饰进行组合。我们正在设想一种围墙的形式，用压成小片的铝压制品制作，把这些小片做成围墙。因此整个墙实际上变成了装饰品。

环 境

全面的环境问题已开始使我们愈来愈感兴趣了。“建筑评论”可以称这为“广角镜头”。这里有许多方面的问题。这完全视一个人所遇到的是什么问题而异。在美国，一般来说，我们正开始不再强调对个体建筑的注意，而更多地考虑各建筑物相互之间的关系了。

需要考虑的问题是各式各样的。例如，一种理想的情况是像通用汽车公司那样，在那里有机会去设计整个环境。在那里不光可能布置建筑、工厂和每一件东西并使它们相互联系。而且通过那样做，以及通过每一件东西才有可能造成与该建筑任务相适应的整个情绪和整个气氛。这类建筑任务是我们非常感兴趣的。

还有一类任务是在永久性的相邻建筑环境中来建造

建筑物，在不同类型的已有建筑环境中来建造建筑物，或者在新建建筑物时需要抓住与其他建筑在气氛、尺度和材料上的协调关系等。现代建筑初期的原则是我们不管周围的那些建筑物，或者假定这些建筑物将要被拆掉，但是在美国我们有很多例子说明那里许多优秀的建筑师恰恰也是那样做了，但最后结果是，拿大学校园来说，全被破坏了，因为旧有建筑与新建筑竟然同样耐久。环境的全貌比一幢建筑要重要得多。

北欧比几乎任何其他地方看来对相邻建筑的问题认识稍好，但那里又过分迁就了旧建筑。这是另一件需要考虑的事情。我们必须找到一条忠实于现代建筑原则的道路而又使现代建筑能与那些耐久的邻近的旧建筑协调共存。即使这些建筑是些新乔治式和新哥特式也罢。然而我们不应牺牲过多，而且我们当然永不会想从那些建筑上寻求精神上的东西。如果我们那样行事，那我们就该滚蛋了。

我们正在设计的路德教神学院，要容纳500名学生。他们都是要当牧师的，又要共同亲密地生活和学习在一起。怎样处理对他们最好，这问题很有意思。我们把它设想成一个小村庄，那里建筑之间的相互关系或许比模型所能显示的更为密切些。由于小教堂构成主导部分，许多房屋屋顶又是同一方向的，这就很难深入解决一些实际问题，但同样，美观问题也很难深入解决。那里有一个小湖，许多宿舍做成小别墅形式环湖布置。这是一种全面的环境设计问题。不仅仅是要做得切合实际，而且是如何针对一种特定的目的去规划整个环境使之具有一种个性的问题。

我们正在为纽约的瓦塞女子学院设计一些宿舍。我们保留了半圆范围内现有的树木，而在另外半圆范围内搞建筑。这些建筑的特色并不破坏旧有建筑的效果。另一个问题是怎么解决与曲线相适应的问题以及怎么处理一座曲线形建筑的问题。我们采用了许多小凸窗。

通用汽车公司技术中心是另一个全面的环境规划任务。把所有东西统一到一起的水池处在中心位置。在美国，总平面设计中的停车问题正变得几乎不可能解决了。停车面积几乎占去了两倍于建筑的面积。许多工业把它们的研究中心建在农村里，因为他们都希望到农村去，但他们的结局只不过是把它布置在其停车场的中心。

到目前为止，我所谈的大都是着重于与“坚固和好看”这两条有关的。现代建筑有一段时间过分追求“方便”或“功能主义者”的方向，但不久它就发现单有功能还是既不能创造出形式也不能产生建筑艺术。功能上的完善这个原则对我来说是永不能忘记的重要原则之一。建筑应当是为社会服务的。

建筑不是一种时髦的事情——至少不应当是这种东西。仅仅因为是上一代人所相信的某些东西，下一代人就要去嘲笑它，这在道理上是说不过去的。建筑是一代接一代缓慢发展的。功能主义者可能走得过头了，但他们给了我们许多重要的教训。

技术、塑造形式的可能性、色彩、质地和装饰的探索、建筑与环境的关系——所有这些我们所关心和感兴趣的东西，在某种意义上，可以总起来看作是我们关心和致力于扩大我们的表现手法，以期突破我们可能过于心安理得地一直沿用的那么一点点基本手法。

表　现

但我们为什么要去扩大我们的表现手法呢？我想这是因为现代建筑现在已足够成熟了，有条件去考虑像表现这种更大的问题了。也许对一般建筑物来说，表现看来不是太大的问题，这种建筑实际上仅仅是一种可以称为“建筑背景”（Building scape）的一部分，类似舞台布景中的背景的东西。但我想我们也可以有不同看法，即使是这种建筑也必须有其艺术表现——就如它们实际存在的那种朴实的表现手法。

但是对于所谓“特殊建筑”，表现问题则是有决定意义的。一个教堂必须有教堂的表现形式。一个航空港必须有与飞行有关的表现。它必须使人们有抵达和离开时的兴奋感和旅行的新奇和愉快感等等。

现代建筑在这些领域还没有很多的表现机会。但它们是最最有魅力的，虽然我们还不很成熟。如果我们面对一个州议会或一个国会建筑我们也许不能做得很好。顺便说一句，从澳大利亚悉尼歌剧院的设计竞赛来判断，我甚至可以说没有多少人能把一个歌剧院做得真正具有歌剧院的表现形式。

我们非常有幸在美国与我们国务院的外事建筑机构一起工作过。我们中的许多人曾设计了设在世界各地的新建使馆建筑。我们必须面对这样的问题，如何使一座建筑具有政府的特色，并且如何使在伦敦的与在，比方说，廷巴克图（Timbuctoo，或作Timbuktu，非洲马里一城市——译注）的又有所不同。至于我们是否解决了这个问题，完全要由你们大家来评判。

我们的事务所还很幸运有机会设计一些要求有不同表现的许多建筑，甚至能够设计有非常不同和非常特殊性质的全面环境设计。

在通用汽车公司技术中心，我们力求建立一种和该机构的特色有某种联系的建筑。通用汽车公司是一个大规模生产的金属工业和精密工业。重复手法及类似的手法看来好像很相宜，还采用了用轻金属和其他适当材料的组合，看来是对的。换句话说，在建筑方面我们力求为通用汽车公司创造的某些合适的做法，对其他地方则不见得就合适。

奇怪的事曾是当通用汽车公司的人第一次来到我父亲那里时，他们猜想他们将得到某些像我父亲设计的其他建筑那样的东西。但我们给了他们完全不同的东西。我想，路德教会第一次来找我们时，他们也料想会得到像通用汽车公司那样的建筑方案。

在麻省理工学院的建筑中，我们也有表现的问题。在那里，我们有意识地使大会堂和小教堂产生对比。用同样的结构原则等等，一个用砖做、一个用钢筋混凝土做，使他们互相对比。一个是技术学院的大会堂，另一个是宗教建筑。我们就是要创造这样一种气氛。

在TWA候机楼，我们必须研究航站楼总的表现应如何，它应有何种气质，其结构形式应否表现其气质，等等。表现问题是一个在建筑中我们要致力研究的问题。

一个政府建筑的外观一定要与一般建筑有不同。这一点是可以商榷的。它必须表现出它是一座政府建筑，并表达出“你好！”的表情。我们还必须考虑它和格罗斯凡那广场、和波特兰石料以及和英国及伦敦的总关系。

在圣路易的杰弗逊纪念碑设计竞赛中，我们的方案中选了，这个方案有可能要建造了。比之其他任何建筑，这是我更希望它能实现的一座。这座纪念碑设计成580英尺高的不锈钢拱（图8），这个拱除了与埃菲尔铁塔一样供人们登高瞭望市容之外，别无其他功能。

（原文载于《建筑师》第7期）

图8 圣路易市的杰弗逊纪念碑

晚期现代主义与后现代主义

[英]查尔斯·詹克斯 著 尹培桐 译

20世纪20年代是“现代运动”（Modern movement）的黄金时代，50年代达到了普及和商业化。到了60年代后期，现代运动则已经基本上失去了作为一种思想体系的生命力。随着1965年勒·柯布西耶的去世，现代运动在理论、精神方面的方向性已大半丧失了。现代运动作为一项理想主义运动，或者至少作为一种给予社会影响的先锋派的意图，过去经常起着示范作用。近来，这种作用虽说不一定完全看不到了，然而却是很微弱了。可是，近来复兴现代主义种种基本观点的“异端”流派却十分活跃。未来派是由“建筑电迅派”（Archigram）所复兴，意大利出现了“新构成主义”，“建筑电迅派”又派生出“新达达派”（20世纪60年代风行于美国和英国的主要艺术流派之一，又称“新写实主义”或“流行艺术”——译注）。在建筑学术机构或学校中，现代运动是在“后期密斯”、“后期康”名义下，或在为理查德·迈耶（Richard Meier）的作品冠以“后约翰逊——柯布西耶”这一巴洛克式称号的情况下，继续维持着。这些倾向都是从国际式中产生出来的，归纳起来可称为“晚期现代主义”（Late Modernism），它和“后现代主义”（Post Modernism）思潮是不同的。的确，这样的称呼很容易混淆，可是，却正好反映了今天每每含糊出现的问题，即：一方面现代主义的盛期已经结束；另一方面，最近出现的思潮又正是从现代主义中产生的。本文试图说明现代主义是如何异化的，以及什么是现代的东西。在阐述这些问题之前，必须先谈一谈关于历史时代划分的一般问题。说起来，某项具有创造性的运动，其持续时间一般不会超过20年。盛期文艺复兴和盛期巴洛克等，差不多都是持续了这么长时间。而盛期现代主义则大体上是从1920年一直持续到1960年。第二个问题是历史时代划分与断代时间的差距和各建筑师的才能有关。一般说来，优秀的建筑师是活跃在运动就绪时或年轻时代。不过也有例外，盛期文艺复兴的优秀作品是直到1620年以地方为中心而出现的。如像伊尼哥·琼斯(Inigo Jones)等英国建筑师，是在英国传入了某种手法之后才创作了文艺复兴式建筑作品的。盛期巴洛克流行于西班牙、意大利北部、波希米亚等地，风行于罗马则是在它衰落以后的事了。今天，各种运动可以迅速地遍及全球，断代时间的差距不存在了，代替它的是风格和思潮的多元化。过去的历史断代的时间差距以至今天的多元化使我们知道，优秀的建筑若在形式上具有创造性，那么，即使在该时代“告终”之后仍会出现的。这样就可得出以下结论：现代主义或不如说从国际式中汲取了理想主义成分的作品，即使进入21世纪，还是会出现的。为了和先驱建筑师们的做法、观点加以区别，而把它们称之为“晚期现代主义”。

最后一个问题是关于流派、运动和运动时期的问题。像文艺复兴那样流动变化的时期，是按微小差别进行分类的，对此历史学家的意见似乎是一致的。首先，分类这一过程不是由某一历史学家所完成的，而是时间的累积过程，根据后来的研究仔细加以调整的。这样，对直线展开来说，什么是例外也就清楚了。可是，概括的范围和概括的时期是不变的，体系是确定了的。总之，不管如何形成一场统一的运动，在其主导的思潮中仍会有许多对立或旁系的倾向的。可以说这是都能理解的，然而，我们毕竟不会意见完全一致。所以，没有完全统一的体系，而是基于清理各种同样主题或概念的头绪来进行分类。这样就从文艺复兴的十几个头绪，逐渐集中于阿尔伯蒂(Leone Bottista Alberti)、帕拉第奥(Andrea Pauadio)、伊尼哥·琼斯等建筑师为代表的七、八个头绪中。按流派分类并不是说这些建筑师的确有什么实际关系，而是从统计学的角度大致归纳的问题。

晚期现代主义

为了说明今天建筑师中存在的两大倾向，只要看一看他们是如何从现代主义的迷梦中觉醒就行了。环境当中出现的危机、现代住宅区的缺乏人性，以至现代美学的无聊等等，使我们深知不能再这样重复下去了。晚期现代主义和后现代主义二者不断进行的反抗，实际上就是针对这种压力的。

晚期现代主义的建筑师，基本上完全采用了其先驱者们的理论或风格。在这样做的当中，再细心地从形式上创造出现代建筑。而后现代主义建筑师，则是在过去风格的基础上发展新形式的同时，对先驱者们的理论加以修正，甚至基本上完全否定。我想这样就可以简单地说明这两个新流派的共同点和不同点了。

日本建筑师矶崎新和荷兰建筑师赫兹博格(Herman Hertzbeger）的作品，可算是晚期现代主义的代表（图1、图2)。它们是以极度的分段化来针对已有的缺乏个性的现代建筑。赫兹博格用反复划分来达到分段化，其用

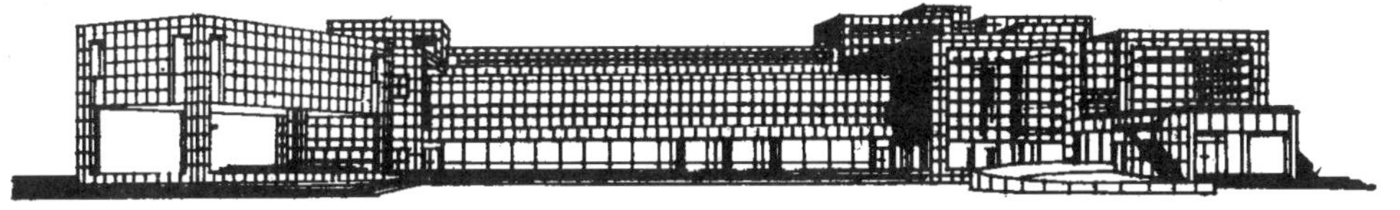

图1 日本群马县近代美术馆，矶崎新设计，1974年

意无非是突出个性（identity）的尝试。现代主义强调均衡、体量以及线型的交通线。可是，赫兹博格则是以与之相反的副中心和多样化的通道来强调其独特性。他的艾莫伊登（荷兰阿姆斯特丹西北约20公里的一座滨海小城市——译注）的一幢“桑特拉尔·贝希亚”办公楼，从某种意义上说，是建立“民主主义纪念碑”的主张，为了抵制官僚主义，他把这幢办公楼划分成许多所谓“活动岛”，因此，可以说它是开敞式的反权力主义建筑。这些小的副中心符合使用者的要求，装饰自由，有时还可以自由改动（图3）。尽管如此，我们仍看不出赫兹博格的作品与现代主义的基本风格和观点有什么本质不同。因为他的基本想法依然是用建筑来具体规定社会的行动，特别是公众的行动，同时用混凝土块、玻璃以及建筑构造的表现来形成基本的抽象形式。后现代主义的建筑师们则是在进一步结合地方特点的情况下，采用从传统中提炼出来的东西。

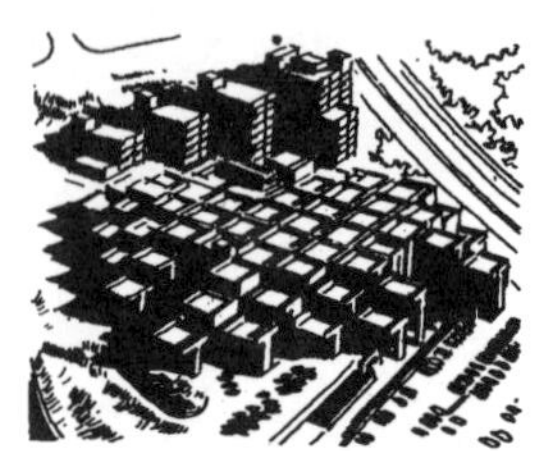

图2 荷兰“桑特拉尔·贝希亚”办公楼，赫兹博格设计，1968—1974年

图3 “桑特拉尔·贝希亚”办公楼内部通道

图4 蓬皮杜中心，罗杰斯、皮亚诺设计，1971—1977年

诺曼·福斯特（Norman Forster）和理查德·罗杰斯（Richard Rogers）也是同样情况，他们试图比现代主义更加接近大众化的形象，可是在实质上仍然是技术幻想主义，他们提出了现代主义没能达到的高度技术的形象（图4）。严格地说，福斯特、罗杰斯等所谓“伦敦学派”都属于晚期现代主义。他们的作品都是以这种技术性因素占主要地位。玻璃、钢铁、通风设备使得门、墙壁、女儿墙、房间等习惯的构成因素全都消失了，而先驱建筑师们则是把这些因素作为表现的重要手段的。晚期现代主义的所谓表现，实际是把上述一些因素或习惯做法大大地加以歪曲了。福斯特或罗杰斯的作品中特殊而有活力的东西，其实无非是这种歪曲的夸张。一件作品，把人们极为熟悉的构成因素大半取消，没有屋顶和地板，没有连结部分和入口，那么，整幢建筑不是成了一堵墙了吗？或干脆说是一只魔术箱好了。密斯也许给了

这种风格以某种程度的启示，可是他的作品必定保留了表达尺度的构成因素，这些作品大多是古典式的。

为什么说蓬皮杜中心是晚期现代主义而不是现代主义建筑呢?这是因为它像“新艺术派”的作品一样，为了成为“狂想诗”，便突出了它的表现而牺牲了其他应关心的问题。那种生硬大胆的构架和它所强调的曲线，与“新艺术派”的作品有着同样意义。而那种销接的结构方式则使人想到霍塔（V. Horta）的人民宫（1895年，布鲁塞尔）。

当我们沿进深方向眺望蓬皮杜中心那暴露功能的立面时就会注意到，这里重叠有五层醒目的技术装置，分别用不同色彩加以区分。第一层是黑色铁笼状的交通管道。其次为若干条横向的绿色管道。再次为涂成银色的构架，就像是直挺挺的昆虫骨骼。接着是端部变细的层层蓝色管道（它令人想到附近的派瑞的卢佛尔美术馆柱廊）。视觉最强烈的一层是外露的橘黄色金属舱室群。最里面是灰色的墙壁。

这种构成的方式，看不出能起什么作用。实际上，在这个立面上却浮现着一种浓厚的古典巴洛克气氛。例如：在具有悬挑部分的“乡土式”的底层上面是宫殿式的构图部分，再上，重以经过划分的二层部分。最上面没有上楣，而代之以暗示性的屋顶棱线。把它同巴洛克式的宫殿加以对照就可以看出，整个立面被划分成：柱间、大致接近对称的形体以及两个所强调的垂直面。这的确很像是伯尔尼尼的契基·奥迪斯卡奇宫（1664年）。蓬皮杜中心柱间的韵律（A、A、BCB、A、A、A、BCB、A、D）完全可与那座宫殿的韵律（3、1、7、1、3）相媲美。

这种与历史作品的对比，也许会使人觉得有些牵强，而且，参照历史作品的是后现代主义而不是晚期现代主义。然而，从蓬皮杜中心整体来看，它那水平的立面上毫不含糊地洋溢着一种宫殿之感，其强烈之程度是不容忽视的，这也就是巴黎式旅馆所具有的典型建筑风格。但是，从习惯性来看则是莫明其妙的（其实，这正是典型的晚期现代主义所特有的风格）。它的比喻或所谓“引喻”，完全是偶然性的。皮亚诺（R. Piano）和罗杰斯（R. Rogers）这幢建筑与后现代主义作品不同，这里并没有断言巴黎这座城市的语言或文脉如何如何。的确，这幢建筑是在力求成为低层，以便与街道配合，然而却没有纳入街道。它的侧面没有入口，与街道上同层之间缺少联系，也就是说，这条十分重要的水平线没有充分加以利用。联系街道的地面处理得太过于现代主义了，有点像是庞大的废墟。

但是，这些无非是从后现代主义的观点所看到的缺点。那么，晚期现代主义还有些什么特点呢？除了前述的技术畅想之外，那就是：极端的理论性，极端强调交通线，极端的柔软性，以及现代建筑中所见到的极端实用主义等等。举例来说，如：柏林自由大学、埃森曼(Peter Eisenman)的“超理论”、波托盖西(Paolo Portoghesi)的装饰性建筑等。这样说来，蓬皮杜中心这幢建筑无非是用技术手段制作的装饰性玩具箱罢了。法国总统也好，一般人也好，总而言之大家同样喜欢。

这幢建筑作为文化中心也许不能说是完全适宜的，而作为文化的“超级市场”则无疑是极大的成功。埃菲尔铁塔（标准与之类似）也会为之逊色吧。但是，问题是这所“超级市场”是特许的，巴黎有了这么一幢也就足够了。

难办的例子

让我们再来归纳一下晚期现代主义的特点。首先，从根本上来说，它采用的不是理想主义而是基于实用主义的方法。它所具有的几种倾向，如：极端的理论性、极端强调交通线和极端强调力学特性的夸张表现，是所谓

"超现代"式的。它还把技术因素变成为刻意追求的装饰因素，比之国际式要复杂化（如理查德·迈耶和米切尔·格拉维斯）。最后，从造型上说，它不是习惯性的而是抽象化的。在这些基本特点之上，还要加上手法主义（Mannerism）的倾向，这样就成了所谓最超现代的风格了。诺曼·福斯特（Norman Foster）和彼得·埃森曼（Peter Eisenman）的建筑都具有这种风格。此外如约翰·海杜克（John Hejduk）、斯坦利·泰格曼（Stanley Tigerman）、西萨·佩里（Cesar Pelli）、槙文彦与"新陈代谢"派、凯文·罗（Kevin Roche）等等力图对付现代主义的失败，并把传统作为主流的许多建筑师，都属于这种风格。

后现代主义的主要特点是：注重公众交流和地方性，借鉴历史，以及强调城市文脉、装饰、表象、引喻、公众参予、公共领域、多元主义、折中主义等等。

在这许多特点中，一件作品如果具有那么五、六项，那就足可称为是"后现代主义"了。不过，最显著的特点这里还没有提到，也就是说，它是从现代主义演化而来的，因此，形态仍然停留在国际式上。这也是晚期现代主义与后现代主义的共同特点。但是，二者在哲学意义上有着重大分歧，简单地说就是在"交流意图"上的分歧。后现代主义用它的建筑试图同各种人接近，强调建筑的"双重法则"（double Code），广泛采用各种交流手段。而晚期现代主义则是停留在对现代主义的解释上。

然而，有些建筑师却是处于二者之间，例如菲利普·约翰逊（P. Johnson）和M·昂格尔斯（M. Ungers）就是如此。由于当今时代的思想混乱，而且有时业主对建筑师的要求也是对立的，所以这种动摇也许是自然的。因此，这些建筑师既设计钢铁、玻璃的习惯性超高层大楼，同时也可能设计"文脉主义"的建筑。如果建筑史家像通常那样，光是从表面形式来看，那么关于流派的分类就会得出片面的结论。这样，最终就会把晚期现代主义看成是具有“技巧性”外观的建筑。晚期现代主义发展了比现代主义更薄的外壳，即所谓“雕玻璃”式的多面体。从佩里（C. Pelli）、波特曼（J. Portman）、福斯特（N. Forster）、约翰逊（P. Johnson）、矶崎新等人的作品中，或是从使用镜面玻璃的许多商业主义建筑中均可看到这种特色。一般，这些建筑的外壳是以等大的框格重复使用所形成的，然而它的体积却有着非常微妙的变化。约翰逊的明尼阿波利斯IDS中心的办公楼，由于转角成锯齿形地错开，使整个外墙面就多面化了。他的休斯敦潘查尔大厦平面是两个相对的梯形。最近在纽约建成的斯塔宾斯（H.Stubbins）和罗（K. Roche）的超高层大楼，采用了所谓“绘画摩登”的手法，也属于类似技巧。日本的矶崎新等人采用了“对接”手法，这是不同方向相对的两个均质表面，不分格，空隙也不用框格，又不采用在现代建筑中常见的那种雕刻式处理，而是所谓“对接”的无缝接缝。由几次反复的反射面和重叠的透明性所产生的视觉幻影，带来了在现代主义的超高层建筑中所看不到的趣味。然而，明确地说，这些毕竟是晚期现代主义，不过它和前面提到的新观点并不是断然绝缘的。

让我们来看一下纵使不能满足后现代主义全部定义，而作品正在非常接近它的几位建筑师吧。因为他们是极其相近，如果要命名的话，那么只好称之为“难办的例子”了。迈克尔· 格雷夫斯（Michael Graves）和保罗·波托盖西（Paolo Portoghesi）最近的一些作品都是这种情况。例如：采用了不大容易理解的手法，可是却明显地有着历史根源；不是习惯性地使用各种因素，而是极为装饰性地使用它；有些部分形成与使用者之间的交流，却又不像在后现代主义中所看到的那么彻底；有些又像晚期现代主义那样，把小建筑作为“秘教”式的雕刻来处理。

罗马的波波尼奇住宅和波托盖西的许多作品一样，是从波洛米尼（F. Boromini，1599—1667年，巴洛克时期的意大利建筑师——译注）所遗留的巴洛克样式出发的（图5、图6）。为了强调作为建筑界域的门窗，而做成进进出出的欢快的墙壁曲线，这是巴洛克式的流畅曲线。罗马基本上是巴洛克风格的街道，因此，根据同周围用地的关系，或是做成木框格，或是采用光影变化的曲线，这就是所谓“文脉”上的理由。波托盖西画了一幅表示三个基本曲线来源（入口、光、设备）的平面分析图，说明了它们和建筑正面斜着安设的框格是如何有机结合的。

图5 罗马波波尼奇住宅平面

图6 罗马波波尼奇住宅外观，波托盖西设计

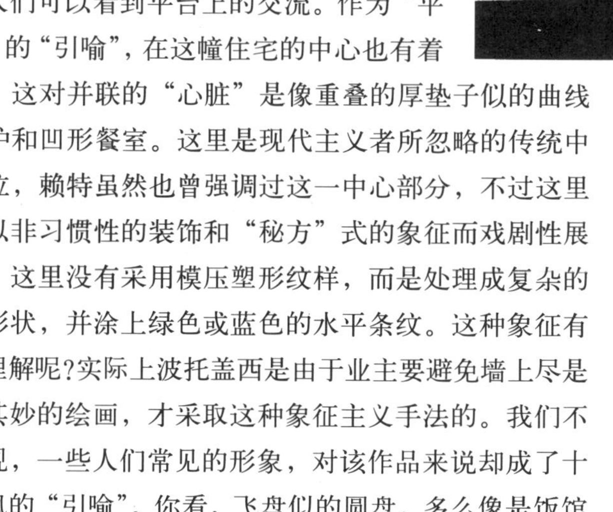

种种光影变化的曲线形成明亮区。窗子上面同样也用圆弧线加以强调。这种“引喻”式的暗示手法，的确是后现代主义所惯用的，人们可以看到平台上的交流。作为“平台区”的“引喻”，在这幢住宅的中心也有着暗示，这对并联的“心脏”是像重叠的厚垫子似的曲线形暖炉和凹形餐室。这里是现代主义者所忽略的传统中心部位，赖特虽然也曾强调过这一中心部分，不过这里却是以非习惯性的装饰和“秘方”式的象征而戏剧性展开的。这里没有采用模压塑形纹样，而是处理成复杂的圆盘形状，并涂上绿色或蓝色的水平条纹。这种象征有谁能理解呢?实际上波托盖西是由于业主要避免墙上尽是莫明其妙的绘画，才采取这种象征主义手法的。我们不难发现，一些人们常见的形象，对该作品来说却成了十分嘲讽的“引喻”。你看，飞盘似的圆盘，多么像是饭馆的休息室；花花绿绿的条纹则像是圣诞节的包装纸！

不言而喻，波托盖西也像查尔斯·穆尔（Charles Moore）等人一样，打算取得出其不意的效果，特别是看到这幢建筑，就像是一出欢闹的喜剧。但是，这里的种种形象（如：“管风琴”似的屋顶、镶铺“金币”似的地面、“甘蔗”似的阳台）是不值得我们从更深的意义来探讨的。也就是说，像在许多音乐厅看到的管风琴一样，当看到这个屋顶的高高低低的圆筒时，我们很难想到、它还有更丰富的意义存在。看到打扮着蓝、绿、茶、金等糖果条纹似的墙面瓷砖，也只能想到它的表面意义。

我们已经分析了界定平台的波纹状圆形主题和这一曲线的应用情况。下面再来仔细看一下起居室兼餐室的曲线形窗子，就会清楚设计者是如何控制空间变化的。让视线离开餐室和暖炉而凝聚于室外，形成引向外部景观的对角线（平面图上标有“V”记号）。就像巴洛克建筑那样，视线在这里随水平带透过表面引向后面。这种漩涡似的线在顶棚、照明灯具和镜面玻璃（在反射地面景观的同时，与自然的另一层关系）上出现不同的格调。但是，内部与外部空间的结合，要像现代主义那样，还不能说就算是完成了。波托盖西还以种种有意思的方法划分窗子，使眺望视线有所变化（波托盖西所采用的种种方法，不妨称之为“辩证的窗”）。进进出山的墙壁，为了主要的眺望视线而层层向后曲折（平面图的D）；为了最神秘的眺望视线，曲面与直面交错（平面图的E）。从这样的视点眺望外部空间，与其说是更有意义，不如说是引进了令人期待和惊叹的因素。通向光亮的层次逐步加强，在曲面墙壁和附有圆盘变化处，进一步加强了期待感（图 7）。

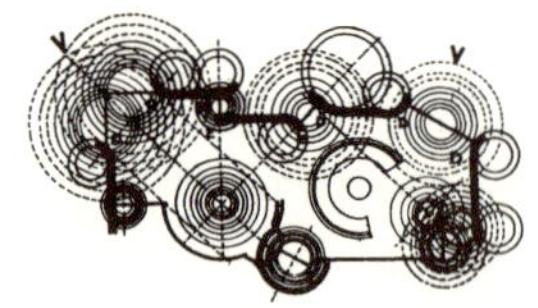

图 7 波波尼奇住宅空间分析图

波托盖西的作品为了直接交流而不大使用习惯性装饰，迈克尔·格雷夫斯的作品也是同样。或不如说，他们二人都采用了把历史形象加以复杂变形的手法。1976 年起，格雷夫斯把大家都熟悉的模压塑形纹样、断开的山尖、拱心石、精细的框格、粗壮的柱子——也就是可以联想到历史主义的因素，用到他的作品中。

他的“桥”设计方案——通过文化中心把法尔哥和

莫海德两个市区联系起来——是由借鉴于历史的“统一”与“分割”的象征性形象所构成。此“桥”采用了比现代主义的薄壳结构要庄重得多的帕拉第奥式造型，桥上有建筑物，从而会使人联想到许多历史上已有的桥。在水面上两条“腕”的正中处理成庄重的造型，就是表现统一，表现汇合，表现两个半边的结合，在这里则是非常有力地象征着两个具体的共同体的结合（图 8）。

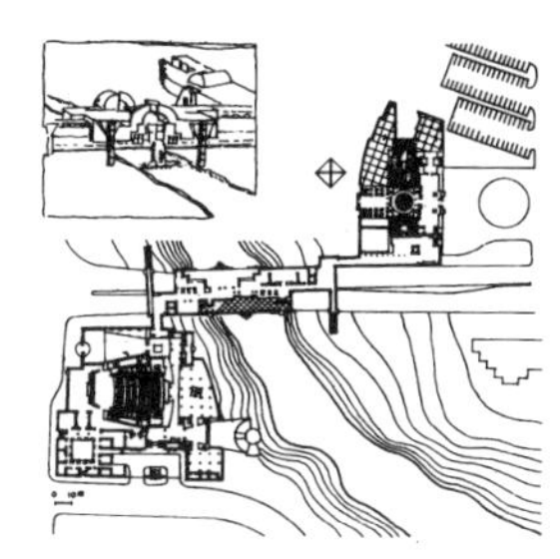

图 8 “桥”文化中心，格雷夫斯，1978 年

从格雷夫斯绝妙的草图中，可以看到他的详细构思过程，图 A——图 H 说明是如何借鉴了一系列的历史建筑形象（图 9）。除此之外还可看到现代主义的混凝土桥墩、手法主义的断裂山尖，以及在立体派绘画中所看到的蓝红橙强烈色彩等等。然而，这里应当指出，设计者的意图并没有完全传达给法尔哥和莫海德市民。因为它

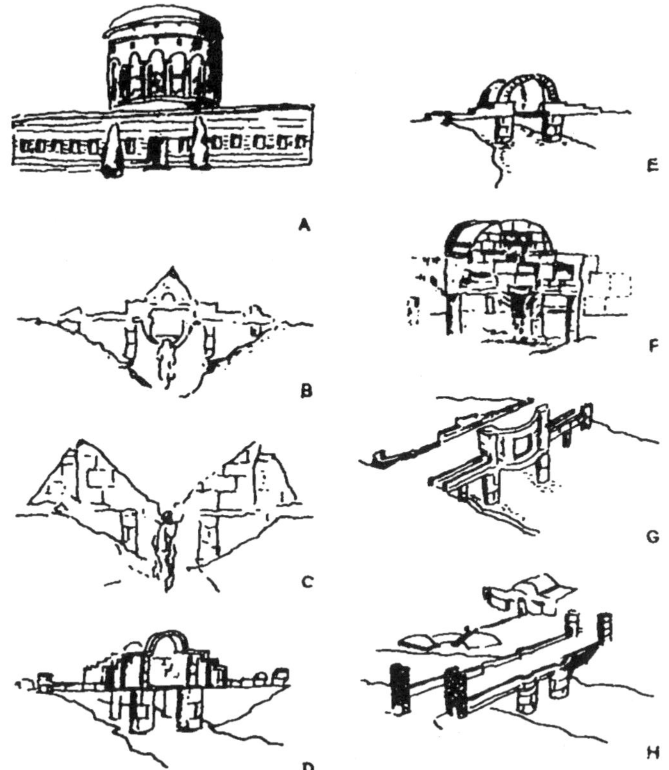

图 9 “桥”的构思过程

的含义太隐晦，太过于是格雷夫斯和建筑学者个人的东西了。对了解设计者意图的人来说，这座桥无疑是一个极为巧妙、复杂的多义作品。但对没有充分理解的观察者来说就会觉得莫明其妙。从这一意义来说，这个设计是以个人语汇为特征，而这正是后现代主义的特点。

一般来说，大部分人恐怕都能感觉出统一和分割的形象。像这座桥的一双拱“腕”欲合而未合，的确是表达市民统一努力的一种引喻。这个主题比较容易使人理解。设计者还多次重复了对称手法，从人体的对称我们可以知道，双双对称的东西可以构成一个整体。桥上的一些部位象征着眼、鼻、口、脚，整座桥正是一个人体的引喻。根据上述分析来看，这座法尔哥——莫海德桥可以说是体现文化统一的极为恰当的象征。而整个建筑物所表现出来的明快性，则是晚期现代主义的风格。

后现代主义

格雷夫斯和波托盖西、埃森曼的作品都属于晚期现代主义风格，他们的作品比之后现代主义在视觉上往往更加洗练。这是因为这些建筑师们大多是按照现代主义的构成方式进行设计；相反，后现代主义的建筑师们是采用多种多样的方式进行设计，例如从屏风式立面中或是从过去传统方式的局部中汲收借鉴后再创造一种新风格。因为他们是后现代主义的挑战，所以，也许是对衰落的现代主义的创造性回答。

笔者想到武器发展史的某些类似情况，似乎有助于上述看法。在文艺复兴时期枪炮发明之初，相应地，很早就发展起来的弓弩，直到它最后消灭前的20年中，成了甚至比来复枪更能巧妙射击的漂亮武器。我们所看到的，也许正是现代主义为应付激烈批判而开出的最后花朵吧。晚期现代主义的一些作品如办公楼、桥、体育场等，至今尚未衰落。晚期现代主义在西欧的主要建筑传统中进一步巩固，抽象性正在进一步减弱，在这样的理论和实践中，笔者并不认为其结局是必须让路。另一方面，后现代主义反复强调建筑的“双重法则”，于是后现代主义的建筑师不单同其他建筑师，就是同使用者也得到了交流。

图10 纽约电话电报大楼，菲利普·约翰逊设计，1978年

举一个“双重法则”的头例，这就是菲利普·约翰逊的纽约电话电报大楼（图10）。《纽约时报》评论员保罗·戈德伯格（Paul Goldberger）把这幢建筑称做“后现代主义的纪念碑”（1978年 3月31日《纽约时报》）。如他所指出，这幢摩天楼的顶部几乎同18世纪的大座钟一模一样。建筑的下部也继承了传统做法，里面是“柱林”，外面是文艺复兴风格，或按约翰逊的说法，是在勃鲁涅列斯基（F．Brune-lleschi 1379—1466年，意大利早期文艺复兴建筑师——译注）的巴奇小教堂等处可看到的风格。

如果我们像纽约出租汽车司机那样，以时速30英里的移动目光观望这幢建筑，那么所看到的是现代化的花岗岩饰面摩天楼。但是，以再慢的速度移动而注视该建筑时，则像是看到沙里文（L．H.Sullivan 1856—1924年）的早期现代主义作品。它的划分方法同古典摩天楼，亦即同阿德拉（D．Adler）和沙利文的芝加哥会堂大厦有着直接联系。然而，背面却与它形成强烈对比，这里突然出现了常见的现代主义手法。这些多重化的法则无论对出租汽车的乘客还是对建筑师，都是同样明显。建筑的侧面比较节制。从正面的细部来看，这个设计使人想到化妆品，但同时又有地区独特性的意义。从某种意义上说，这样一个混合物是颇为机智的。所以这幢摩天楼才成为拉长了的大座钟、巨大的香水瓶、文艺复兴的礼拜堂和关在里面的工作室。纽约人也许喜欢在摩天楼上看到这种多样化的意义。“香水瓶”或“大座钟”也可以说是一种昵称。

就这样，该建筑非常有意思地利用了几个完全矛盾的法则，虽然还不能说它是最有创造性的“双重法则”。不过在这方面它已经引起了激烈的非难，如有人说它是沙里文惯用的钢铁玻璃大楼法则等等。但笔者对约翰逊把地区风格，也就是把纽约的风格融合进去是抱有好感的。这幢建筑和20世纪20、30年代历史主义者所设计的摩天楼不同，它是纽约最先打破长期的平直屋脊的摩天楼。

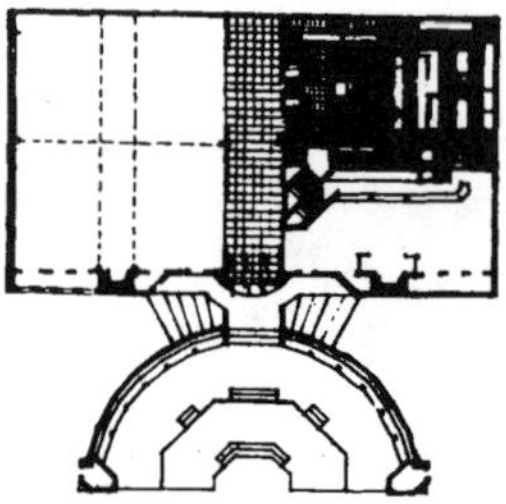

图11 “70年馆”平面

在开展历史主义方面，可以说年轻一代建筑师比之受过国际式建筑教育的建筑师具有更大可能性。尤其是受到耶鲁大学历史主义者文丘里（R．Venturi）、穆尔（C．Moore）教育的年轻建筑师更是如此。例如穆尔的弟子杰姆斯·莱塔和彼得·洛斯就非常直率地创造出暗示着过去值得纪念的建筑、暗示着帕拉第奥风格或19世纪风格的建筑。他们把建筑同象征性或当地文脉紧密结合，因此很容易使人理解。加拿大的一个滑雪休息室“70年馆”就是这样的作品（图11、图12）。因为当地积雪很多，所以采用了很陡的屋面，而且到处采用了一些当地的形式。切掉顶部的拱与地方建筑相结合，同时起到了作为欢迎滑雪运动员的象征性大门的作用。向阳处设置的帕拉第奥式挑台，不仅有日光浴的特殊功能，还起到了欢迎的象征作用，也是滑雪运动员眺望滑雪引道的地方。该建筑的设计者特别强调象征性：“这幢建筑的设计意图就是要承认滑雪作为一项社会活动的重要性，为人们提供：在北方、在户外和朋友一道这样的罗曼蒂克感觉。为此，这幢建筑本身必

图12 加拿大“70年馆”，J·莱塔、P·洛斯等设计，1976—1978年

须具有现实性，具有纪念性的感觉，哪怕这种纪念性是从非常熟悉的形象中所借鉴的”。

如果说挑台、对称手法、烟囱等所构成的入口使我们联想到纪念碑建筑，那么其他部分就会使我们想到现代建筑。也就是说，除了切顶的拱、平板的极薄表面以及拱下面细长的霓虹灯以外，就没有什么装饰了。这是“双重法则”的一种，现代主义占一半，剩下的一半无非是另外什么有特征性的后现代主义。这类作品往往缺乏巧妙的细部，看到的只是形式单调的空间。例如：杰姆斯·莱塔的奥斯本住宅是以象征家庭生活中心的餐室和烟囱为核心的有魅力的对角线所构成的平面（图13）。然而，尽管如此，这样一个重要领域想不到竟是毫无装饰。这里所消灭的不光是工艺传统，还包含着建筑师维持有意义的装饰的愿望和努力。

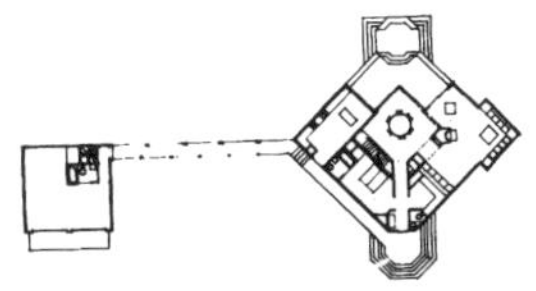

图13 奥斯本住宅，J·莱塔设计，1972—1973年

日本后现代主义建筑师木岛安史，纵使不能说全部都很成功，但实际上却在进行着恢复有意义的装饰的努力。他所设计的几幢住宅，瓦屋面或槅扇采用了传统或现代的方法，可是，无论怎么说总感到不太自然（图14）。不过，后现代主义的装饰，也许就是有这样的特征吧。19世纪以后，机器制作的装饰比起形形色色的手工工艺来说是太过于精密了，这一原因导致了拒绝现代主义装饰的反应。笔者认为，这种精密性其实倒是一种恰如其分的长处。然而它的直线型的优雅、光洁却正是传统主义者所拒绝的。在某种意义上，它是密斯的美学观点所造成的。所以木岛设计的松尾神社可以看到宛似密斯手法的格子状拱顶顶棚，还可看到所谓日本式的“多立克柱式”。他的一幅构思示意图是在建筑完成之后绘制的，同他的建筑一样，使人想到M·C·埃夏的一幅可由一个东西变成另一个东西的变幻图。这里，头朝下的柯林斯柱式及其槽沟变成了柱廊，罗马万神庙的穹顶变成了筒拱形的格子顶棚。这两个西欧的形象又加上了百合池和日

图14 日本上无田松尾神社，木岛安史设计，1975—1976年

本神社这样的东方主题，看来有点不伦不类，可是，精密的装饰性却在这里明显地得到复兴了。各个预制的细部、柱头及柱间横板，像精巧安装的机器部件似地发挥着作用。铜制的屋面材料好似船舱的钢板，紧贴在圆筒形的屋顶上。入口处朴素的拱则恰像是棱角分明的齿轮，准确地勾画出“船舱”的曲线（图15、图16）。

图15 松尾神社立面（右）与侧面（左）

图16 松尾神社构思图

木岛对他自己所创造的混合物，曾做过这样的解释：“建筑的各个局部应具有各自的特殊生命，从这些局部当中创造意境——此乃建筑设计的主要论点之一——也就是烘托气氛的装饰的作用。但是，这并不意味着它就确定了最后的风格。在建筑设计中经常要独创性地或独自地解决面临的问题。我为了装饰这幢建筑而采用了东方和西方的美好装饰因素。对我的宗旨不理解的人，却把这项工作嗤为仿造，我不打算驳斥他们的看法，因为人的能力是有差别的”（木岛安史：《建筑完成后的构思图》，载《Japan Architect》1977年10～11月号）。

很明显，木岛的作品不是对某幢建筑的模仿，我想也许可以称之为“幻觉”吧。它是强烈的“双重法则”化。象征性的形态再加上幻想，过去曾明显地发挥过历史作用，而今天又构成了新的意义。迈克尔·格雷夫斯也应用了历史因素，可是，他是停留在很强的暗示性上，完全受过去意义的支配而不是超越它。至于木岛的建筑，在这个神社入口的特殊文脉中，可以体会到来自罗马万神庙的幻想意义，我感到大体上是恰当的。

木岛的这个神社提出了一些问题，它也是所有后现代主义建筑师所面临的问题，这些问题虽然尚未完全得到解决，但至少正在受到重视。第一是伴随着多元化的“双重法则”问题，亦即日本的两个传统或西欧的多种文化体系，这也就是晚期现代主义所忽视，而木岛所理解并为之奋斗的多元主义。第二是装饰与美的问题，这与其说是五十年里中断了的概念，不如说实际上是个用词的问题。最后是表达意图的明示性与暗示性的问题。以上一些问题，我看哪一个后现代主义建筑师也没有像巴洛克建筑师那样很好地加以解决。不过，有一个人开始找到了解决的方法，他就是向巴洛克学习的托马斯·戈登·史密斯。

图 17 M·C·埃夏的一幅绘画

史密斯先在柏克利（美国旧金山东面一座小城市——译注）学习绘画与雕刻，后又在那里学习建筑，正是这个原因，从他所绘的表现图上，可以看到作为艺术家的流畅、轻快和即兴方式。史密斯在研究方案过程中，交替使用了模型、照片、草图等方式，当设计定案后，他才用徒手方式绘制透视图。这位建筑师非常年轻，正因如此，他的作品的洗练就更加值得注目（史密斯1948年出生，1975年在他27岁时即开始创作折中主义设计方案。要说27岁的话，在文艺复兴时期的艺术家、建筑师中算是年纪大的了，但对今天受大学教育的人来说，则算是年轻的）。

史密斯早期的设计方案如“多立克”住宅、“波罗尼亚”住宅，是在非常经济、简朴的木板房上，安上高大的入口门廊，这些作品也可能被说成是不够成熟或荒诞无稽(图 18、图 19)。例如：“波罗尼亚”住宅的入口只有一半用了柱廊，另一半采用映在镜子里的办法。美国历史

图 18 马休斯街住宅，史密斯设计

图 19 波罗尼亚住宅，史密斯设计

主义的多数场合，与其说是古典柱廊彬彬有礼地欢迎人们，不如说像是在大喊大叫。史密斯这种夸张的麦现恐怕是由于年轻的缘故，这个设计方案实际上没有实现，可能也是这个原因。

理查德与谢拉·朗格住宅是稍近一点的作品，它与引用历史的配合较为微妙（图20）。如鸟瞰图所示，这幢住宅看来就像是一座洛可可教堂，它很好地利用了地形的曲线。两个椭圆形平台组织了南立面和北立面的景观，车子入口道路形成的第三条曲线则组织了西立面，这三条曲线以餐室为中心构成Y形平面。轴线进入半卵形的西面入口，然后穿过卵形平台而进入楼梯间。

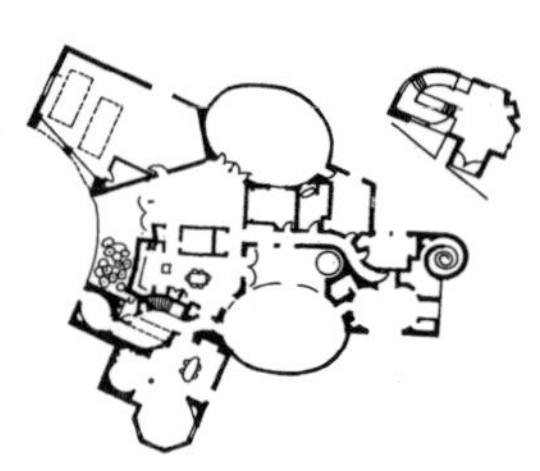

图20 理查德与谢拉·朗格住宅，史密斯设计，1978年

设计者说："从卵形平台中通过弯曲的洞口眺望，一半是建筑，一半是庭院。边走边从洞口眺望时，我所期待的就像是摇镜头看到的电影画面。从房间打开门则只能看到庭院。卧室是模仿迪昌霍夫的圣查维爱尔教堂……我对泰格曼的迪吉住宅有不同看法，认为他只是表现单一的概念"（1978年 3月12日，关于朗格住宅讨论后给笔者的来信）。

泰格曼的象征主义只在平面形式上是明示的，可是，从上面一段引文可以看出，史密斯是把引用历史和其他内容（景观、电影的连续性、卧室的内容）融合在一起了。这是比较成熟的折中主义。

史密斯卓越的表现力之一，就是"平凡"但并不"呆板"地设计出优美的曲线。大多数后现代主义建筑几乎都是其貌不扬的，它们的比例往往欠佳。罗伯特·文丘里玩弄混乱的比例；罗伯特·斯特恩（Robert Stern）或是歪曲模压塑形纹样，或是设置与上楣不相称的窗。他们都沉缅于同样的欢快之中。

史密斯也向这些建筑师学习，尽管如此，但他的作品却是致力于解决各个部分的统一化。朗格住宅的南立面到半封闭的平台边缘做成平缓的曲线，像平缓的瀑布似地跌落下来。S形曲线是对三条U形曲线的呼应，卧室的门是对破风上的窗子的呼应。这种呼应的美完全可与屏风式立面极盛时期的设计相媲美。

史密斯的许多构思，实际上来自旧金山的建筑师们以及一般都熟悉的地方传统。他在柏克利时，曾仔细研究了约翰·哈德松·托马斯和瓦纳德·迈贝克的作品，所以在很大程度上受到这两位折中主义者的影响。绘画似的整体性和巨大的曲线是来自托马斯，强调出檐和巨大的门廊则是来自迈贝克。这幢住宅同传统的加利福尼亚带平台的平房风格是一致的，它实际上是当地根深蒂固的传统的一部分。

这幢住宅布置在130英尺×30英尺的狭窄地段上，洗练地采用了带楼层的空间。用地的一侧与邻居接壤，因此史密斯把这一边封闭起来，形成所谓非对称的对称形。整个立面处理成具有带平台平房特征的错开的A/A’形式，同时有两根非对称的壁柱对立。穿过这个不对称的对称形，会感到非常富于变化。首先是色彩强烈的花坛以外的圆形平台，与它成直角的是陶立克式门廊，轴线上接近直角地形成四个空间的狭长空隙。最大的是半椭圆形，穿过它以后有三个空间，稍右，在用地中心部位是卧室下面的厨房。把建筑剖开就会看出，这一空间具有复合的几何学规律。这幢住宅中还包含着对角线式的铺地、所罗门式的柱、窗框脱开墙壁的窗、日本式的纹

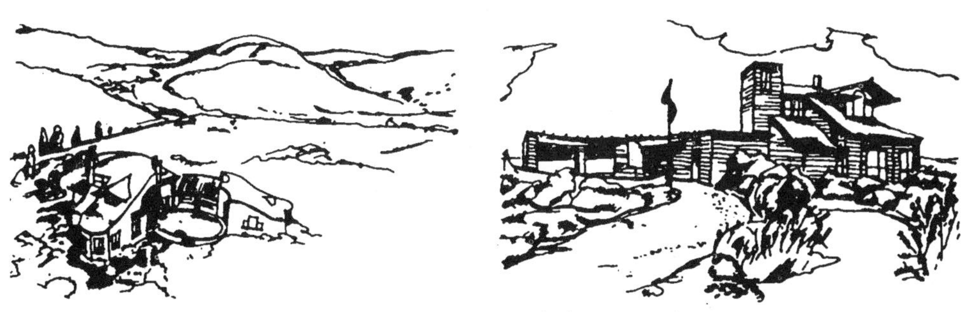

图21 理查德与谢拉·朗格住宅鸟瞰图（左）与透视图（右）

样等等，是折中主义的混合。

从上面这一切来看，可以说折中主义的表现稍嫌过分了一些，然而却是非常巧妙的。如鸟瞰图所示，这幢建筑基本上划分为大的公共空间和背后的朴素个人领域。各个领域分别可以看到恰当的象征主义手法。庭院当中自由布置了科林斯柱式，此外还按照习惯埋葬着遗骨。对这些夸张地参考历史的做法，有人持反对意见，不过我看，采用带平台平房这一地区性文脉也是有理由的。

结　论

作为结论，必须重复一下，划分“晚期现代主义”与“后现代主义”实际上是哲学或社会问题。其焦点是以交流作为建筑的根本问题。晚期现代主义强调建筑语言的审美方面；后现代主义讲得更多，而且是始终一贯地讲它，同时强调建筑语言的习惯性方面。二者各有千秋。

“美”可从技术完成的结果中产生，建筑手段部分地是为了这一目的。晚期现代主义始终把它奉为真理，他们一方面以采用新技术为基础，同时不断对后现代主义进行挑战。

建筑是以习惯性法则进行交流的社会艺术，这是后现代主义的观点。它的有效范围更加广泛，因为习惯性法则这一范畴也就同时包含着技术法则和美学法则。根据这一理由，笔者认为今后的建筑当是从后现代主义中发展起来。不过，我们希望尽快地忘掉这个称呼，然后产生出新的名称来。

（节译自日本《a+u 建筑与都市》1979 年 10 期，
原载于《建筑师》杂志第 1 期）

土构建筑大有可为

[美]威廉·摩根 著
艾鸿镇 张雅青 译 翁致祥 校

编者按：在国外，半地下的土构建筑已经引起了广泛的注意。它不仅有利于节约能源、隔绝噪声、改善和提高建筑的功能，而且有利于保持建筑环境的自然景观。这篇文章集中介绍了美国以及威廉·摩根自己在这方面的探索。我国的窑洞建筑已经引起了国外建筑师的极大兴趣。这篇文章可以为我国建筑师提供有关美国土构建筑发展的概貌。

美国建筑师以这种有用而且极其廉价的材料来构筑经济的空间已有长期的成功的经验

人们利用泥土来构成自己的生活环境，已有几千年的历史了。只要使用得当，泥土就可以做到坚固可靠，并能抵挡风雨侵袭。鉴于人们对能源节约、环境保护、自然资源枯竭以及污染，其中特别是视觉污染问题的关注日益增长，在此回顾一下美国在以往四十年间在利用泥土的建筑方面的若干实例，是会有所裨益的。下面所示的实例是在能源危机发展以前设计的。它们最突出的方面在于设计构思而不在于技术，但正如任何优秀的设计一样，它们在技术的运用上也是成功的。

1942年，赖特设计了“合作住宅”（图1、图2）（即

图1

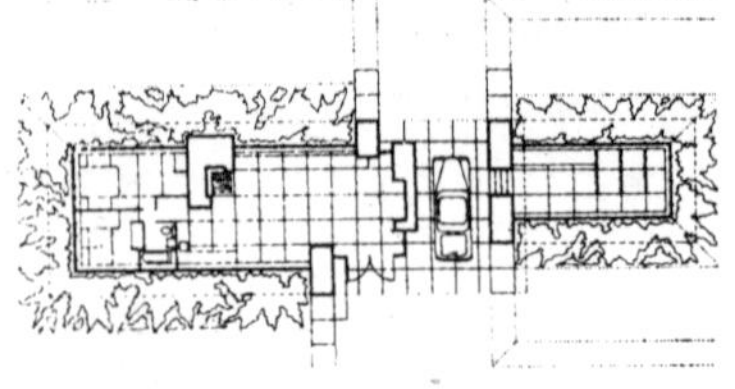
图2

凯斯住宅，位于明尼苏达州罗彻斯特市，建成于9年之后）。赖特列举了利用护墙土坡的优点：隔热保温性能好；用推土机可以方便地将土靠墙堆置；节省窗台线以下外墙面装饰工程费用；保护自然景色。赖特还采用了大挑檐来阻止雨水浸湿护坡和减低对墙身的静水压力。挑檐荫蔽下的水平带形窗提供了适宜的采光和良好的通风。

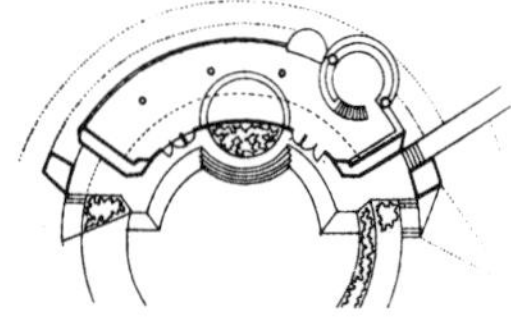
图3

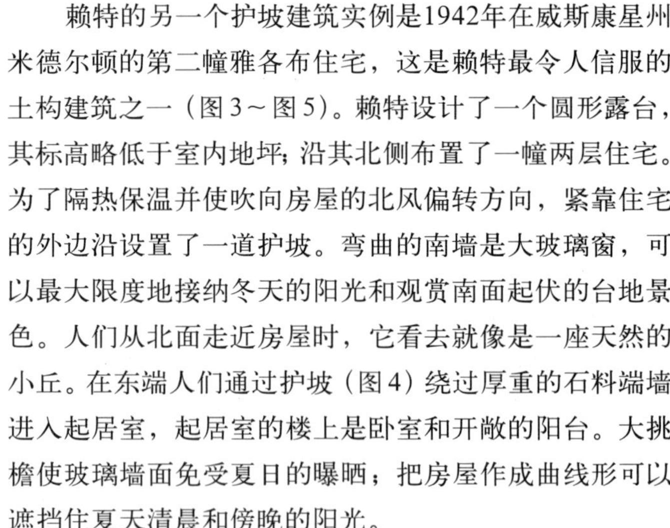
赖特的另一个护坡建筑实例是1942年在威斯康星州米德尔顿的第二幢雅各布住宅，这是赖特最令人信服的土构建筑之一（图3～图5）。赖特设计了一个圆形露台，其标高略低于室内地坪；沿其北侧布置了一幢两层住宅。为了隔热保温并使吹向房屋的北风偏转方向，紧靠住宅的外边沿设置了一道护坡。弯曲的南墙是大玻璃窗，可以最大限度地接纳冬天的阳光和观赏南面起伏的台地景色。人们从北面走近房屋时，它看去就像是一座天然的小丘。在东端人们通过护坡（图4）绕过厚重的石料端墙进入起居室，起居室的楼上是卧室和开敞的阳台。大挑檐使玻璃墙面免受夏日的曝晒；把房屋作成曲线形可以遮挡住夏天清晨和傍晚的阳光。

图4

图5

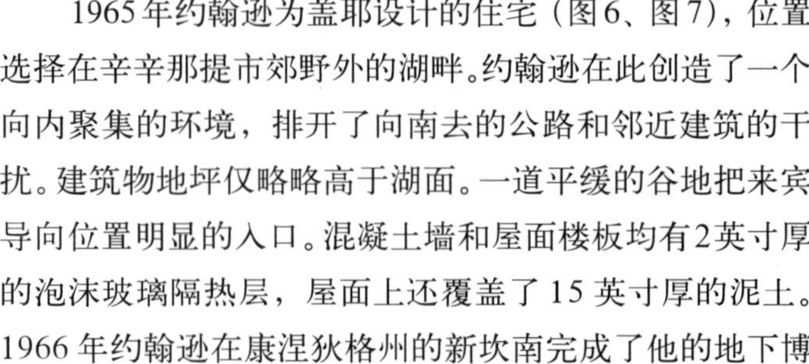
1965年约翰逊为盖耶设计的住宅（图6、图7），位置选择在辛辛那提市郊野外的湖畔。约翰逊在此创造了一个向内聚集的环境，排开了向南去的公路和邻近建筑的干扰。建筑物地坪仅略略高于湖面。一道平缓的谷地把来宾导向位置明显的入口。混凝土墙和屋面楼板均有2英寸厚的泡沫玻璃隔热层，屋面上还覆盖了15英寸厚的泥土。1966年约翰逊在康涅狄格州的新坎南完成了他的地下博

图6

物馆，该建筑与他设计的“玻璃住宅”相距仅数百英尺。

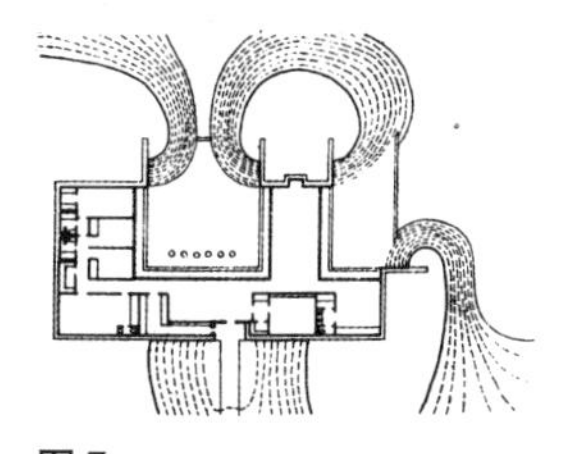
图 7

1966年查尔斯·穆尔为西南地区一个虚构的城市托蒂拉设计的“市政厅”和“紧急手术处理中心”（由民防当局发起的一个设计项目），采用了不对称金字塔形（图8、图9）。该设计把台阶式停车场、车行道和人行道结合成具有城市规模外形的整体。穆尔及其助手与劳·哈普林合作设计的第二个大型土构建筑是“海洋牧场”的体育俱乐部（图10），该工程于1965年设计，并在不久之后竣工。设计中采用一道道土坡把小型建筑与大尺度的游泳池和网球场统一在整体构图内，同时保护了全体构筑物免受寒冷的海风的袭击。

图 8

图 9

图 10

图 11

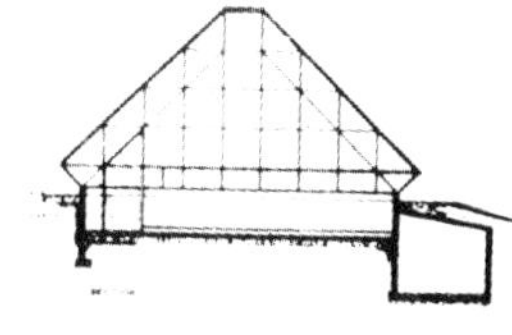
图 12

在印第安纳州福特韦恩的一个银行支行(图11、图12)，乔治·纳尔逊采用简单的土坡和金字塔形的屋顶，恰如其分地表现出一幢四周为纵横错乱的柏油马路所环绕的小型公用建筑的特点。纳尔逊把库房和厕所都隐藏在土坡里面，留下一个完整的室内空间（详见《进步建筑》1971年11月号，115页）。1968年纳尔逊为在日本大阪博览会中的美国展览馆作了一个方案（图13），采用

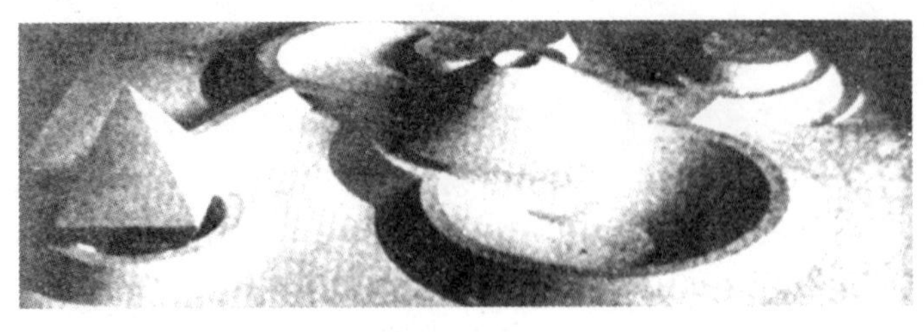
图 13

图 14

图 15

图 16

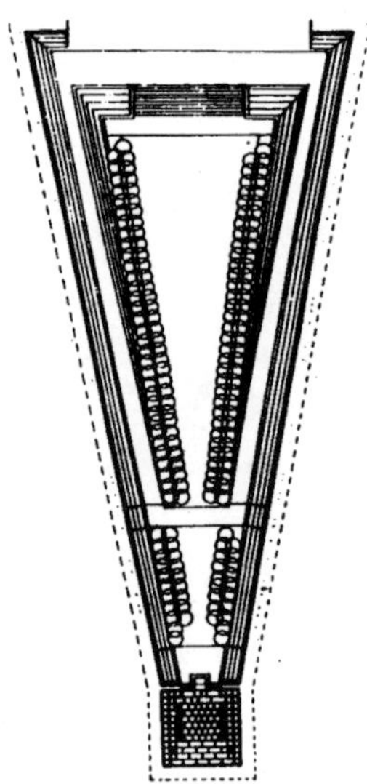
图 17

经济的处理手法，创造出各展区丰富多变的效果，其中还包含了一个公园。

1970 年大阪博览会上实际修建的美国馆（图 14、图 15）是由戴 · 布洛迪事务所的建筑师以及齐尔梅也夫、盖斯马尔和德哈拉克等人设计的。该建筑是一个260英尺×470 英尺的大空间，在一个环形土坡内部标高分三级递降，上部用索张纤维材料充气屋顶覆盖。这个设计方案是在因预算缩减取消了原有的一个高度更大的充气结构方案后发展起来的。

1960 年罗 · 文丘里与约 · 洛奇等人一道设计的罗斯福纪念建筑方案（图16），构思了一些平行于波托马克河的长条形构筑物：加宽的车行道两侧是土堤，在堤上设置几道大门通向宽阔的绿荫夹道的河滨公园。这一令人信服的设计与华盛顿市的宏大轴线在尺度上十分相称，同时又照顾到林肯和杰佛逊纪念馆的存在，没有任何虚夸的手法。劳 · 哈普林所设计的现今的罗斯福纪念碑也采用了部分土结构。

路易斯 · 康于1973年设计的纽约罗斯福岛上的罗斯福纪念建筑（图17、图18），包括一个坐落在狭长梯形土台上的绿树成行的花园和一个位于岛南端的花岗石墙围成的“房间”。在这一含义深远的构思中泥土和树木占着主导地位。

以下列举的一些设计是对著者近几年来利用土的经验的一个说明。佛罗里达州立博物馆（图 19、图 20）是1971 年建成的，造价大约为每平方英尺 21 美元。土坡道

图 18

图 19

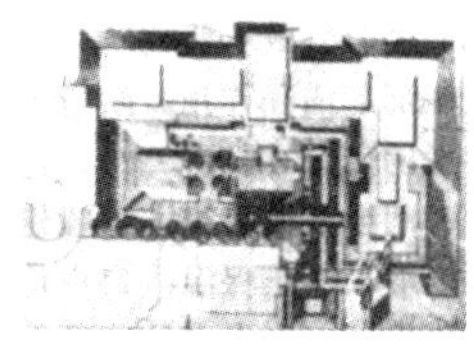

图 20

使车辆可以到达这个三层建筑的每一层，因而不需要设置电梯。巨大的地下仓库也不需要空调设备，因为周围的土可保持全年温度为华氏 69°，只需要最低限度的湿度控制措施。该博物馆使用时所花的每平方英尺能源费用仅为附近的佛罗里达州大学建筑的 38%。

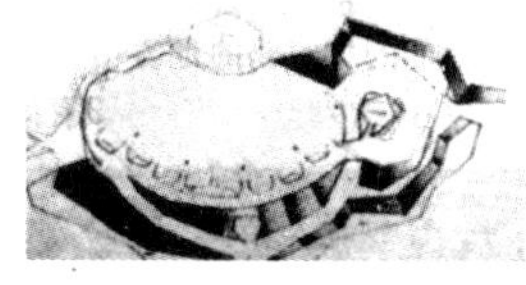

图 21

图 22

为在迈阿密市的北比斯坎湾的一座圆剧场（图 21、图 22）提出过一个人工土丘的方案，宽阔的土坡道通向高过舞台的座席区、展览厅和饭店。屋顶是 220 英尺 × 550 英尺的聚四氟乙烯玻璃纤维张拉结构。

位于佐治亚州东南部的美国渔业和野生动物署所属的一个维修场（图 23、图 24），把办公室、仓库和设备保养棚合并成一幢建筑，利用土坡在端部起锚固作用。附近的季节性使用的宿舍（图 25、图 26），包含四套带一间卧室的公寓。这幢建筑物利用土坡来隔热保温；每户均有穿堂风。位于每户中央的壁炉供冬季采暖，并作为屋盖的支承。这里土用来表现出一种在偏僻的森林环境中特殊功能的构筑物的地方情调。

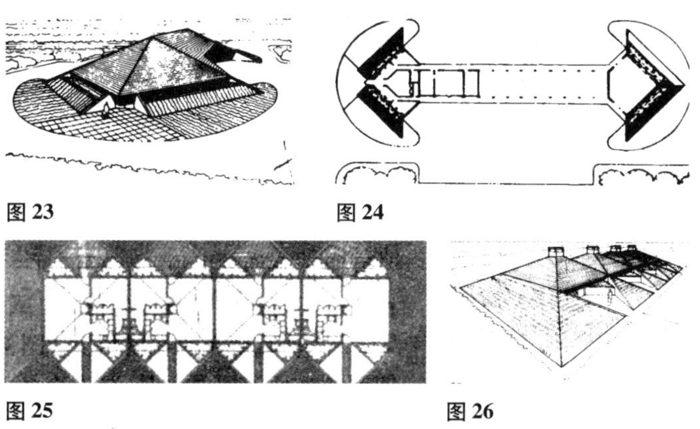

图 23

图 24

图 25

图 26

图 27

建在佛罗里达州阿尔塔蒙特·斯普林斯市的一家国营公司的地区办事处（图27），将隐蔽在土坡下的停车场和两层办公楼建筑合并，修建在一道斜坡上。这幢土墙建筑不露头顶，主要是考虑到建筑地段四周的公路交通日益嘈杂。

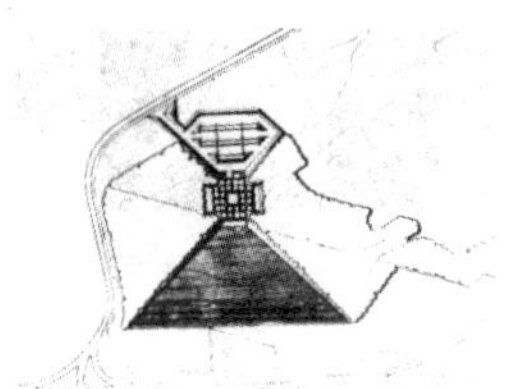
图 28

在马里兰州索尔兹伯里市附近的珀杜公司办事处（图28、图29），设计在两座丘陵之间的小山谷上。北面的人工湖保证了水源供应，停车场由南面的土坡隐蔽起来。建筑的天然采光通过东西两侧的斜坡上开槽来解决。屋顶上用土作隔热层，新植的树木都种在混凝土柱子正上方的花盆内，使得产生的应力纯粹是压力。该建筑的造价与修建在地面上的建筑相近。

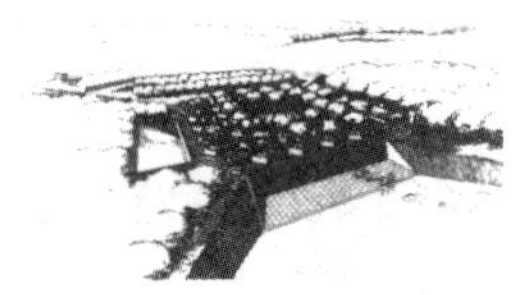
图 29

在佛罗里达州中部的希托普宅（图30、图31）是一幢隐蔽在地下的二层住宅，顶上带有一个开敞的凉亭。一条汽车路通往底层入口和隐蔽在土坡下的车库，使人感到像进入了火山口。整幢建筑主要是向山丘内部发展而不是在上面修筑的。

图 30

近期建成的、位于佛罗里达州盖奈斯维尔市的狄克逊宅（图32～图35）采用了钢筋混凝土块材墙体结构。为便于填筑土坡，房屋地坪稍低于东面的山坡。开门正对一条走廊和一个正南向的游泳池（图32）。采光和通风口令人注目地布置在屋角上（图33），中央的壁炉支承着屋顶重量。带有白色柱子和顶盖并把住宅和汽车库连接起来的走廊（图34），设有天窗的过道把人导向房门（图

图 31

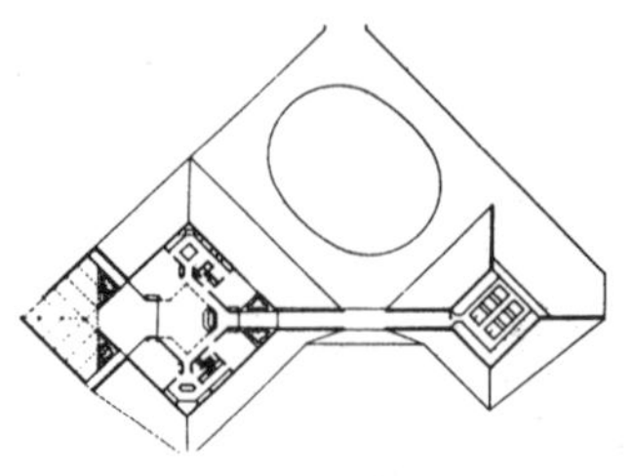
图 32

图 33

35)，形成了醒目的入口重点。

“阿莫利亚岛沙丘住宅”（图 36）隐蔽在由稠密的橡树林固化了的沙丘下面。结构采用钢筋混凝土块材墙体，预制屋盖，木楼梁板结构按承受土对于侧墙的压力来设计。结构造价与通常的住宅类似。

“大西洋海湾沙丘住宅”（图 37、图 38）的墙和屋顶为连续的混凝土壳体，使各种应力都转化为压应力，并且依靠填土来实现后张（详见《进步建筑》1978 年 5 月号，108、109 页）。采用了液冷空调器，有效地控制着各套住宅中的湿度；各室温度不需调节，因为泥土保温层厚度达 22 英寸以上。

回顾上述各个例子以后，读者可能感到不解的是在已看到我国对能源和环境的关注日益增长的情况下，为什么社会上对这一事物还没有显示出更大的兴趣。但我相信，对土构建筑的潜力的认识正在慢慢增加。近期发表的一些文章、出版的书籍和展览以及到我的事务所来进行的多次询问，都表明了这一点。随着更多的土构建筑实例使公众受益以及随着此类建筑的新设计手法的出现，我们可以预期，土构建筑必将获得更加广泛的采用。

这并不是说土构建筑可以用来解决一切问题，也不是说泥土这种建筑材料将来就是惟一体现能源节约的材料。但是可以说，对于人们几乎忘怀了的土构建筑传统，现在应该是重新给予评价的时候了。

（译自美国《进步建筑》1979 年 4 月号，
原载于《建筑师》第 11 期。）

图 34

图 35

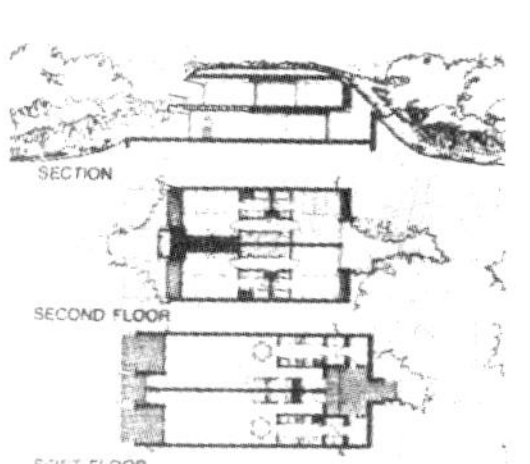

图 36

图 37

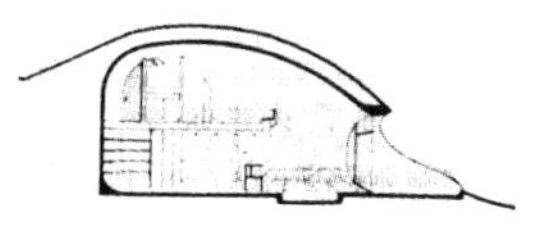
图 38

空间的限定

岩木芳雄　堀越洋　桐原武志　大竹精一　佐佐木宏　著
赵秀恒　译

我们一直生活在空间之中。这个空间，从某种意义上来说可以叫做“原空间”。所谓空间构成，就是从限定这个原空间开始的。

“空间限定”是为了一定的目的，使用某些手段，在原始空间的一部分中进行领域的设置。

所谓目的，它与人类的社会生活有着密切的联系；所谓手段，则往往指的是各式各样的要素。

限定，既有具体的限定，又有抽象的限定。

可以说从人类原始社会起，空间限定就已经被人们应用到生活中去了。

为了抽象的限定，有时使用具体的手法。具体的限定也有时产生抽象的效果。

建筑空间属于具体的限定范围，所有具体的空间限定都可形成建筑空间。

限定的要素是媒界而不是空间。但是空间限定离开这些要素就不能成立。在建筑空间中，往往这些要素也就是空间的一部分。另外，要素在它周围形成一个受它影响的领域。

当我们探讨建筑空间的创造方法时，首先要从研究限定的意义和方法入手。我们进行创造时依据的强有力的逻辑，往往都是根据我们以往生活的体验归纳得到的。

限定的要素

假若说空间构成是从限定开始的话，那么限定方法就成为一个重要的问题。

一般来说，“限定”这个词和空间结合在一起时，往往使人联想到用某些东西把空间包围起来的状态。这些东西我们就可以称之为限定的要素。从我们以往的经验可以知道，限定的方法和它的要素等是相当多的。另外，我们根据对以往生活体验的回顾，也是能够感知各种限定的特征的。因此，根据对各种限定要素的分析及分类整理，是可以编制成模式的。

在一般情况下，我们按照功能或用途等这些限定的前提来进行要素的分类，从空间限定本来的目的来看，这恐怕可以说是最简明的分类方法了。尽管，限定要素在理论上可以按照这种分类来进行整理，而实际上，它们往往都是具有多种功能和用途的。例如，作为一个隐蔽所的限定要素，它可以用各式各样适当的材料来构成；再如，用来防雨的材料，只要它不透明，就可以原封不动地用来遮太阳。我们对这些事例仔细研究一下就会发现：要想找到一种只有单一功能的限定要素，那是相当困难的。

另外，在考虑限定的同时，还要考虑到不限定的那一面，这也是一个很重要的问题。例如，拿玻璃来说，它在作为限定要素被使用的情况下，只对于光不限定，对于其他各方面，除了某种特别的电磁波外，都能限制。由此可见，我们事先就应该非常明确地了解限定的目的和对应要素之间的关系才是。作为模式，对于任何物质的限定，虽然能够明确地表现它，但是用具体的要素去构成它却是不容易的。因此，在一般情况下，具有多种功能的限定要素，我们往往用它主要的功能，即起支配作用的功能来表达它。例如：隔热材料、隔声材料等，只是说明这些材料的性能对于热和声的隔绝较突出，分别起支配作用，但并不是它们只能隔热或是隔声。

我们凭经验可知道，这种用具体的限定要素所进行的空间构成，对于人类的生活来说，有时也作为抽象的或象征性的空间，或者是作为观念的限定而起作用。另外，基地的边界线或体育场跑道上的白线作为约束空间的限定方法，尽管它们作为具体的要素来说是简单的，可是它们的限定程度却是高的。再有条例空间、法律空间和其他许多我们在日常生活中用肉眼看不见的限定，这些也是有必要进行研究的。这些东西在现实中从各个角度也规定着所有构成建筑空间的限定方法和要素的应用。

我们进行空间构成时，始终是人类作为中心的。

试列简单的图式，如下表。

要素的分类（形态＋位置）

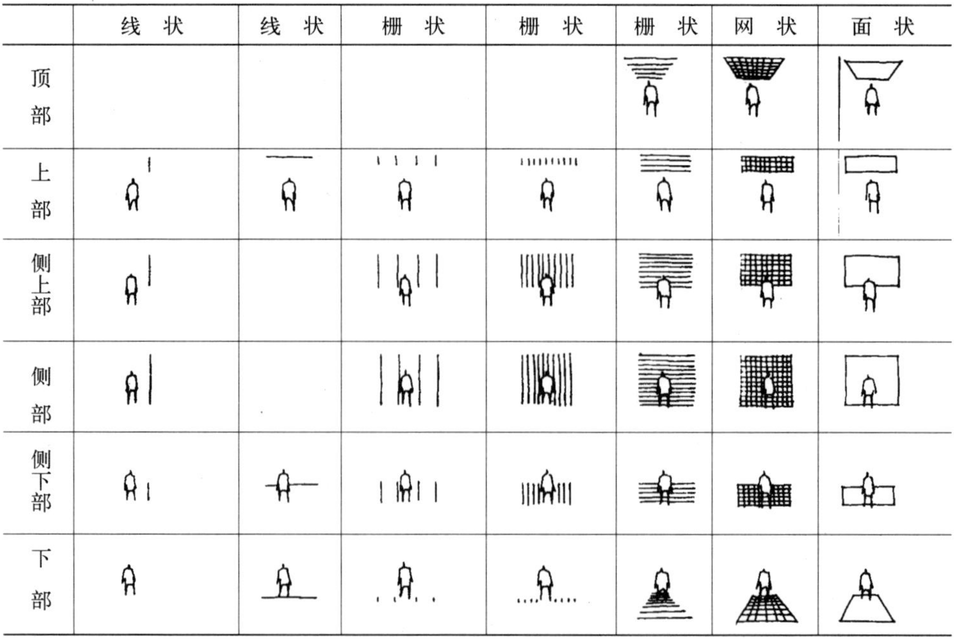

	线　状	线　状	栅　状	栅　状	栅　状	网　状	面　状
顶部							
上部							
侧上部							
侧部							
侧下部							
下部							

表中展示了从简单的线状要素到面状要素的各种情况，而且作为典型的建筑空间所经常使用的正六面体的要素变化，在这个表中也大致包括了许多情况。要找出对应于这些图式的各种事例并不麻烦。

在这里，是把限定程度的大小，以及要素和人的相互位置关系作为问题。不过，在这个图式中虽然刚好把地面看作是被提供的原点，但对这个问题，恐怕有更加灵活考虑的必要。

在考虑限定要素的同时，根据限定方法来进行观察也是非常必要的。

限定度

根据经验我们就可以知道具体的限定是有多种形式的。从在地上划一条线，直至能遮挡放射能的完全密闭的密室，都能起到具体限定的作用。因此，在有两种不同形式的情况下,为了比较并判别哪一种是强的限定,可以引入“限定度”这个概念。“限定度”一般可以用高、低，或是强、弱来表示。

限定度尽管是针对人的活动而设定的，但对于物质或是能量也是一样。我们可以把它看作是：在具体方面，根据限定要素的特性和形状以及使用这些要素的方法来决定其高低、强弱。另外，在抽象的限定度方面也有高低、强弱之分。

“限定度”是一个相对的概念，而不是绝对的度量单位。不过，假若限定的目的确定的话，在针对这个目的而采用的各种方式中，是能用数量来表示限定度的高低、强弱的。

空间限定相位的类型

限定的方法，可以根据要素的特性和它的构成方式进行分类。除此之外，作为结论性的相位的类型也是重要的分类，而且它还可以作为了解限定方法起因的线索。同时，它也是空间本身的类型。

相位的性格如下，它们可以用对应于限定要素的动词来表示：

围　合

空间限定最典型的形式是用某种要素围成所需要的空间。从生态学的范畴开始，可以说在所有的空间形成中，这个被围起来的内侧空间才是我们主要的目的。

但是，实际上由于这个包围要素的不同，所以内部空间的状态也有很大的不同，而且内外之间的关系也将大大地受到影响。因而作为抽象的模式，我们的表达方式虽然很简单，但实际上已经建造起来的许多空间，却是极其多样的。

从一根木棒开始直到巨大的城墙，这个所谓的围合，是能够根据它的内部空间的要求，从具体的作用出发并考虑抽象的作用，而进行丰富多彩的空间限定。其限定度往往是要涉及到要素的具体作用的。形成圣彼得广场等的限定就是这种例子。

	限定度强	限定度弱
视　线	可以能过	不能通过
视　野	窄	宽
行　动	困难	容易
要素的高度	高	低

续表

	限定度强	限定度弱
要素的宽度	宽	窄
要素的强弱	强—混凝土、铁	弱—木板、纸
到要素的距离	近	远
要素的形态	向心的	离心的
明　　度	低	高
要素的间隔（栅状情况时）	窄	宽
要素的凹凸	少	多
要素的质地	硬—石、水泥、铁	软—布
要素的关闭	闭	关
通　过　度	少	多
要素的移动	困难	容易
约　束　性	强	弱

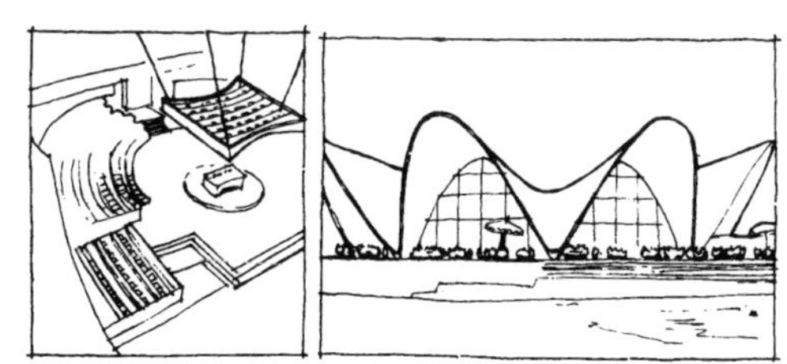

覆　盖

如果说建筑空间最初是把躲避风雨这种隐蔽所的功能作为中心而建造的话，则必然会使用“蒙上”或是“盖上”这种空间限定。当然，把限定要素飘浮在空中，那是非常困难的。一般总是要使用各种各样的方法，或是在下面支撑，或是在上面悬吊才行。虽然这在技术上是受限制的，但作为空间限定的意图，则可以完全把它看作是飘浮于空中的。

由隐蔽的手段，进而能起到表示空间限定的作用，例如像天盖那样的东西。

最近，作为音响反射板，这种形式变得重要起来了。

对大跨度结构不断地探求，也许是这种空间限定的本能的要求。

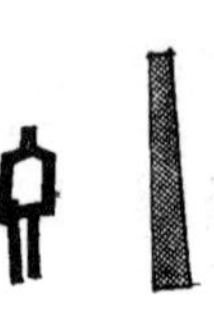

设　置

把任何物体设置于原空间中，它都能进行限定。也可以说这是限定的最基本的形式。

但是，由于其他几种类型的抽象化，这种形式看来只要研究一下它比较特殊的方面就行了。在与人的关系上，例如视空间的形成就是这种形式。它的限定领域，虽然粗看是指可视范围，但实际上，在这个领域内形成了各个不同的阶段。总之，由于在要素的周围形成了某种圈子，所以从某种意上来看，也可称之为“中心的限定”。

隆　起

用某种要素，把所需要的空间按照高低差来进行限定，形成一种金字塔式的阶梯形式。这时，限定完全是在和原空间、原地盘的相对关系上进行的。

这种空间限定的金字塔式阶梯形式，对于具体的和抽象的两方面都适用。

为了防御敌人的攻击，或者为了展示权威、强调象征性这种形式很明显是一种优越的限定。在把犯人押上台的情况下，从相反的角度来看，这种限定也往往作为特点而被利用。

另一方面，它也可以限制人们的活动，或者用于不能随便进入的领域。在铁路和高速公路等处，往往与其他功能要求合在一起同时使用这种形式。

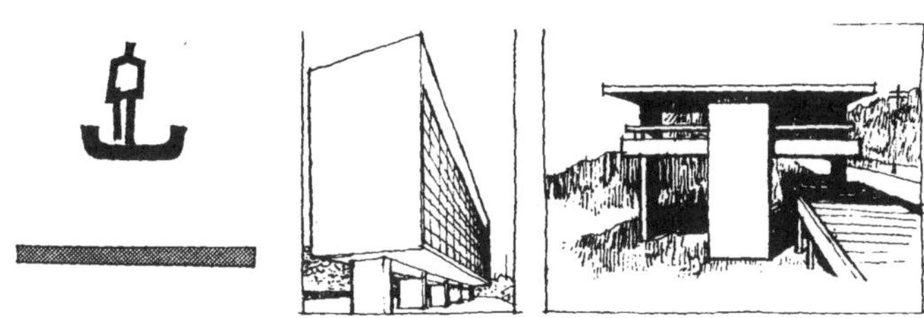

托　起

这是与“隆起”相类似的方法。同样是创造一种空间金字塔式阶梯形式的限定方法。但是，其本质的不同在于这种限定要素的构成方式上。由于解放了原来的基地，所以在它的正下方创造出了从属的限定空间。

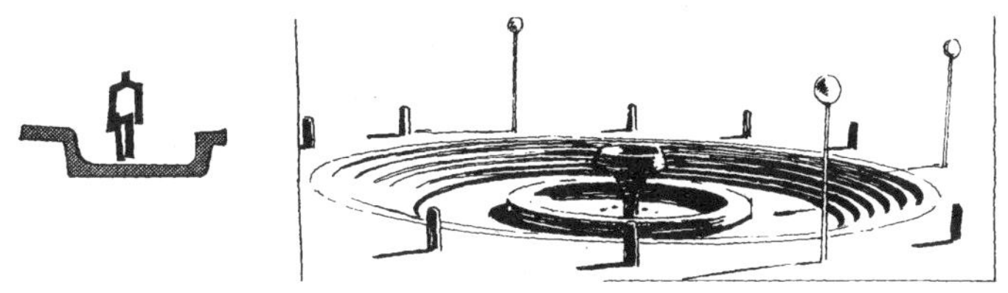

挖　掘

这种形式，同样也是为了形成一种空间金字塔式阶梯形式的限定。它与“隆起”相比，不见得具有相反的意图。在具体的事物中，像“十”和“一”那样相反的事物是很多的，但它们同样都是为了保持一种优越性。

要说什么地方与“围合”这种方式相类似的话，那么这个挖掘出来的内部空间，也往往与外面没有什么关系。

变化质地

它是由变化地面的质地和色彩等而形成的空间限定。虽然它的具体的限定度非常低，但是抽象的限定度有时倒是相当高的。

通常所说的法律、规章、约束、规则等等，在很大程度上可以说是依存于人类理性的限定方法。因而，它往往是抽象的，同时也是象征性的，或是暗示的。

从某种意义上讲，这恐怕是最高级的限定方法了。在只适用于人类这一点上，可以把它看作是相当特殊的限定。

限定要素所构成空间的性质

空间，由于构成它的要素不同而表现为各式各样。

根据要素的数量和位置，从没有限定的空间直到多次限定的空间，空间状态变化于这之中的各个不同阶段。要想寻求空间变化的各个阶段，就应对空间性质和要素构成的关系进行研究。

空间构成的最单纯要素可以参见下图。从某种意义上来说，它是基础的要素。

我们也可以把这个水平要素（horizontal-element）看作最基本的空间构成的第一步。

这种要素，并没有给空间的性质以任何的规定。

作为构成空间的第一步所考虑的这个要素，只有加入其他种种限定要素之后，才使空间产生某种性质。

在这里，我们把限定空间，并围拢起来的要素命名为限定要素，并把它们分成各种类型来研究。也就是分为水平要素(horizontal-element，overhead)，垂直要素(vertical-element)，并与底面要素(basement)合在一起，按照各种组合来分析各种空间的性质。

根据这些要素的数量和位置的不同，空间，对于人们的活动来说，存在着从完全没有遮拦的空间，到完全围起来不能行动的空间。

垂　直

 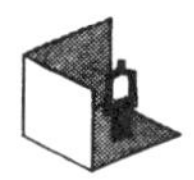 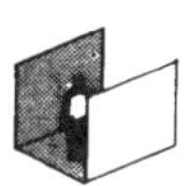 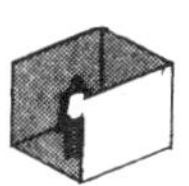 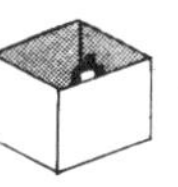

    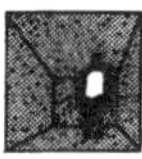 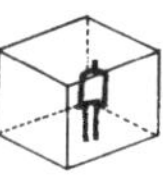

垂直要素

第一种型式

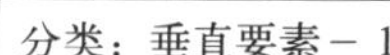

分类：垂直要素－1

研究：面向要素的情况下，要素对行动和视线都有很强的限定作用。因而，往往同时有通或是不通两种相反的现象。

  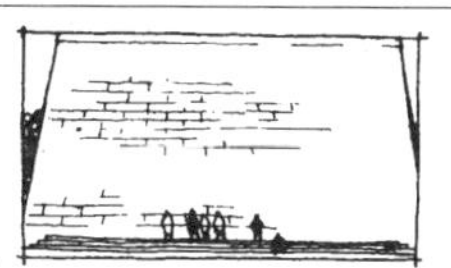

第二种型式

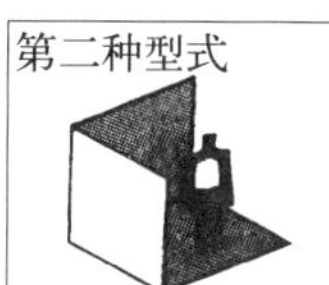

分类：垂直要素－2

研究：开始形成围起来的感觉。虽然领域不明确，但在要素有具体大小的情况下，产生稍有闭锁性的性格。

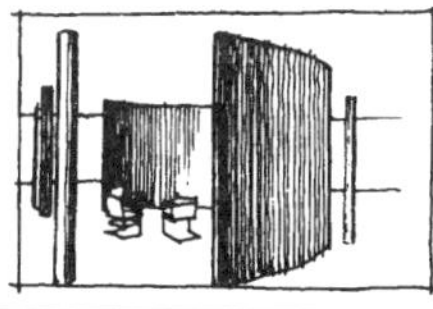 

第三种型式	分类：垂直要素－2
	研究：对于人的行动和视线，明确地表现为二个轴的方向性。假若要素有较长的连续，则产生流动，形成限定度相当高的空间。

第四种型式	分类：垂直要素－3
	研究：快要围起来了。虽然没有完全围起来，但是假若考虑到人们的活动和视线方向性的话，采用这种空间则有明显的“向心感”。然而另一方面，如果在这个空间里，面向没有要素的方面，则有一种“居中感”。由此而来的安心感成为广场、袋形路或其他各种空间形成的基础。它是一种限定度较高的方法。

第五种型式	分类：垂直要素－4
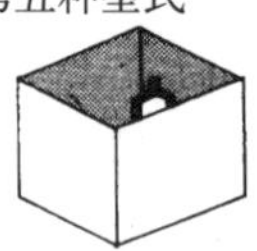	研究：因为只有上面是敞开的，因此给人以非常封闭的感觉。它是向心的，形成充实的空间。行动和视线被限定于其内部。

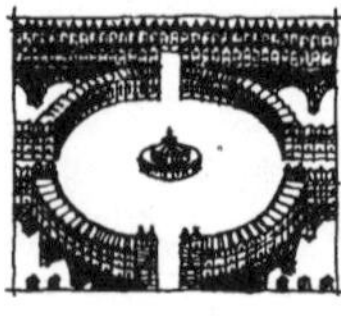

垂直＋水平要素的研究

第一种型式	分类：垂直要素－1
	研究：因为视线和行动不被限定，所以要素的限定是相当暗示的。然而，在作为隐蔽所时，可成为明确的空间限定。

第二种型式 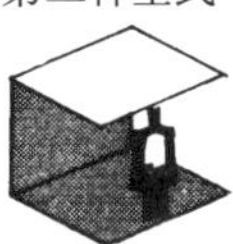	分类：垂直要素－1 · 水平要素－1 研究：行动和视线表现得有方向性而且显得集中，“覆盖感”开始增强，由开放性趋向于封闭锁，空间构成的限定度是低的。

第三种型式 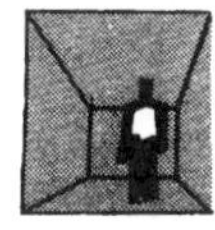	分类：垂直要素－2 · 水平要素－1 研究：如果面向垂直要素接交而成的角落，则有一种已经被封闭起来的空间感觉。如果背向角落，就近乎于“居中感”。

第四种型式 	分类：垂直要素－2 · 水平要素－1 研究：是管状的。产生流动，各个限定要素规定着这个流动。要素假若是长而连续的话，则闭锁性强。假若短，则象征性强。

第五种型式 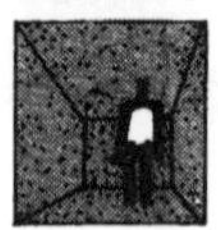	分类：垂直要素－3·水平要素－1 研究：对于视线和行动的方向，有两种完全相反的效果。方向性被限定得非常强，开放性的自由度减少了。

第六种型式 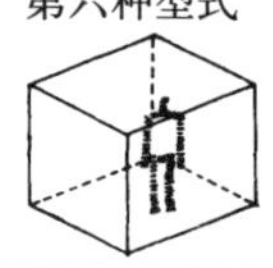	分类：垂直要素－4 ·水平要素－1 研究：是完全密闭的。限定度最高而形成完全包围起来的空间，内外产生明确的区别。这些仅随着要素的设计而变化。

（译自《建筑文化》1965 年 8 月号，有删节，
本文原载于《建筑师》第 12 期）

后现代建筑语言（节选）

[英]查尔斯·詹克斯　著　李大夏　摘译

编者按:《后现代建筑语言》(The Language of Post-Modern Architecture)是英国著名建筑评论家查尔斯·詹克斯（Charles Jencks）的名著，初版于1977年。这部著作被许多人称作是一本对“现代建筑”的宣战书。作者在大肆挞伐“现代建筑”的同时，又系统阐述了后现代建筑的理论和手法。《建筑师》杂志曾分三次刊登了这本著作的摘译稿。

介　绍

在建筑界，20多年来一直有一种新趋向，现在它已进入飞速致力于新风格和新方向的进程。像风格主义建筑艺术从后期文艺复兴风格中孳生那样，这一新趋向来自现代建筑。这一发展现在一般称之为后现代建筑。这一称呼相当宽容，足以包含种种不同方向，并仍然意味着自现代主义而来的衍生关系。像它的先辈，这一运动肩负着与当今问题相结合，改变现状的使命。但它与先锋派不同，它废弃了继续革新或不断革命的概念。

如果需要下一个简短的定义，一座后现代建筑至少同时在两个层次上表达自己：一层是对其他建筑师以及一小批对特定的建筑艺术语言很关心的人；另一层是对广大公众，当地的居民，他们对舒适、传统房屋形式以及某种生活方式等问题很有兴趣。这就是，它有点像混血儿。如果需要视觉定义，多少有些与古典希腊神庙的正面相像。古典希腊神庙是一种几何形的建筑艺术，下部是优雅的刻槽柱式，其上是表现巨人混战的大墙面，再上是漆成深红深蓝的山花。建筑师们能看懂段段柱式所暗示的隐喻和微妙意义，大众则对雕刻家的明白的讽喻和信息作出反响。当然每个人都对这两种涵义的译码有所反应，正像人们在一座后现代建筑中的感受一样。但其强烈程度和理解是不同的。正是这种体验式文化的不连续性在创造后现代主义的理论基础和“双重译码”。最有特色的后现代主义建筑显示出一种标志明显的两元性，意识清醒的精神分裂症。

“后现代”这一称呼有必要予以澄清。精确地说，它是用来形容那些意识到建筑艺术是一种语言的设计人，而并非泛指不设计方盒子的设计人，——这正是本书的标题所指。保罗·戈德伯格（Paul Gold-berger）和某几位美国批评家是这样使用这一称呼的，并注意到历史和当地文脉等实质性问题。但这只是事情的一部分。后现代建筑也正朝着隐喻式、乡土式以及新的模棱两可空间等方向迈进。由于只有多重定义才能捕捉住它众多的脑袋，我以本书第80页的进化树以及最后一章传统的历史部分来试图澄清它。由于同一原因，没有一个建筑师曾把这些形形色色的观点综合成一体，也不曾有某座建筑能把它们概括在一起。如果不得不指点一个完全令人信服的后现代主义者，我会以安东尼奥·高迪为例。但他是一个前期现代主义者。本书第一版以他的作品作结，因为他的作品运用了极为令人信服的丰富语言传递着重要的意义。现在我已将这部分删去，但我仍然把高迪视为后现代主义的试金石，把他当成典范来衡量现在的建筑物，看看它们是否真是隐喻式的，有“文脉”的，精致而且丰富的。但把例子局限于当今的建筑。

前缀“Post”的模棱两可性是引人而强有力的，这就部分地解释了它为何如此流行。人们天性乐于被人看成“后现代”（即“现在之后”——“Post-Present”）。“Post”被到处缀加。但这一方便而又滑溜溜的词汇，只简单地陈述你所离去的地方，而不是到达的场所。

但我们怎能在我们仍然活着的时候自外于现今时代？我们已像未来主义者那样，放逐了现在时态，并将天堂坐落到明日（或昨天）的鲜花永不凋谢的地方？

这些想法使我在1975年第一次使用后现代建筑艺术这一词汇时把它看成是临时标志。但现在我已改变了想法。这一部分是由于“现代”这一词的暗示、力量和同时代性，这一词也是后现代这一混血标题的组成部分。建筑师，艺术家，普通老百姓都想赶上时代，即使他们不愿像先锋派那么抛弃他们文化上的往昔。

其次，更重要的是这一标签很好地描述了现在情形下的两元性。如果不是全部，也可说大多数现在的建筑师是按现代主义来训练的。尽管已经转移到这一范畴之外或与之对立，他们却还不曾抵达一个假定的新目标，他们也不曾全部抛弃现代派的敏感性。他们在半路上，半现代，半后现代。让我们看看文丘里、斯特恩或穆尔——三个后现代的坚硬核心的作品，我们可以看到所有勒·柯布西耶、路易斯·康、二十人团风格以及所有帕拉第奥、卢扬以及66街的所有特点。无疑这类作品的译码具有精神分裂的特征，也就是在某一运动已经垮掉，建筑师们已朝前走开之后，你有希望看到的某种事物。由于我们这儿正谈及的是从一种共享地位出发的演化过程，而不是与往昔革命性的决裂，因此后现代主义众多令人惊奇的定义性特征之一是：它包含现代主义的风格和面貌，这些风格和面貌有潜在的适用性（如适于工厂、医院以及某些办公楼）。尽管现代主义者如密斯·凡·德·罗是排他主义者，后现代有总体上的包容性。在确实有理的情形下，它甚至给予它的对立面——纯粹主义以一席地位。

现代建筑艺术受到杰出人物统治论的损害。后现代主义正试图去除这种杰出人物统治论。不是单纯扔掉它，而是依靠在诸多不同方向上来扩充建筑语言，——深入民间，面向传统以及大街上的商业俚语。由于双重译码，建筑艺术是既对杰出人物也对大街上的人民说话的。在二元性被公众肯定下来之前，一开始是不容易进行设计的。但在这一基点上形成了某一传统，正像古典主义希腊一样，它就能比纯粹的杰出人物统治论丰富得多，活跃得多。因为它能对其他建筑师说话，那些本行的名流对此是关心的，他们能在飞速变化的语言中找出妥善的区别。它亦能对企求美观、传统气氛和某种特定生活方式的使用者说话。这两组人，经常是对立的，经常使用不同的感受译码，都必须得到满足。

第一部分　现代建筑的死亡

很幸运，我们可以时间精确地确定现代建筑的死亡日期，它是被猛击一下后死去的。许多人不曾注意到这一事件，也无人为之居丧，但这并不意味这一突然死亡的说法有所失实。很多设计人也仍然当它活着，与之亲吻，这并不意味它的肉身已经复活。

现代建筑，1972年7月15日下午3点32分于密苏里州圣·路易斯城死去。当时，名声很糟的帕鲁伊特·伊戈(Pruitt-lgoe) 居住区，或者说它的若干座板式建筑物由黄色炸药给予了慈悲的临终一击。在此之前，它们被其黑色居民们所破坏、肢解和糟蹋。尽管成百万美元被用来试图使它们活下去（修理损坏了的电梯，粉碎了的窗户，重新油漆），最后还是嘭、嘭、嘭几声使它们解脱了苦难。

无疑，废墟应当保留，其余留存的建筑物应贴上保护的政令。正如奥斯卡·惠尔特（Oscar Wilde）说过的，“经验是我们给自己的错误所起的名字”。把它们明智地散置于自然风景之中作为一系列连续的课程，予我们的健康不无裨益。

帕鲁伊特·伊戈是按现代建筑国际协会（CIAM）最先进的理想建成的。1951年该设计获得了美国建筑师学会（AIA）的奖励。它有雅致的14层板式建筑群，合乎理性的“空中街道”（这可免受汽车之害，但结果却是很不安全的罪案发生地）；“阳光，空间和绿化”，勒·柯布西耶称之为“都市生活方式的三项基本享受”（取代了他所摒弃的普通街道，花园和半私有空间）。帕鲁伊特·伊戈确有传统方式中一切合理的物质条件。再说，它的纯粹主义的风格，清新的有益健康的医院式隐喻，仿佛亦能在它的居民中灌输相应的美德。

图1 雅马萨奇，帕鲁伊特·伊戈（Pruitt-lgoe）居住区，圣·路易斯。1952—1955。因不断发生暴力行为，某几座房屋于1972年炸毁

这种直接从理性主义、行为主义和实用主义教条中接受过来的过分简单化的想法，已经证实就像这些哲学本身一样的不合理。现代建筑，作为启蒙运动的儿子，是它的先天性稚气的继承者。这种天真是太伟大太令人敬畏了，以致不能保证在一本只涉及房屋的书中将它驳倒。我将尝试用一幅漫画，一场辩论，来代替对现代建筑广泛深入的攻击，也不涉及它的弊病与摩登时代的盛行哲学的密切关系。这一高尚恣态（也正是其恶谥）在于它容许以一定的放肆而令人愉快的方式径穿丛杂的诸多原则，凌空一瞥整个争论中出人意料而又微妙的事件。让我们嘻嘻哈哈地从现代建筑的芜园中穿过去，看着我们城市的消亡。犹如火星人在地球上的尘世里旅游，高高在上漫不经心地看看搞考古的地方。面对往日建筑文明的错误，令人悲凉但有指导意义。最后，因为它实实在在已经死去，我们也许会乐意把尸体埋葬掉。

建筑艺术危机

1974年马尔考姆·麦克尤恩（Malcolm MacEwen）

以上列标题写了一本书，该书概述了英国人对现代派运动的错误所持观点（资本化，像世界上所有的宗教），概述了我们能为此干些什么。他的概括是很出色的，但其药方却远远不在点上。他的治疗是对一个小小的学术性“机体”——英国皇家建筑师协会进行健康大检查，在这里改变个风格，那里掉换个心脏，——仿佛这类措置能驱除所有引起危机的原委。好吧，让我们采纳他的有效的分析方法，而不是他的答案，以现代建筑中一个最为稀奇古怪的典型作例子：现代旅馆。

伦敦新潘塔旅馆有 914 套房间，几乎是 50 年前大型旅馆平均数的几倍，而且它是以国际式作“主题”的（装饰设计人的话），其款式也许可称之为“册封的飞机场休息地段摩登”。总共约 20 个这类巨无霸似的旅馆坐落在到伦敦机场去的路上[这一带被称为“霍太兰地亚”——“旅馆地段”（Hotellandia）]。它们在尺度上是混乱的，也给城市生活带来了麻烦，等于是一支入侵军队的占领——旅游者就是这支入侵军队。1969 至 1973 年间，这些旅馆络绎出现，特色雷同——有十分现代化的设施如空调，但被赋予十分古老的风格，从洛可可、哥特、第二帝国到这三种风格混杂一体。古代风格和现代设备这类公式在我们这个消费社会中已经毫不留情地取得成功。这种“人造形式”是经典的现代建筑所面对的主要的商业性挑战力量。但就建筑艺术“生产”而言，“人造形式”和现代派对建筑艺术的异化所作的贡献，在某种程度上是等同的，这也就是麦克尤恩所谓的“危机”。我已试着去解开导致这种原因的错综原因，列举了十一点，并指出它们在两种现代建筑艺术生产中是如何作用的（见图 2 中的右两列）。

作为对比，左边第一列是个体建筑艺术生产的老体系（第一次世界大战前大多是这么做的），一个建筑师从私人角度是了解其顾客的，也许还有共同的价值观和美

	体系1——个体的 个体的建筑师 | 顾客就是用户	体系2——公共的 公家的建筑师 | 顾客不是使用人	体系3——开发者的 开发者所雇建筑师 | 顾客不是使用人
1.经济环境	小资本家 （有限的金钱）	福利国家的投资人 （缺少钱）	垄断资本家 （有钱）
2.动机	美学意识形态的 | 住户使用	解决问题 | 使用者的居住	赚钱 | 资金流转
3.当今的想法	多不胜数	进步，有效，大规模，反历史，野性主义，等等	大体同左，加上实用主义
4.与地方的关系	当地建筑师 | 当地的主顾用户	远处的建筑师 | 使用人搬到这一地方来	远处的变换着的绘图人 | 见不到的主顾
5.主顾对建筑师的关系	专家似的朋友 同样的合伙人 小设计组	不知名的医生 变动的设计人 大设计组	雇佣的仆人 既不知道设计人也不知道使用人
6.设计的规模	“小”	“较大”	“过大”
7.建设事务所的规模和型式	小的合伙人关系	大而集中	大而集中
8.设计方法	慢，有招应， 革新的， 昂贵的	无个性的，不知名的， 保守的、低造价的	快而低廉，套公式的
9.对谁负责	对主顾——使用者	对地方议会和官府衙门	对股票持有人，开发者和董事会
10.建筑型式	住宅，博物馆，大学等等	居住建筑和社会的基本构成类型（学校、医院等等）	购物中心，旅馆，办公楼，工厂等等
11.风格	多种多样	无个性 安全，合时宜，考虑到防止暴力行为等问题	实用，陈词滥调而又装腔作势

图2 “建筑艺术的危机”。3种建筑艺术生产体系的图表。原因不止11个，但都错综复杂，与经济环境纠缠在一起。问题在于，改变多少变量才能把这种体系改造？

学译码。类似的个性今天也有，尽管它们尺度谦逊并相当罕见，建在美国的大都市之外的“手工自建住宅”(Handmade Houses)，在桑撒丽都湾、旧金山湾的船屋。它们都是由居民按其不同的个人喜好风格自建的。这些住宅证实，当建筑艺术生产规模很小又由居民控制时，其内容和形式之间的应答是亲切的。

以往影响了这类生产的其他因素之一是钱财有限的小资本经济。相对而言，建筑师或好思索的营造商每每只设计城市的一小部分，他们缓慢地工作，考虑着怎么建得好一些，他们为顾客所信任，顾客也就是用户。他们合作出一种建筑艺术，这是顾客所理解的，他能和他人共享的语言。

第二和第三列是今日大多数建筑艺术的生产方式。它们脱离了历史性城市的尺度，而且对建筑师和社会两方面都是一种异化。首先，在经济上这或是为一个公共福利机构所建造，它们缺少体现建筑师的社会学意图所需的金钱。或者是由资本集团投资，它们的垄断组织创造出巨额资金和巨大的建筑物。例如，潘塔旅馆是欧洲旅馆联营组合的房产，该组合属于五个航空公司和五个跨国银行的国际财团。这10个企业共同创造了一个巨型纪念碑。从财政定义看，一定要迎合大众口味——中产阶级的口味。在这类体验文化中天生没有什么东西是属于社会下层的。我们可以说是经济规律决定了规模、答案及其后果，强制着建筑艺术使之变得如此无情，自命不凡而又极度拘谨。

其次，在这类生产活动中，建筑师的动机是既要解决问题，又要想法多赚钱，因为他是开发者雇佣的。他们产生了“理性”的解答作为替代，把问题过度简化成一种高雅的风格。

然而异化的最大原因在于今天的设计的规模：旅馆、车库、购物中心和房地产，都“太大”了。——正像产生了它们的建筑师事务所一样大。多么大才是太大？显然不太好回答。我们期待着对不同建筑类型的细致研究。但这一方程可概括地公式化，也许可称之为“伊万·伊里奇建筑艺术递减律”（与他在其他领域里发现的反生产性增长律相适应）。这可以阐明为：“任何一种建筑类型皆有一个高极限值即其极限服务人数额，逾此则环境质量下降”。巨大的伦敦旅馆，其服务已趋失败，因为办事人员短缺而且他们常常旷工。旅游质量也下降，同为旅游者被当成一群肉牛一般，顺溜而连续地从一个地点转移到下一个地点。有程序地连续运转式的享受。把人驱赶成一排，赶入栏圈之中，放到自动运载线上。由狄斯耐所完善了的过程，已经广为应用于所有大众旅游地区。其结果是，一种有控制的平淡乏味的体验，它开始像是探险，可结尾却统统可以预见到。

大型建筑事务所也这模样。没人从头至尾掌握整个工作，而房屋必须按已经验证的公式快速有效地制造出来。（把口味合理化为“陈词俗套”，这种俗套以统计所得的通用风格和题材为基础）。今天的建筑恶俗、粗野又过于庞大，因为是按不露面的开发者的利益，为不露面的所有者，不露面的使用者制造的，并且假设这些使用者的口味与陈词滥调素同。

这么一来，建筑危机就不是单一原因，而是一系列原因造成的。很明显，只改变风格或建筑师的思维方式，不会改变整个状况。似乎我们不得不把建筑生产体系来个彻底改造，所有11个原因一锅端？然而也许不必这么激进，也许某些原因是多余的，某些原因比其他的要重要，我们也就只须改变某些综合性原因。例如，如果大型建筑事务所划分成小工作组，给予一定的财政和设计控制，并使之与房屋的实际使用者有密切的关系，这也许也就足够了？谁知道呢？这儿能说的只是与整个状况有关联的原因。如果想作深刻的改变，必须把它看作一种结构关系来考虑。我只想探究众多原因之中的两个：现代派运动是如何使建筑语言在形式高度上贫困化的，它又如何使它自己在内容的高度上贫困化的。这儿所谓内容也就是它实际为之服务的社会目标。

单一的形式

就一般而言，若是一种建筑艺术是环绕某一（或若干）简单化的涵义发展起来的，我就以单一性这个词汇来形容它。没有疑问，从表现来看密斯·凡·德·罗和他的继承者的建筑艺术是我们所见过的最单一的。它只应用有数的几种材料，简单的直角几何图形。从特征上讲，这一简略的形式已证明似乎是有理性的（同时是不经济的），是通用的（同时只满足极少的功能）。玻璃—钢已变成现代派建筑中惟一最广为应用的形式，它在全世界都被当成“办公楼”的标志。

在密斯和他的弟子们手中这一贫困化的体系已变成迷信。这种迷信压倒了其他所有关系。工字钢和平板玻璃适用于居住建筑吗？密斯想以毫不相干为由抹煞掉这一问题。关于适宜性，“得体”，这一从维特鲁威到卢扬(Lutyens)每个建筑师都争论的问题，现在被密斯的通用语言贬为陈旧过时，他对地方特点和各种功能一概蔑视。(他认为功能是朝生暮死的，很不重要。)

他首先经典地把幕墙用在居住建筑上，而不是用于办公楼，——显然不是为功能或商业的原因，只是因为他被幕墙那完善的形式所抓住了。密斯专注于工字梁和平板间的比例，后退，玻璃面，支柱以及线脚勾连。

一个更大的问题因而就不曾提出来：如果居住建筑看来就像办公楼又怎么样？或者说这两种功能本来就不可分辨又怎么样？看来干净利索的办法可能是在两者之间打个等号来削弱和调和这两种功能：在最通俗的文字高度上，工作和起居有可能相互代用；而在较高级的隐喻或高度上，两者又可能是含混不清的。这两种不同活动的心理上的联想也许就仍然是不曾探索过的，似乎非本质的，没有头绪的。

他的想法只为过程欢呼，只愿把技术和建筑材料的变化象征化表达出来。现代派运动膜拜生产手段。密斯有许多杰出的隐晦的格言，任其流传都有点太狂热，或有点谵妄。其中有一条，密斯表达了这种拜物教。

我看准工业化是我们时代房屋问题的中心。如果我们在实现工业化上获得成功，社会、经济、技术甚至艺术问题也就都解决了。(1924年)

那么神学和烹调学中的“问题”呢？在密斯自己的

芝加哥伊利诺伊工学院，我们可以看到这导致何等稀奇古怪的混乱。这是一个各种不同功能的巨大集成，大得足可把它看成是密斯的超现实主义世界的缩微宇宙。

基本上，他用钢工字梁加上米色面砖和玻璃作填充这一通用语言来谈论各种重要的功能问题：居住建筑、集会场所、教室、学生中心、商店、小教堂等等。如果我们逐个地看看这一系列建筑，就能看出他的语言是何等混乱，无论从文字或隐喻的角度来看。

图 3 著名的 IIT 墙角处理

一个特征明显的长方体可能被译解为教学大楼，在那里学生们在装配线上通过机械产生出一个又一个雷同的思想，——工厂式的隐喻表示着这种译注方式。争论热烈的是他那屋角处理，——究竟它们象征着“无极”，或者像文艺复兴壁柱似的意味“终极”。实际上它既可象征两者，亦可哪个也不是，取决于观者的译码。

图 4 IIT 的大教堂 / 锅炉房

距这些人们常争论的墙角不远是另一建筑上猜不透的谜，这也是按密斯那令人昏昏的通用语言设计的。这是一个教堂似的长方形，从其东立面上可看出中央厅廊和两个侧廊。有规律的带壁柱开间加强了该建筑宗教式的天然特征。是的，没有尖券，但两侧廊和厅廊立面上都有高侧窗。最后，我们的阅读得到肯定，我们终于见到了钟楼高耸于巴西利卡旁边，这是校园的教堂。

但事实上，这是锅炉房。这位极出色的聪明人所犯的语法错误，直到我们见到真正的小教堂前，我们实在无从正确鉴赏它。而那个小教堂看来倒像锅炉房。这是毫无虚饰的方盒子，用工业化的材料，夹在学生宿舍楼之间，一盏探照灯装在房上，——简单地说，这些标记都肯定会被人当成最平常的公用设施。

图 5 IIT 的锅炉房 / 小教堂

最后我们来到校园最重要的地方，那里有一座以单一材料建成的神庙，这一材料使其与其他“厂房”区分开。这一神庙坐落在一层勒脚层上，雄伟的大、小柱

式构成柱廊，大理石板刚劲地飞腾空中形成了恢宏的台阶，仿佛当地的神灵竭力殚智地施展了他的魔法。这一定是校长的住宅或至少是办公管理中心？但这是建筑师的工作场所。

所以我们看到，工厂是教室，教室是锅炉房，锅炉房是小教堂，校长的神殿是建筑系。这么一来，密斯对我们说，锅炉房比小教堂重要，建筑师们像异教的众神统治着一切。当然，密斯不曾表明过这类设想，但他那关于减少形式所具涵义的诫条，在此漫不经心地把这些房子耍弄了一番。

单一的形式主义者和粗率大意的象征主义者

我们姑且把密斯看成一个特例，或者概而言之多少不属现代派建筑师的典型特点。让我们看看从他的奇特语言相反方向滋生出来的类似例子：美国的形式主义和欧洲的“十人小组”（Team X）都在20世纪60年代中期转而反对密斯道路。

F·L·赖特的最后之作马林县市政中心是以形式主义建筑艺术为特征的。建筑物无穷尽地重复各种图案（以及它们的变态），它们的联想是不肯定的——鲜蓝和金色的小玩意儿缅怀着海伦娜·鲁宾斯坦（Helena Rubenstein）的意境，拼凑在一起的拱券给人以罗马输水道的联想。与受压的特性不相符，他用短柱把拱券吊起来受拉。镀金的竖杆像伊斯兰寺院的尖塔，像图腾，又有阿兹台克和玛雅文化的联想，它是整个城市中心的顶戴（而它却不与城市相配）。有人可以赞美它那令人激情奋发的超现实主义的想像。其矫柔造作的夸张也情有可原。但仅此而已。它没告诉我们任何有关政府作用的深刻意义，也不涉及市民与之的关系。

如果我们看看贝聿铭、乌尔里奇·弗兰丞（Ulrich Franzen）、菲利普·约翰逊以及 SOM 这些出色的美国建筑师及事务所，我们能发觉类似的飘忽无常的特征——经常是一个震撼人心的形式，精练有力的想像，但不曾表明什么意义。戈登·庞歇夫（Gordon Bunshaft）的赫尚搜集品博物馆(Museum for the Hirschhorn Collection)，是华盛顿市中心惟一的现代艺术收藏处。很有力的白色砌筑圆柱体，意味着力量、威严、和谐和崇高。的确如此。但正如《时代》杂志等刊物指出，更准确地说它象征一个混凝土工事，诺曼底防线上的碉堡，墙垣内倾，不可洞穿的沉重体量，以及360°度的机枪射孔。庞歇夫漫不经心地说着，“这一设防的要塞能保护现代艺术品免受公众袭击，若是他们胆敢靠近就开枪把他们射倒。”

图6 戈登·庞歇夫和SOM，赫尚博物馆

图7 赫尔曼·赫兹博格，老人之家，阿姆斯特丹，1975年

公众和杰出人物之间译码的不一致，在现代派运动中比比皆是。尤其是那些最受人喜爱的建筑师，如杰姆·斯特林，矶崎新，里卡多·博菲尔（Ricardo Bofill）以及赫尔曼·赫兹博格（Herman Hertzberger）。越是出色的现代派建筑师，控制意义的能力越差。赫兹博格的老人之家运用了众多小尺度空间和有条不紊的都市组织方式。每个人在心理上是与别人隔开的，在隐蔽和偏僻的角落中也有安全感，整个设计是很成熟的。但这一老人之家最明显的联想是什么？每个房间看上去像放在白色十字架之间的黑色棺材。建筑师漫不经心地说道，在我们社会中老年人实在是不幸的。

这些“在隐喻上说走了嘴”的现象是经常发生的傻事。即使把建筑艺术看成是语言的建筑师也常这么干。

宣言和结果之间的矛盾现象在现代建筑中很可观，人们现在可以用“信用鸿沟”来称呼它，犹如政治家们失去信任一样。我相信导致这种情况的根源在于建筑艺术的天性就如一种语言。它急速地被社会需求搞得精神分裂，它部分植根于传统，部分植根于往昔——实际上就是每个人童年时在平整的地板上爬来爬去的经验，对直立的门扇之类日常建筑要素的经验。它又部分植根于飞速改变着的社会，新的功能要求，新材料，新技术和新思想。一方面，建筑艺术就如口述语言般慢慢变化着（我们仍能理解文艺复兴时代的英语）；另一方面，又像现代艺术和科学那样急速改变着，那般深奥莫测。

从另一种角度谈，我们从文化标识的来源来理解这一问题。这些文化标识使每块都市地面都被特定为某一社会集团所有，他们是一种经济上的阶级，历史上的真实人民。而现代派建筑师无视这一切特定的标识，花时间来为抽象化的人进行设计，或可称之为神话中的现代人（Mythic Modern Man）。这种3M怪物自然并不存在，它纯属历史上的虚构。倘或真有这种人存在，他们所要的也许也还是实实在在的社会标志，这就是社会地位、历史、社交方式、舒适程度、宗族社区的版图，也就是邻里之间的区分标识。

不论如何，在我们结束这一场对现代建筑艺术的挞伐之前（这是虐待狂的一种形式吧，干这种营生是太容易了），我们应当指出一种进退两难的建筑师的面目（这并不是他们自己的化妆），因为这对他们的语言是有影响的。

单一的内容

现在让我们不偏不倚地检查一下主要的代表作。真像是棘手的，答案也不是唾手可得的。许多人要否认或掩盖建筑背后的种种社会现实，因为他们对此是无足轻重而又十分沮丧，既没有人希望它们会是这种模样，又不是什么人的过错。从这一点看，建筑师们在这一世纪里所犯的最大错误也许正是他们出生在这个时代里。

让我们随便看看现代建筑的主要纪念碑以及它们为之而建造的社会任务。这里我们看到一个奇怪的，不曾注意过的情况，就是现代派建筑师已偏离社会空想家这一角色，他为一个实际存在的商业社会的统治力量效劳。为这一鬼鬼祟祟的不光彩行为，他们已付出了重大代价。这些建筑师曾指望能结束这种从属的“社会裁缝师傅”的角色，他们把这看成“腐朽的统治者的口味”，他们想变成社会的“医生”，领导者，先知，或至少是某种社会新秩序的接生婆。但他们是按什么秩序来建造房屋的呢？

1.垄断企业和大商号。按现代建筑艺术可接受的标准建造的某些建筑，其主人乃今日的跨国公司。彼得·贝伦斯的柏林透平工厂是为当时的通用电气公司AEG建造的。这座1909年的房子通常被认为是欧洲现代建筑的第一件杰作，因为它有纯净的体量，玻璃和钢用得一清二楚，差不多就是幕墙，是实用产品的精练形式，——工业建筑设计的起点。随后的建筑艺术里程碑，F·L·赖特为一家大制蜡公司设计的硼硅酸玻璃管和流线型的砖砌体构成了曲线形的诗章；戈登·庞歇夫为办公楼所作的经典答案，两块按九十度配置的纯净的大板，一块耸立于另一块之上，——这是为肥皂跨国公司设计的；密斯为西格拉姆威士忌巨人设计的暗色的罗尔斯·罗伊斯式幕墙；埃罗·沙里宁为TWA设计的走得进去的捕食猛禽；以及大事务所如SOM等无数精炼的幕墙建筑，是专为软性饮料公司，烟草联营，国际银行以及石油公司做的设计。为什么必须表达资本的力量和资本的集中，表现商业的功效，市场的开发？这些建筑工作会成为我们时代的纪念碑，因为它们给建筑艺术带来了额外的金钱。然而作为社会典范，它们可能起的作用是没有信誉的。

2.国际博览会，世界交易会。现代建筑艺术的另一家谱可从1851年的水晶宫(Crystal Palace)探究到1970年的大阪博览会中心亭子(Theme Pavilion)。这一条血缘线索，取得了一系列技术性的胜利，形成了格构结构的新语言。埃菲尔铁塔的开放式格架，点状支撑的抛物线形工业棚舍，巴克明斯特·富勒(Buckminster

Fuller）的透明几何形穹窿顶，以及弗里·奥托的腾飞空中的帐篷，这种种胜利美化了人们的建筑体验。历史学家和评论家们轻轻地跳过结构内容和其宣传作用，把注意力贯注于它们的空间和光学质量。构成了世界交易会百分之九十内容的显眼的民族主义形式以及人为的气氛都被忽略了。因为这一被忽略的方面是明显的享乐主义，不很含蓄。也因为没人很好地理解这些内容在大众文化中的作用，它们的幽默、创造性和挑逗力。

3.工厂和工程技巧。从1911年W·格罗皮乌斯的法古斯工厂到1922年勒·柯布西耶的“房屋是居住的机器”，我们看到，现代建筑艺术的主要隐喻：工厂，是怎么产生的。居住建筑被包孕在这一想像之中。为什么住宅应当采用大宗生产线和医院似雪白纯净之类的想像，就像1927年魏森霍夫住宅群那样？

最近在英国的大量性住宅，例如在伦敦或弥尔顿·凯尼斯（Milton Kenes）都追随这种弥漫于20世纪的隐喻。没有人愿意住在工厂中，但这没有为医生似的现代派建筑师碰到过，因为他出诊去医治现代城市的病症了。

这种居住建筑的隐喻，几乎在所有用过的地方都被抛弃了（德国和瑞士例外），但它们有适用的场所：运动场，飞机库以及所有有传统工程特点的大跨度结构。这是现代派建筑艺术在内容高度上惟一的纯粹的胜利。

4.使人发狂的消费者神庙和教堂。如果一个外国人坐直升飞机在任一座城市上空作快速观光，他会发现大城市人民都膜拜奉献给商业之神的机构。把设计的才华和手艺集中施展于一个小小的商店里，一个过路人会确信他终于遇到了这一文明社会的真正宗教。在大旅馆中，他又看到镜面般神奇材料构成的供人们顶礼膜拜的商业徽记，他就会懂得，这种文化过度崇拜华而不实的东西。而现代派建筑师们，越是擅长于装潢，就越显得反常（他们按与众不同的缺陷来干活，以所谓“装饰”即是“罪

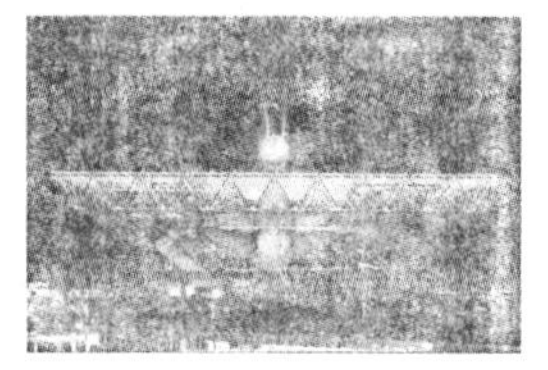

图8 丹下健三，1970年博览会中心亭子，大阪

恶”为其特征)。但珠光宝气并不是出色的建筑艺术固有的特点。内容上的平庸陈腐总难去除。

显然建筑艺术反映着社会认为重要的东西，既看重精神，亦看重与金钱有关的方面。在工业化之前的时代，这种表达的主要方面是神庙、教堂、宫殿、露天市场、会议厅、国家机构和市政厅。而今天，大量的钱财用来建造旅馆、餐厅以及各种各样的商业建筑。公有住房以及代表地方社区或公共利益的房屋被缩减了。具有消费涵义的建筑产生更多的利润。正如伽勃莱斯所描述的美国资本主义——个人发财，公众贫穷。

某些现代派建筑师徒然安慰自己，说什么因为这是一种无可避免的情形，它一定也还有好的方面。商业事务比先前的贵族和宗教事务要民主得多，按文丘里的说法，“中心大街几乎是一切都不错”。

当这些商业事务在本世纪初浮现于人们意识，未来主义者圣·伊利亚为之欢呼。他把新建筑事业和先前奉献给宗教的建筑相对比——19世纪的壮汉和13世纪的闺秀比赛。

现代世界和往昔之间的可怕对立是许多事物决定的，这些事物是以往所没有的……我们失却了对纪念性、重量、稳定之类的偏爱。对光亮、实用、短暂、多变之类的感受更为敏感。我们不再认为我们是教堂、宫殿和祭坛那个时代的人。旅馆、火车站、宽阔大街、巨大港口、有顶的市场、灯火通明的商业街廊、笔直的马路以及有利可图的拆除，我们是这一时代的人。

一句话，这就是中产阶级旅游者沿着宽阔的超级公路，从火车站逛到旅馆途中所见。略事修饰，圣·伊利亚就可描述拉斯韦加斯的灿烂光辉，或者不那么时髦的华沙中心大街。不论在哪个国家，何种经济体制，这种非宗教的建筑任务是今天的重要项目。人们试图用大量的现代艺术和建筑艺术作品来庆祝这一事实，“日常生活的英雄主义”。毕加索、列加和勒·柯布西耶分享的概念是一种哲学，他们借此把平庸的事物放到先前具有崇拜意义的台座之上去。自来水笔、公文柜、钢梁和打字机成为新的偶像。马雅柯夫斯基和俄国构成主义者们把艺术带到了大街上，用警报器和汽笛来演奏庄重的交响乐，同时在厂房顶上挥舞红旗。这些艺术家和建筑师的愿望是以新的阶级和功能为基础来改造社会：用发电站代替教堂，用专家治国论者代替贵族。先锋派，技师和工业界巨子，开明的科学家和成队的专家组成了异教的超人。在他们强有力的领导下，一个新的英雄史诗般的民主社会就会出现。多美妙的梦！

事实上，管理革命的确发生了，社会主义革命也在某些国家发生了。但这一美梦被麦迪逊大街（及其同类）[1]所接管，“日常使用的英雄事物”也变成了“新的革命性的洗涤剂”。种种社会仍在它们古老的神坛前膜拜，不很虔诚，并试图掺入新的价值观念。结果是代用式文化，过去和未来杂陈的漫画。一个既不是先锋派，也不是传统主义梦想过的超现实幻境。这两种人也都憎恨它。

[1] 麦迪逊大街指纽约曼哈顿区的金融中心所在街区。——译注

如果建筑艺术必须竭力表达一种生活方式，表达社会领域的动向。当这些事物失去了信用，就有点尴尬了。建筑师，除了像市民去抗议，或是设计能表达复杂情况的异教建筑之外，一无可为。他可以褒扬失去了的价值，冷嘲热讽地批评那些他所不喜欢的东西。但即使想这么做，也必须运用当地文化的语言。否则他的信息会碰在一批失聪的耳朵上，或者他的信息被人歪曲，以合乎这种方言。

第二部分　后现代主义建筑艺术

历史主义，P.M的肇始

20世纪50年代末，英国和意大利建筑师之间曾爆发一场争论，论题是哪一段时期的建筑艺术有得以复兴的理

由。班海姆（Reyner Banham）攻击意大利人“从现代建筑艺术的退却”是一种“幼稚的倒退”。佩夫斯纳（Nikolaus Pevsner）列举了其他种种信仰上的退却，找出了种种不正常的“新新艺术运动（Neo–Art Nouveau）和新风格派（Neo–De Stijl）”。他把它们看成到处蔓生的毒草。意大利人对这种清教徒式的评论上的冷藏学派作了反击。

图 9 帕洛·波托盖西。罗马鲍尔第别墅。1959—1961。

引起这场争论的建筑物都有含糊的倒退回去的历史性影射。1957—1962 年间弗兰哥·阿尔比尼（Franco Albini）设计的博物馆和百货商店是对传统式罗马建筑的回潮。1957 年建的米兰市托拉·维拉斯加（Torre Velasca）看上去多少与中世纪塔楼相仿。而最令人信服的历史性建筑物之一是帕洛·波托盖西（Paolo Portoghesi）设计的鲍尔第别墅（Casa Baldi）（1959—1961）。建筑物外形是自由的曲线。它有后现代主义的特征，有两种代码兼具的精神分裂式特征：弯弯曲曲的巴洛克式外壳，重叠的空间，空间相交的焦点，野性主义式处理——外露的混凝土砌块，质朴粗野的木作，加上现代派式的吉他形状。我强调这一意大利历史主义作品的日期，以与稍后发生在日本、西班牙和美洲的作对比。沙里宁在1955年建造了“橘子皮穹窿”式克罗斯格讲堂和小教堂（Kresge Auditorium and Chapel）。但只是到了1958—1962年他在耶鲁大学设计了斯泰尔和莫尔斯学院（Stlies and Morse Colleges），采用了“花生碎壳式奇特”风格，明显的历史主义才算真正来临。这一建筑群有意识地运用中世纪的平面，入画的体量，对耶鲁地方传统甚为注意，——总体而言是一种动人的都市建设的开端。但细部和体量有点太图案化，也略微吝啬些。

图 10 埃罗·沙里宁。斯泰尔和莫尔斯学院，纽黑文，1958—1962。

图 11 菲利普·约翰逊。犹太教室。波特·彻斯特。1965。

1960 年左右，大规模的半历史主义在美洲开始。如菲利普·约翰逊的大部分作品，以及更为拙劣的变体如雅马萨奇（Yamasaki）、爱德·斯东（Ed Stone）和华莱士· 哈里逊（Wallace Harrison）的作品。雅马萨奇和斯东在1958年间发展了他们那闪亮的伊斯兰式“混凝土花格”和“镶边”。1962年又搞了“准哥特”风格。历史主义是单薄的，恼人的，半生不熟的，——因为很多建筑师为追求装饰面背离了密斯（但又永远不会真正抵达某一地点）。

菲利普·约翰逊轻而易举地成为这一组人中最有成就最聪明的人。他的第一件作品是1956年设计的波特·彻斯特（Port Chester）犹太教堂。这是他和密斯间的暂时破裂。其外观如勒杜那么简洁得令人吃惊，内部则是一个华盖形的天花。这些历史式的引用都镶入密斯式钢结构的黑框之中。建筑物缺少装饰和内容，意味着他仍是个现代派。他的著作和他的敏感性对后现代主义的贡献可能比他的建筑设计强。

1955年，《现代建筑艺术的七根拐杖》一文揭露了现代派建筑师用来当屏障的若干程式。例如，建筑设备和结构效能等托词是这类拐杖中的两根。1965年，他在“建筑艺术的过程性因素”一文中揭露了现代派运动的空间理性化。结合他在历史形式上的作为[1961年，阿蒙·卡特博物馆（Amon Cartor Museum）；1962年，福里（Follee），都有多余的拱券]，这些争论无疑把历史的门进一步推开了。约翰逊有深入研究所得到的表面情趣，但也有十足现代派的诫条：“纯粹的形式——丑陋或美好——但要纯粹”。他的历史主义停留在浅尝辄止的水平上。其译码奇奥，不是易于捉摸的习俗性译码。他从未真正在装饰、地方特点以及文理上的适宜程度等方面争论过。不然，他本可能在折中主义方向上变得更为有力量。

如果说约翰逊和沙里宁是半历史主义者，半后现代派，则也可以此衡量同时代的“日本风格”、“巴塞罗那学派”。20世纪60年代前川国男、丹下健三、菊竹清训、黑川纪章等人的作品，基本上是柯布西耶式句法纳入民族和传统的元素。外伸梁头、斗栱、神社门、柔和的曲线、斜伸的支柱以及不事粉饰的施工表面——所有日本木结构建筑艺术的特色都用到了钢筋混凝土上，紧凑地放到一块。勒·柯布西耶开创了这种立体派拼镶方法。而日本人以他们传统的非对称平衡的禅宗美学观点，常常把这一特点表达的精炼而高雅。到处应用野性主义材料表达手法，但仍然像茶室那么雅致（尽管用的是着色的混凝土）。与约翰逊和沙里宁一样，他们对传统也犹疑不决，对盛开怒放的折中主义也是小心翼翼的。

我假定，文丘里是第一个以敢作敢为的方式应用了装饰性线脚和传统式符号（如门廊拱券等）的现代派建筑师。1960年，他的护士和牙医总部（Headquarters Biulding for Nurses and Dentists）把装饰性线脚夸张地用到下层窗户窗套上，用两根斜角木料把一个薄似纸片的拱券分成两部分，这是“公共入口”。各种后来影响不小的想法在此均已出现。因此这很适于被称为第一座后现代主义的“反意纪念碑”（Anti-monument）。罗伯特·斯特恩（Robert Stern）发展了这种装饰的想法。很多建筑师，如查尔斯·穆尔（Charles Moore）从这座房子有趣的角部，曲折的墙垣，丑陋的反语法手法以及“后现代空间”中得到启迪。至此，我们终于满意地有了一座在某些方面任性地传统化了的房子。像巴洛克建筑一样，它符合都市的文理，街道的线型以及空间流动的要求；像风格主义派那样，它做作，在尺度上要弄噱头，吹嘘某几扇门窗，同时删削去别的一些洞口。的确，其有算计的丑陋和笨拙几乎都像风格主义派：屋顶对恶劣的气候是一种嘲弄，对方盒子形体的切削是对国际派的凌辱。

文丘里对现代主义的攻击起初集中于口味上。后来集中到象征性上。在他的第一本书《建筑的复杂性和矛盾性》（1966）中确立了一系列针对现代主义的视觉偏爱：以复杂性和矛盾性针对简洁性；宁要模棱两可和紧张感而不要直陈不误；宁要“两者兼具”而不要“非此即彼”；要双重功能性元素而不要单打一；要混杂的，不要纯粹的元素；要总体上的乱七八糟，而不要一目了然的统一。除了这些风格上的代码问题之外，文丘里还对这场争端作了两个更重要的贡献：第一个是出于对历史性作品不尊重的态度，他兴致十足地到历史上的派别如风格主义和卢扬等处进行劫掠（卢扬——Lutyens现已与高迪一起成为后现代的楷模）。第二是他猛然冲进了大众艺术（Pop Art）的队伍，然后是中心大街，拉斯维加斯，最后是列维敦（Levittown）。他与他的妻子丹尼斯·斯各特·布朗以及设计组一起研究了迄今为止备受冷落的大众口味，他们称之为“象征主义课程”。其成果收集于可称为第一次后现代建筑艺术的“反展览”——“生活的标识：美国城市中的符号”。（“反展览”，因为它与一般博物馆展览艺术作品的方法相背。）

图12　菊竹清训。常圆饭店。1963—1964。

总括而言，文丘里的争论，是坚持要重新估价商业性廉价艺术品和19世纪的折中主义。探究它们是如何在一个群众性水平上进行交流的。然而他们的注意力上有若干问题。没有把象征主义理论的发展向前推进一步，因此所举实例就有点四面八方瞎摸索。没有选择和评判种种廉价艺术品的标准，争论限于个人口味，——没有符号学方面的理论。因此，文丘里的“絮絮叨叨”的“广告牌”多少有点专横跋扈地取胜了他们的“鸭子”。其实文丘里这组人成批兜售的信条，诸如关于口味的争论，对前一代人口味的贬斥，骨子里都是排他主义和现代派的作风。正相反，从对符号学研究发展起来的后现代主义，注视口味的抽象概念和它的译码，再采纳一种合乎当时情境的见解。也就是，没有一种译码天生比其他的高明。

图13、图14　文丘里和肖特（Short）。护士和牙医总部。1960年。

在采用某种优于其他的译码前，必须先从特征上确定你为之作设计的文化子系。

文丘里派打算把一整片译码组成部分抛掉，不仅“鸭子”，还有“英雄的和起源的”建筑艺术，豪华派别，意大利宫殿式复古，以及所有处于他们那装饰性门面相对方面的作品。因为他们仍保持着一种现代派的“时代精神”概念。他们古怪的时代精神乃是“这个时代不是通过纯粹的建筑艺术作英雄式交流的环境。每一种手段有其自己的好日子。”我们这个时代，也许是麦克卢汉(Mc Luham)所谓的一种借助于电子技术传播的象征主义时代——汤姆·沃尔夫(Tom Wolfe)的“电子绘图”建筑艺术。文丘里和菲利普·约翰逊之间轴对称式的对立关系是十分有趣的。他们双方都采用“纯粹形式”作为先决性立足点，一方是反面，另一方是正面。而后现代主义是很激越的兼容主义（像文艺复兴建筑），就必须攻击这两方面的根本点。总而言之，现代主义除了侧重一个又一个时代精神的托词，别无他哉。每个人都夸口说他占领了舞台中心，可又摇摆得过于极端，都采用一种唬人的夸张的排他战术。而后现代主义的困难在于采用多重译码，而不退化到调和，不有意仿造。这只有通过可供人分享的设计译码来达到。它们也就是某些能制约设计人的译码，倒并不一定是为他们所尊重的译码。文丘里派对某些译码很敏感，这是一些为建筑师们所一直忽视的下层中产阶级和66号街商业活动的译码。然而，他们实际的建筑物却经常是为另一种不同口味文化服务的，——为教授，为学院，为“口味很浓”的顾客。在他们的理论和实践之间是有折扣的。

他们的实践在他们信奉的“普通和丑陋”的建筑艺术中变来变去。1973至1977年的奥勃林学院扩建(Oberlin College Addition)是粉红色花岗岩和红砂岩的装饰性门面——他们所谓的“一座40年代的中学体育馆”。它砰

图15、图16 文丘里和洛奇。奥勃林学院扩建，艾伦艺术博物馆。1973—1977年。

然一下撞到一座十分和谐的新文艺复兴式建筑物上。其连接，其纹样、屋顶和形式均不一致，有算计地作得笨手笨脚。“不想追求建筑艺术上的英雄史诗”。但是否确有道理呢?问题仿佛在于，他们的敏感性仍属现代派，尽管他们的理论仿佛已入后期。

另几座房屋，更直接地作了历史性的暗示，它们大大方方地与“过去”作有趣的交往，令人喜爱。1970年建的特鲁别克和威斯洛基住宅(Trubeck and Wislocki Houses)是科特角的民间风格，很平常但很吸引人。1972年至1976年建的弗兰克林院（Franklin Court)，献给本杰明·弗兰克林的200周年纪念品。后者是一个十分适宜的幽灵式想像，用不锈钢按古老的轮廓作了一座不再存在的宅邸。下面是考古式的遗址，可从恰恰凸起在地平之上的狭缝中来窥探它。一座按弗兰克林的描述设计出来的新殖民地式花园，加上他的种种有关道德方面的标语口号，显得很有内容。这儿，文丘里们造出的不是一座房子，而是一座花园，它把过去和现在以一种并不怪诞的方式联在一起。它合乎城市的文理，兼具大众和专家的两种译码，既丑陋又漂亮。所以这可以称之为他们的第一座后现代主义的正意纪念碑。

他们的追随者罗伯特·斯特恩在运用文丘里风格上有十足的灵活性。巴塞罗那学派把这一风格与地方目标相结合在一起。莫拉－庇农－维亚普兰纳（Mora–Piňón-Viaplana)，克劳台特（Clotet）和塔斯奎茨（Tusquets）都善于把新的旧的，各不相同的东西放到一处，有时是一种高超的讽刺。他们有时把一座古典主义建筑按国际派风格的美学观点组合到一起，反之亦然。这是典型的后现代主义的遐想。但他们从未走得太远。这是一种怀旧的发作，一种与旧版翻新的家具相应的建筑艺术翻版，一种传统似的风格（Traditionalesque）常常变成为“拙劣的作品”。这些自外于现代派的现代派们，仍然不想让他们自己为已确立的价值所“玷污”。这是折中主义的价值，过去二百年中它一直是很丰富而又很有机会主义的特点。当他们迟迟疑疑地朝折中主义跨进时，经常是歪曲得仍像“摩登”，至少结构上是如此。而这正是与“拙劣的作品”相对立的。

这些后期现代建筑师与下述另一组人是很不一样的。那些复古主义者们从一开始就不曾是“摩登”。

图17 文丘里和洛奇。弗兰克林院，弗城，1972—1976年。

直接的复古主义

哥特建筑艺术在英国一直存在于16、17、18世纪，直到哥特复兴。因为人民喜爱这种“民族风格”，而又常常有一些易遭破坏的教堂需予修复。由于复古主义风格与拙劣的赝品同义，传统成了传统式，整个形式成了某种代用品，没人从事创造性的工作来丰富传统，连学院式的抄袭也没有。因此，到了20世纪30年代，除了希契科克（H · R · Hitchcock）写过一本题为《20世纪中可称为传统的建筑艺术》的书以外，没人愿意在理解的基础上把复古上义带到当代日程上来。可供研究的例子，有匹茨堡的“学习大教堂”，一座40层的哥特式建筑，有莫斯科的七座斯大林式巴洛克摩天楼（导游手册委婉地称之为“50年代风格”）。

1971年雷蒙 · 埃雷斯（Raymond Erith）和昆兰 · 特里（Quinlan Terry）在英国赫福夏建造了一座古典式住宅，这是一种亚当式、田园式以及部分乔治亚式的混合风格。特里还设计过一座中东的回教礼拜堂。但这种水平的复古主义者的共性是缺少创作的力量，他们的艺术没有“形式的活力”。

洛杉矶有一批寻欢作乐式的折中主义的设计人（一些室内装饰工作者），日本建筑师中也有一些人，他们设计了一些故意歪曲的混杂仿作，这类仿作除了才智以外，还要会掌握运用陈词习俗，这正是后现代主义交流手段的基本构成方式。

在什么场合直接复古主义会不遭讽刺打击呢?康拉德·杰姆逊(Conrad Jameson)认为主要是居住建筑,尤其是大量性居住建筑。人们喜欢乔治亚式、爱德华式层台型住宅,它们比任何一种体系建筑都便宜,与城市已有环境的语言和尺度均相宜。

现在亦已有一种商业化的复古主义,这是一种大宗生产:大众化住宅和投机商的发展计划。这种传统在远东、洛杉矶和休斯敦发展得最快,因为这些地方新市镇或巨大的居住区就像塑料聚合物反应过程那么快地滋生出来。某些社区的人工痕迹十分明显。一走进去就可以看到梵高的《向日葵》复制品已高挂墙上,混凝土仿制的段段"木紫"上,看不见的煤气喷嘴在噼哩啪啦地熊熊燃烧。

复古主义在美国可以约翰·保罗·盖蒂在马里布的博物馆(John Paul Getty's Museum in Malibu)为例。设计人是诺尔曼·纽尔伯格(Norman Neuerburg)。这一建筑在美国建筑界引起一场争论。这一座遭到过褒过贬的建筑坐落在可以远眺太平洋的加里福尼亚海岸上。它与陈列品十分相宜,也是一种文化上的挑战,仿佛在说:"我们时代可以陶醉于一种历史性的精确仿造。(花掉一千万或一千七百万美元!)通过我们的种种仿制技术(复印、照相、合成材料)以及专业化的考古学,加上空调和温度控制的高超技术,结构能力(整座建筑架在一座停车库之上),我们可以干任一个19世纪复古主义者做不到的事。我们可以仿造不同文化的断残体验,因为所有各种大众传播手段已经这么干了15年,人们的感受能力已被强化了。

图18 J.P.盖蒂博物馆。

图19 埃德文·卢扬爵士的"希斯考特",依克里,约克夏,1906年。

为此,我愿为该建筑辩护,它是一座合格的后现代建筑,因为它有多元性,其选择也是颇为广泛的。但它既不是光华夺目,也不是奄奄待毙。它之所以成为褒贬之的,只是因为当时正在争论20世纪70年代的建筑究竟应当何属。这一建筑也不曾回答这一问题。

1975年10月至1976年1月在现代艺术博物馆举办了亚瑟·德累克斯勒（Arthur Drexler）的“学院派”建筑艺术展览。20世纪70年代，出版了一些关于维多利亚式和爱德华式建筑艺术的重要书籍。其中有：沃尔特·基德尼（Walter Kidney）的《抉择的建筑艺术：1880~1930美国折中主义》（1974年），阿拉斯代尔·撒尔维斯（Alastair Service）编著的《爱德华式建筑及其起源》（1975年），萨莉· 伍德勃里奇（Sally Woodbridge）的《海湾地区住宅》（1976年），约翰·萨牟逊（John Summerson）的《伦敦维多利亚式建筑》（1976年）。卢扬（Lutyens）的“安妮皇后复兴”也因为当代折中主义者的研究而为众人瞩目。

新乡土风格（Neo-Vernacular）

乡土风格既不是直接复兴也不是精确仿造，但仍像一种现代与19世纪之间的混血儿。其风格便于辨认：坡屋顶，矮胖的细部，入量的体量以及砖，砖，砖——“砖是人道主义的”。

1961年达邦尼和达克（Darbourne and Darke）在皮姆里克居住区（Pimlico）竞赛中获胜。它与老建筑物，譬如砖色灰黯的19世纪教堂很相称，包含种种活动内容，诸如街角小酒店、图书馆、老年人之家。有满植各种树木的丰富空间，也有20世纪60年代建筑师们追求的“地方”意义。最重要的是它采用了矮胖的砖结构形式，一种维多利亚式的美。由此，如果不说是发明了，也应说它确立了新乡土风格。

图20 达邦尼和达克。皮姆里克居住区。1961—1968年，1967—1970年。

在1977年5月至7月的作品展览上，该作品被评述为：证实了某些根本的家庭生活特质，如不受干扰、小花园、优质的风景等，均可借助于民间素材所形成的模式来实现它们。

图21 安德鲁·德比夏。黑林顿市政中心。

1975年至1977年间，安德鲁·德比夏（Andrew Derbyshire）设计了黑林顿市政中心（Hillingdon Civic Center）。这是一组乱七八糟的维多利亚式砖结构。“坡屋顶扣在层层跌落的墙体上，一直延伸到几近地面。因此人们所见到的是屋顶多——表示保护和欢迎的元素；墙垣少——表示防卫和敌意的元素”。

新乡土风格与一种从1975年起广为接受的重修和重新利用旧建筑的倾向结合在一起。1975年是“欧洲建筑遗产年”。费尔顿和毛森（Feilden and Mawson）等事务所以北欧商人住宅形式设计了挪威的砖结构住宅。这些设计不仅回到了古老的住宅原型，而且采用了古老的城市形式，现存的街道线型，以及种种事件形成的地方风趣，——某一史实使街道在这里弯了一下，使一排房子在那里扭了一下，拐了一下。

图22 费尔顿和毛森。挪威，弗莱亚·奎居住区。1972—1975年。

这种扭来扭去的奇特的中世纪城市特点在阿尔道·凡·埃克（Aldo van Eyck）和肖·鲍夏（Theo Bosch）设计的荷兰佐尔居住区（Zwolle）中表现得很强烈。在这个古老历史中心重修了许多建筑物，添加了一个混合的群体：21家企业和75座新住宅。另两位荷兰建筑师范·登·堡和台·雷（Van den Bout and De Ley）在阿姆斯特丹也作了类似的尝试。

20世纪60年代中，约瑟夫·埃希里克（Joseph Esherick）在旧金山的凯纳雷（Cannery）将一座19世纪的仓库，用现代的图形、电梯以及砖把它打扮得生气勃勃。窗棂减少，色彩强烈。这种做法，开旧房利用之先声。

但若把这一趋向看成为一种统一的口味就错了。通过砖木混用，使人感到友好亲切；借助支离的形体，使人感到有个性而又模棱两可；由于选用熟悉的元素，使人感到可亲可敬。如果它不能靠辉煌或新颖把人飞升到空中，这正意味着它是成功的。因为它本来就应当如此谦逊，本来就不该是一篇英雄史诗。“居住建筑应当是小尺度的。

建筑物的用途和年龄混杂。只要可能就予重修更新。偏重手艺而不重高级艺术趣味。可以是建筑师设计的，也可根据适合特定环境的样本来修筑。只要可能，就让当地居民来做主。有时甚至可由他们利用废旧材料自己建造，建成一种似真似假的民间风格。这一切取决于它所在地方的文化传统。居住建筑标志着生活方式……”

图23 阿尔道·梵·埃克和肖·鲍夏。佐尔居住区。1975—1977年。

特定性+都市规划专家=有文理的

劳尔夫·厄斯金（Ralph Erskine）的设计风格是多样的。但他在纽卡斯尔（New Castle）郊区拜克（Byker）设计的居住区足可与1927年斯图加特的魏森霍夫住宅群平起平坐。最重要的一点是拜克社区有一级自治政府，一种实实在在的足与中心城市抗衡的地方力量。为了支持这一原则，建筑师把事务所搬到建筑现场，他允许居民挑选地点、邻友和公寓的平面形式。某些重要的旧建筑如教堂、健身房等都保留下来，因此与历史的联系比任何一座典型的现代主义新镇都要强。所有住宅，约70%都是平房，有半私有的花园和小径。即使所谓拜克“大墙”（公寓），其外走廊也一段段断开，有自己的种植面积。在他自己的事务所中，用一所废止的殡仪馆开了片出售树木花草的小店，还兼作失物招领处。靠着这类非建筑事务，他和当地人民相熟，使他们参予到整个设计过程中来。其结果是取得了一个惊人而又宜人的环境，一种理论上的后现代典型。嗣后，这种“参予设计”的风气在英国盛行一时。

卢西恩·克罗尔（Lucien Kroll）和他的设计组在劳万大学（Louvain University）设计中发展了这种方式。学生们的组别是不固定的。克罗尔自己就像一名乐队指挥。在有点眉目，或者某一组人钻进了牛角尖时，他就重新组织小组。这么一来大家都了解其他人的问题。等到一个可能的答案看得见时，他们绘成平面和剖面进行具体设计。

图24 约瑟夫·埃希里克。旧金山，凯纳雷。1970年。

现代主义运动使城市环境恶化。他们喜欢建立新市镇，让大都市败落下去，然后再综合性地重建。后现代主义者，库勒特（Culot）、克里尔兄弟（Krier brothers）、康拉德·杰姆逊（Conrad Jameson），对城市生活，强调其活跃性，其价值观念。利奥·克里尔（Leo Krier）所做的伊其特纳克设计（Echt-ernach project）（1970），以及获得二等奖的巴黎拉·维莱特（La Vitlette）竞赛方案，都强调一种公众活动的恢宏气概，同时力求与城市原有经纬相吻合。他的"新社会内容"在语言上仍属理性主义，难以作社会性的交流。但他所企求建立的一种语言，一种公众共享的符号，并把这一切编织进巴黎原有的经纬文脉中去，是足为楷模的想法。克里尔想把这种城市建设从它们种种辩证关系中获取其意义，——私有与公共，现在和过去，实与虚等等。这种符号学的意图；有辩证含义的城市，给我们看到了实际的文脉主义。

图 25　劳尔夫·厄斯金·拜克建筑事务所。纽卡斯尔。1972—1974 年。

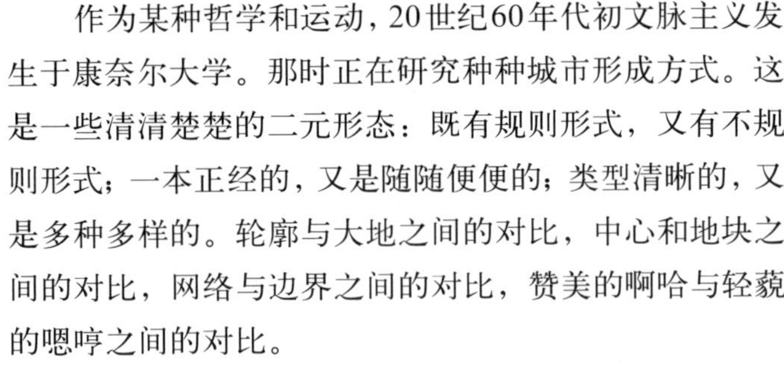

作为某种哲学和运动，20世纪60年代初文脉主义发生于康奈尔大学。那时正在研究种种城市形成方式。这是一些清清楚楚的二元形态：既有规则形式，又有不规则形式；一本正经的，又是随随便便的；类型清晰的，又是多种多样的。轮廓与大地之间的对比，中心和地块之间的对比，网络与边界之间的对比，赞美的啊哈与轻藐的嗯哼之间的对比。

据此，可以很简略地说，现代派建筑艺术和城市规划的失败，在于他们缺乏对城市文脉的理解，过分强调了对象本身，而不注意对象之间的脉络。过分强调从里向外进行设计，而不考虑从外部空间向建筑物内部的过渡。

图 26　劳尔夫·厄斯金。拜克"大墙"。

公元2世纪，海德里安（Hadrian）的建筑物，如梯伏里的别墅（Villa at Tivoli）即属于既有特别的编造，又有方言式的乌托邦。20世纪60年代，路易斯·康和西格弗里德·吉迪翁（Siegfried Giedion），马修斯·昂格尔斯（Mathias Ungers）和文森特·斯科利（Vincent

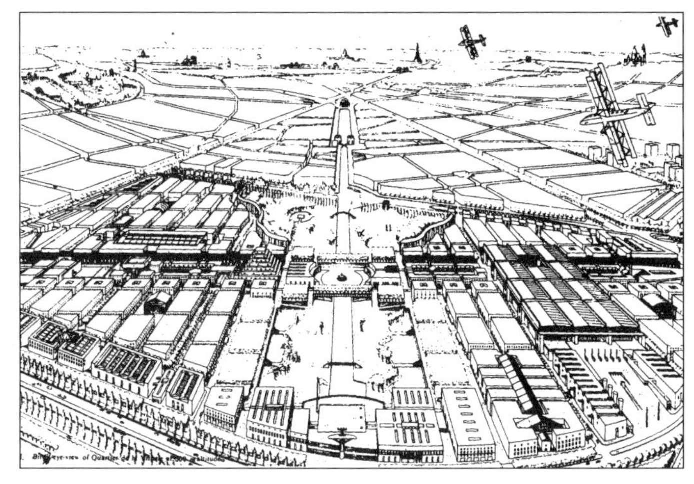

图 27 利·克里尔。巴黎，拉·维莱竞赛方案。1976年。

Scully），也就是现代派和后现代派都奉之宛若典范。

这种“碰撞在一起”的城市，形成了一种先知先觉的城市设计的基础。詹姆斯·斯特林（James Stirling）的杜塞尔多夫博物馆方案也许是这种折衷式交混语言的最佳代表作。他把往昔和现今编织在一起，堵截成一堆。他在两相矛盾的极端之间调停：结结实实的都市脉络和子虚乌有的“大众王国”；在一侧包上一段19世纪式立面来迎合文理，然后这一立面在另一侧消失；把一条步行道从稠密的都市结构中拉出来，引入到一个圆形的院子中，然后再由这一圆形院落翻变到一个方形物体。这一方形建筑物在其墩座之上屈折变幻来标明城市的主轴线，成为一座众目所注的纪念碑。这一设计成为后现代主义都市设计中的新阶段，因为一个现代派建筑师对历史文脉的敏感性能起一种传统主义一般的作用。

隐喻和玄学

即使现在缺少宗教和玄学之类的东西，建筑艺术的精神功能依然存在。后现代派建筑师像超现实主义画家一般，把他们的精神世界凝结在他们的隐喻之中。朗香教堂、悉尼歌剧院、TWA都是例子。它们的译码可以是

图 28 詹姆斯·斯特林，杜塞尔多夫博物馆设计，1975 年。

隐约的，也可以是明白的，可以是混合的隐喻，也可以是明喻。建筑艺术的“明喻”，与书写语言和讲演一样，也就是隐喻的正式而明白的宣言。——热狗招子，并不暗示芥茉和小圆面包，表达得十分明白。

大部分建筑隐喻是隐约而且含混的。近来，不少建筑师开始使用一种用得过度的隐喻。这一隐喻是从现代主义的有机传统中产生的——人体、脸部、动物形式的对称性正变成某种形而上学的基础。

查尔斯· 穆尔和肯特·布鲁姆（Kent Bloomer）分析了这种对人体的想像及其与建筑的关系，宣称为了体验环境，他们做成了一种模型。这一模型并不局限于视觉上的先决性。“我们能想像一种模型，它具有格外丰富而可感知的人体意义”。这么一来，城市若是没有拟人化的诸方面，没有其“中心”，——也就是主广场，象征性的焦点，它也就像一座无人居住的空房子。

文艺复兴时期，这种对人体的想像被通俗化地体现在建筑艺术上。近来，后期现代建筑师也相当直接，而又常常十分俗气地在建筑上运用拟人化的隐喻和形而上学。有时甚至把想像变成一种一目了然的明喻。

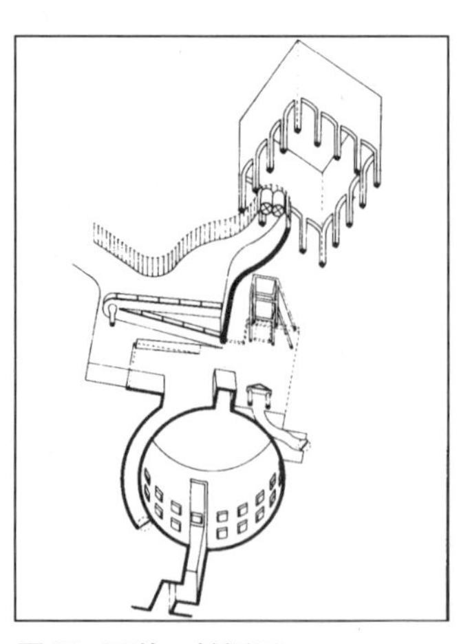

图 29 同前，轴测图。

图 30 山下和正，京都人脸住宅，1974 年。

竹山实和斯坦利·塔戈曼（Stanley Tigerman）做了不少这类明喻式的设计。

一个最广为应用的住宅建筑隐喻是人脸。文艺复兴时期罗马佐卡洛府邸即是一例。日本建筑师山下和正也以这种传统在京都设计了一座荒诞不经的“人脸住宅”。

迈克尔·格雷夫斯（Michael Graves）的拟人化隐喻要含蓄得多。这种隐喻靠人们熟悉的日常行为表达出来：站在窗框边上扶着它，凝视天空与屋檐之间的融合……我们常常用语言把世界拟人化，这可能是一种难于接受的科学，或者委婉动人的视觉误差。但这也告诉我们完全可以把普遍存在的日常活动与建筑艺术关联在一起。

后现代空间

现代派视空间为建筑艺术的本质，他们追求透明度和“时空”感知。空间被当成各向同性，是由边界所抽象限定了的，又是有理性的。逻辑上可对空间从局部到整体，或从整体到局部进行推理。

与之相反，后现代空间有历史特定性，植根于习俗；无限的或者说在界域上是模糊不清的；“非理性的”，或者说由局部到整体是一种过渡关系。边界不清，空间延伸出去，没有明显的边缘。这是一种进化，不是革命。所以它兼有现代主义的质地。

埃森曼（Eisenman）或格雷夫斯（Graves）的住宅看上去形式十分自由，颇有巴洛克风趣。但实际上有一种思维上的协调。参考性墙面常常是暗示的正面，穿越建筑物的途径和弯弯曲曲的各种要素都和这一鸟笼似的概念有关。他的纯粹语言象现代派，但他那语言的象征式运用是后现代的；他在句法上的排他性以及对功能上的轻慢态度是现代派的，但在空间发展上的模棱两可和耽于声色则是后现代的。

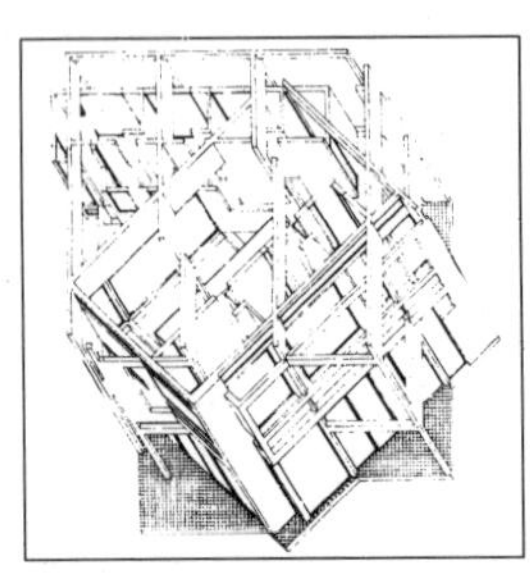

图31 彼得·埃森曼。罗伯特·米勒三号住宅轴测图。

图32 彼得·埃森曼，罗伯特·米勒三号住宅室内。

罗伯特·斯特恩的作品是线条分明的纸板箱式国际风格。但他相信比较和“兼容主义”的重要性（在耶鲁他是文丘里的学生）。他具有纽约世界主义的敏感性，但他天生倾向于乡村住宅而不是中心大街。他的理论驱使他走向多元化。他的坡尔住宅（Pool House）具有地方文脉性，有历史的引喻。这正是他对后现代主义定义中的两个重点。这一建筑并不太沉溺于装饰——也是其后现代定义中的一点。他的威斯特切斯特（Westchester）住宅是设计得很聪明而又很荒诞的。他把一些现代派题材也支离地混在一起：小心地闪来滑去的不对称墙面，但它们是淡赭石色，不是白色。窗台不见了。除了两条红线条冠于墙顶之外没有什么装饰性的勾连。赖特式的平平板板的石砌层台，既没有什么帽子顶盖，也没有什么足以令人产生传统联想的水平向线脚。室内为了强调体积而大胆倾泼的色彩可看成是勒·柯布西耶风格装饰艺术（Art Deco）的翻版。后现代派建筑师总免不了精神分裂，他们不能抛弃现代主义的敏感性，同时只要愿意，就拣拾起片片折衷式的残片。“残片”的概念对他们很重要。这一住宅平面有圆形，有卵形，似方似棱，可称之为“不完全形式”，就像禅宗的美学观念，留有残缺，靠想像来完善它。

由于空间上的噱头太多，雷·史密斯（Ray Smith）已经用“超风格主义”来称呼现在的美国建筑。——无所不在的对角线，狂暴的尺度变换，超级的绘图技巧，怪诞的标点符号。

后现代就像中国园林的空间，把清晰的最终结果悬在半空，以求一种曲径通幽的，永远达不到某种确定目标的“路线”。中国园林把成对的矛盾联结在一起，是一种介于两者之间（in-between）的，在永恒的乐园与尘世之间的空间。在这种空间中，正常的时空范畴，日常建筑艺术和日常行为中的社会性范畴、理性范畴，均为一种“非理性”的或十分难于表诸文词的方式所代替。后现代派的同样手法，用屏障，用不重复的题材，模棱两可和玩笑，把它们的面弄得复杂断残，把我们对时间和广度的正常含义都弄得不明不白。其不同点在于，中国园林有实际的宗教上和哲学上的玄学背景，有隐喻式建筑的惯用体系。而我们复杂的建筑艺术没有这类在含义上可接受的基础。因而它不能像中国园林那么精确，那么深邃，融会一体。在一个工业化社会中这种隐喻和玄学究竟能走多远是值得怀疑的。

图33 罗伯特·斯特恩和约翰·赫格曼。威斯特切斯特住宅。阿蒙克。纽约州。1974—1976年。

查尔斯· 穆尔试图发展一种能表达大众隐喻，能把后现代主义的题材放到一起的建筑艺术。他的克雷斯格学院（Kresge College）宿舍区，把历史的追忆组成一体。总平面曲曲弯弯，拐折突兀。蜿蜒而进，既像中国园林，又像紧凑的意大利小山城。巨大的白色墙面，公用的双层街廊，各体量之间以不同角度组合，增强了地中海村庄的想像。但它的材料是硬纸板似的木材，而不是南欧小镇那种永恒的石质材料，给人以一种易消耗掉的印象。

图34 中国园林空间

在平面上，建筑物在透视中相碰，增添了运动感和深度，在曲曲弯弯的路径上有“非纪念碑”式的标点符号——邮局、洗衣店、电话亭等等，尽管很俗，但有人们所期望有的内容。这是一座与现代派大学很不相同的校园，是仔细地与当地文脉结合在一起的。建筑物的背面是漆成赭色的木材，与树林相和谐。平面弯来弯去，以避开现有的红木树。

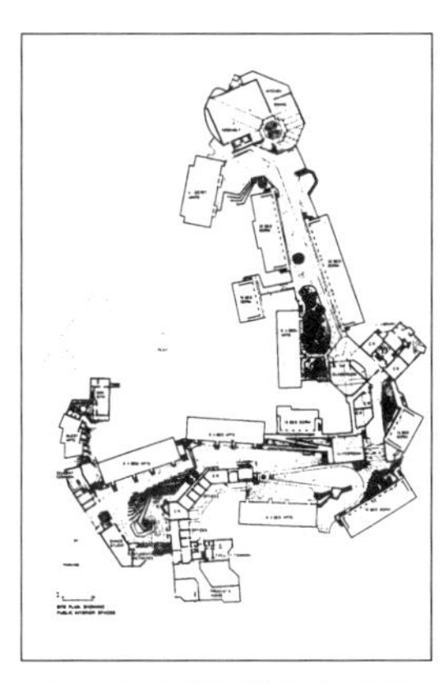

图35 查尔斯·穆尔和威廉·汤布尔。克雷斯格学院。加利福尼亚大学圣塔·克卢兹校区

隐喻的深度，既与强有力的想像，也与活动的妥善安排有关。邮局和集会场所坐落在L形总平面的两头，来来往往的人群充满街道。片断的分布开的活动，丰富了这一历史式小镇。穆尔的另两个作品——新奥尔良的意大利广场，洛杉矶加州大学的庞斯住宅（Burns House），也是其独特的想像和发挥的结果。他的设计，使人有某种等同的感受，但其才智是高人一筹的。

图 36　查尔斯·穆尔和威廉·汤布尔。克雷斯格学院。加利福尼亚大学圣塔·克卢兹校区

结论——激进的折中主义？

正如格雷夫斯、埃森曼、穆尔等人的作品所示，现在所有的倾向都是朝形式和理论上的复杂性发展。历史上有相类似的情况。1870—1910年间许多风格和想法在竞争着，至少有十五种风格相对立，复杂性和折中主义盛行。不相一致的种种风格，总体而言都抵达了它们的顶峰。——高耸式哥特再不可能更紧凑，第二帝国风格也不可能更奢华。如果说复杂性是力量的象征，除了巴黎歌剧院，似乎也再没有更复杂的余地。也许只有得克萨斯、洛杉矶和旧金山的“安妮皇后风格”可说是例外。实际上所有风格都是混血的，不说是折衷也是不用教义的靡杂。人们只须要考虑如何在新艺术运动（Art Nouveau）和第二帝国风格之间挑拣借用就行。今天，这种借用也的确存在。也许因为所有设计人都住在世界性建筑杂志形成的小镇上，而地图上任一后院里产生的一种念头，马上到处都知晓。设计中的拼凑，不但可见于格雷夫斯、斯特恩等人的“残片”上，也可十分自然地从一整套来源中实现。目之所见，文丘里的历史主义，迪斯尼乐园式的直接复古，新民间风格，新装饰派以及文脉主义，都可成为借用的源泉。再说，现在的“地方”材料也就是五金建材店里能买到的材料，天然的“方言”（民间风格），即便不是多种语言的混杂，也已折衷了。任一座大城市的中产阶级市民，都有了某种完善的，甚或资料过多的“想像银行”，靠着人们的旅行和杂志介绍它们也还在不断积累资料。建筑师们若能学会应用这种不一致的语言，似乎是很理想的。折中主义是可供选择的文化所具有的天然产物。

但反对者说，折中体系，无论在哲学界或建筑界，都不会有独创性，也没有坚韧性。它是一种虚弱的调和，是一锅粥似的杂混。第二流的思想家们也由此可以从他弄不明白的矛盾中开小差逃掉。19世纪的折中主义是虚弱的，所有的争论也极少探究过语义和社会问题。他们也就是为了业务而挑拣一种合宜的风格，没有什么理论。

与这种虚弱的折中主义相比，后现代主义至少有潜力发展一种强一些的更激进的变种。我所指出的后现代主义的七个方面，的确构成了这种混合物，即使它们之间并没有什么整体关系。激进的折中主义也包含特别简炼的这一范畴。这种简炼风格有其特定的时间、地点。(七个方面之一是现代主义。) 譬如说，在设计科特角上的工作室时，我选用了现有民间风格，传统的鱼鳞板结构，以及一大批预制建筑部件。新旧并陈，传统的瓶式栏杆和现代转轴窗皆宜。这一切都是当地的，并便于施工。这座房子不见得能称之为激进折中主义的模特儿。但确是混合的语言，能为当地人看懂。

除了令人肃然起敬的安东尼奥·高迪（Antonio Gaudi）之外，我想目前还没有完全令人信服的激进折中主义实例。布鲁诺·雷克林（Bruno Reichlin）在瑞士和托马斯·戈登·史密斯（Thomas Gordon Smith）在加里福尼亚的设计也许可作一种启示。

与现代主义不同，激进折中主义运用所有交流手段的完整色谱——从隐喻到符号，从空间到形式。与传统的折中主义类似，它选择正确的风格，或者派生的体系，只要合用。——但激进折中主义把这一切混和于一座建筑

图 37 C·詹克斯。威尔弗里特工作室。1977 年。

图 38 布鲁诺·雷克林。托尼尼府邸瑞士，托列赛拉。1972—1974 年。

图 39 托马士·戈壁·史密斯。波龙尼亚住宅。加利福尼亚，奥克兰。1977 年。

之中。譬如托马士·戈登·史密斯的设计，其进口和门廊是古典的，但侧面则是与当地相宜的民间形式。

前文提到，各种译码与语义学组别有关，而不是只与阶级有关。设计人应当先调查语义组别的状况，了解人们对美好生活的看法。一般说，有了解顾客背景的愿望，加上对一些行业规矩的理解，就足够了。通常说，有两类译码，——大众的译码，像口头语言般变化缓慢，充满俗话俚语，植根于家庭生活；现代的译码是另一种，它充满新词，及时反映技术、艺术和时间的改变，加上建筑艺术上的“先锋派”。相矛盾的译码常常在一个人身上并存。由于在杰出人物和大众的译码之间，在职业价值与传统价值之间，在现代语言和方言之间，有一条不能逾越的鸿沟，建筑师们最好能意识到某种精神分裂状态，并把他们的建筑物译码建立在这两个不同水平上。

激进的折中主义依靠对比手法，从口味和语言开始设计，因此它能为居民，又能为杰出人物所理解和喜欢。

最后，激进折中主义是多义的。它把不同类的含义放到一起，使思想与身体的不同功能都能满意。这些不同含义间有内在的关联，因而能相互增进。建筑物的味觉、嗅觉和触觉，与视觉和愿望一样富于吸引力。在高迪的极其成功的作品中，各种意义叠加在一起形成了最深刻的综合性共同工作能力。

我们还未抵达这一点。但一种生成中的传统，使我们敢于对未来提出这一要求。

（原文载于《建筑师》第13期、第15期）

建筑量度论——建筑中的空间、形状和尺度

[美]查尔斯·穆尔　杰拉德·阿伦　著
邹德侬　陈少明　节译　沈玉麟　校

作者简介

查尔斯·穆尔（1925—　）

美国当代著名建筑师，后现代主义的领导人物之一。他是美国建筑师协会理事，加利福尼亚州大学洛杉矶分校教授。穆尔博士曾领导过MITW/穆尔—托仑布尔事务所、耶鲁大学及伯克利大学的建筑学院。同时还担任美国国务院的建筑顾问。

杰拉德·阿伦

美国《建筑实录》的副编辑，纽约彼德·各拉克事务所的建筑师。他是查尔斯·穆尔和东雷·雷东的《房屋的场所》的合作者。除了发表过许多文章之外，他的许多设计也在国内外的专业刊物上发表过。

内容简介

本书原名DIMENSIONS——Space、Shape and Scale in Architecture。Dimension一词，在物理、数学、美术、建筑等领域中，出现得相当频繁，含义也各不相同，它分别有因次、维、度、向、量等意思。至于它在美术和建筑中的含义，早已成为一种常识。大家都知道，直线是“一度”的，平面是“两度”的，而立体或空间则

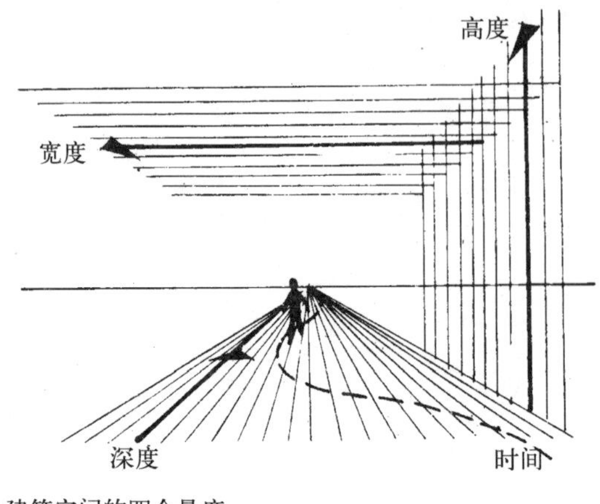

建筑空间的四个量度

是“三度”的。因此，有人把雕塑艺术和建筑艺术，称为三度空间的艺术，而Dimension一词，在建筑和美术中，常译成“度”、“向度”或“量度”。

在19世纪到20世纪交替之际，德国数学家、物理学家闵可夫斯基(Hermann Minkowski)，提出了“四度空间”的理论，即在三度空间中引入了第四量度——时间。他认为，空间和时间是不可分割的，要确定任何物理事件，必须同时使用空间的三个坐标和时间的一个坐标。随后所出现的某些表现“四度空间”的现代艺术流派，是否直接从闵可夫斯基那里获得了灵感，尚不敢冒然断定。但是，“四度空间”的含义，却是与他如出一辙。现代建筑运动，把第四量度——时间引入建筑，不但解释了历史上的建筑空间序列连续性的特点，而且为创造具有动势的新型建筑空间开辟了新的途径（见附图）。

在《建筑量度论》一书中，作者对于这个常识性的量度问题，做了进一步的引申。他们认为，建筑中的量度不是四个，而是无数。任何独立的变量，如房间里的温度、阳光的数量、色彩及其心理效果……都可以成为建筑中的量度。“量度无数”的观点，反映了现代社会对于现代建筑所提出的复杂要求。这种要求，不再仅仅局限于物质功能和单纯美感方面，而是广义的社会要求和精神要求，特别是精神方面。

本书可以分为理论和实例两大部分。前一部分，对于空间（这是尽人皆知的，但常常是想像的产物）、形状（它代表了事物的内在含义）和尺度（事物的相对尺寸关系以及相对的重要程度）等早已存在的老概念，做了它们的定义。在后一部分里，对许多建筑实例做了广泛的浏览，看看在不同场合下，这些概念是怎样运用的。正如作者所言，这些实例的格调各有高低，对于概念的运用也不尽正确。但是，本着开卷有益的宗旨，看看任何一座建筑，想必也都会有点收获的吧。

这本书确实不是什么创立流派或描写什么历史风格的著作。建筑中“量度无数”这一观点，在中国古来有之。中国古代建筑和园林中，有时引入钟声、水声、柳荫、竹影、花香、诗句、书法、绘画等因素，使建筑突破三度空间，成为一个以人的精神感受为基础的生活环境，这种思想支配之下所完成的优秀作品，真是屡见不鲜。中国的老建筑中，包含着许多西方新建筑的理论，这也可以算作一个不小的例证吧。不过，要使这些理论成为有实际价值的东西，尚待认真发掘、研究和沟通才行。

如前所述，在日益注重建筑中精神因素的今天，本书的作者们不再以合理的物质功能和单纯的美感为满足，他们想努力恢复人类的基本需要和社会目标。他们认为，这些需要和目标，始终贯穿于过去、现在和未来。他们主张，要建立那么一种让身体和精神一块都住进去的场所，这些场所，能反映出人类的所有量度。

——译者

（一）

奥秘莫测的深渊在眼前突现，
黑暗的海洋无边无岸。
没有量度，
消失了长、宽、高、时间和地点。
在永无止境的战争喧嚣中，
持续着没完没了的混乱。

弥尔顿

自《失乐园》，第二册[1]

图1 纽约RCA大楼主要入口的门楣装饰。作者：李·劳雷（Lee Lawrie）

[1]《失乐园》——paradise Lost,作者Milton。解放前出版过中译本，解放后是否有新版本，译者不详。这里所引的诗句，系译者据引文所译，仅供参考。

1 量度

量度是一些独立的变量、因素，它们本身的增减，不影响其他的变量。从几何学上讲，一条直线只有一个量度，线上的一个点，可以移到线上的任何位置，而不影响其他值。对于“该点在哪里?”这个问题，只有一种答案：它距离起点为4个、5个或者是1000个单位。

一个平面有两个量度，因为平面上的每个点，都可以用该点与平面上两条线上的两个点，或两个坐标上的两个点之间的直角关系来表示。这两个度是独立的，如果我们愿意，我们可以只改变其中一个度，而使平面上的点重新布置。也就是说，可以让该点，沿一条和另一量度平行的直线移动。

但是，我们经常要研究的，却是处于自由空间中的物体，而不是在一条线或者一个平面上的物体，我们说这种自由空间有三个量度。之所以如此，是因为我们注意到，我们要研究的物体，可以用三个彼此独立的方向来测量：上下、前后和左右。我们能用三个，也只能用三个量度，在一个自由空间中定点：我们所介绍的任何其他坐标，本身都要依据这头三个量度。

可是，我们不应该单从几何学上来考虑量度问题。我们还可以运用我们愿意拿来表达其性质的其他任何事物，来考虑量度问题。比方说，力就是一种量度。纱门的弹簧猛然把门关上，我们需要多少力，才能用门把手将门重新打开?这就是一种两度的问题，因为这里靠两个变量构成的：我们拉门的一种力；弹簧绷紧的另一种力。人们往往认为地图是两度的，其实地图却常常很容易具有更多的量度。如果是一张城市地图，我们便可以用一束一束的点子，来代表不同邻里的人口密度，用其中的每一个点，来代表一定数量的人口。我们还可以用不同形状的点，来代表居民的不同民族起源。我们也可以将一束束的点涂上色彩，来代表不同时期的人口密度和民族构成。这样的地图，就有五个量度：长、宽加上点子的数量、形状和色彩。这后三个度和头两个度是一样的，因为它们都是变量，而且它们当中任何一个的变化，都不会影响到其他。

建筑平面图，经常有两个以上的量度。平面图（plan）一词本身说明，加上附加的变量，它的语义就从词源学里的平面（plane），演变出更广泛的含义，变成了一种意图或行动方针。建筑师设计的房屋平面图，往往充满了符号和数字，有时还有色彩，而且常常运用固有的习惯绘图法——例如巴黎建筑艺术学院习用的以墙厚来表示房间高度的绘图法（图2）。人们假定，在承重的砖石结构中，墙越厚，则顶棚越高。所有这些建筑图中的东西都是量度，都是独立的变量，和城市地图上的点子一样。进而言之，它们代表着实际建筑物中更复杂的量度因素：煮开一壶水所需的热量、刷一次牙所需的水量、支承一个屋面所需要的力（或是使屋顶在风中不致被刮掉所需要的力）、在任何特定场合下一定尺寸和数量的窗户所允许射入阳光的数量（实则是种类）。显而易见，在建筑学里，是具有三个以上量度的。

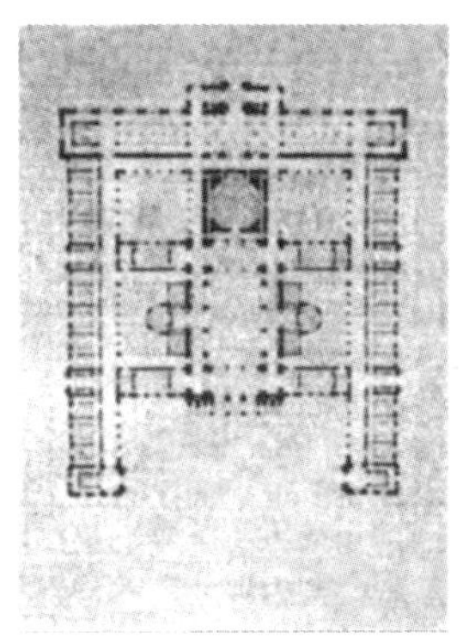

图2 学术宫（Un Palais des Sociétés.Savantes）.1893.保尔·德萨（Paul Dusart）作，自Les Grands Prix de Rome, 1850—1900年。

建筑师们在他们的工作中，很自然地会把空间的量度视为他们工作中的首要因素。虽然有时设计的是两度的平面，也会经常导致第三个空间的量度，例如他已经假定顶棚统统为8英尺高（约合2.44m）。甚至他们在用三个量度来考虑问题的时候，他们也还是可能使量度问题简化。我们用X、Y、Z坐标，去度量高度、宽度和深度，并不是说仅此三度而已，它们不过是随便的三度罢了。甚至著名的第四“量度”——时间，也并不就是第四度，那是我们愿意，才把它当成第四量度的。既然任何独立的变量，都可以是一种量度，那么量度的数目就可以无限扩大，而且是任意扩大，只是取决于要解决手头上的哪些问题。问题在于：“我们所要观察的变量是什么？”另一个要回答的问题是：“我们愿意衡量什么？”

如果说，三个量度可以产生我们往常所想到的空间，那么，人脑所能感受的所有量度，就能产生知觉空间[2]。知觉空间当然不会有我们从三度空间所联想到的“地点”[3]的概念，或者至少不会有空间中物体位置的概念，其实我们应该牢记，“地点”的概念，只不过是方便的习惯用法。截至目前为止，在我们的思维中，还是三度空间而已。让人们对声音、色彩、温度、气味或任何其他感觉上的变量的感受，也像感受高度、宽度和深度一样，确实是强人所难。对于声音、色彩、温度、气味等这类变量的感受，是在人体感觉器官传来信息的基础上，在脑中进行复杂神经运算（neurocomputation）的结果。

知觉空间可以有一个量度，或者许多个量度。它的数目和种类，则同时根据文化背景、特殊训练，甚至观者的个人爱好而有所不同。所以对大多数“文明”人来说，最感困惑不解的就是，为什么澳洲的土著能懂得风沙的移动；为什么爱斯基摩人能懂得雪；亚马逊河流域的原始部落能懂得森林。由于后者没有大空间的概念，所以当把他们领出森林时，就会不知所措，就像我们被带进原始森林之中，也会晕头转向一样。

由于受过专门训练，港口引水员会感觉到一般外行人所感觉不到的旋涡和激流；咖啡品尝家，能判断无数种类和品种的咖啡豆所组成的混合物；钢琴调音家，能听出大多数人都认为是谐音的那种音调失真。这些知觉，都是这些人的知觉空间的一部分。所有的人，都可能因为某种暂时或永久的倾向性，而熟悉或不熟悉某些事物。我们能听到每天早上把我们叫醒的闹钟声，却听不见整夜按时叮当作响的钟声。有些人能对绿色马上有所反应，有些人则不能，或者只有在绿色与紫色相配合时才能有所反应。有些人对好的新闻能进行“神经运算”，而另一些人，则只能领受坏消息。

[2] 知觉空间——perceptual space，如原作者所述，人们习惯于从几何学的角度来看待建筑，认为建筑是由三个或四个量度形成的普通空间或自由空间。但作者认为建筑不只是由三、四个量度所构成的普通空间，而是由任意数量、种类的量度形成的所谓“知觉空间”。

与普通空间相比，“知觉空间”似乎是一个很难理解的概念。其实它是指与人的感受有关的种种因素（如声音、色彩、温度、气味……）所形成的整体环境。心理学认为，感觉是对事物的个别属性（如声音、色彩等）的反映；知觉是对事物各种属性的整体的反映，是由各种感觉综合而成的对事物的整体关系的映像。所谓“知觉空间”就是反映这些因素各个属性的整体环境。

近些年来，许多建筑家想与传统的甚至与现代建筑的概念划清界限。他们引入了许多新概念来描绘建筑。如行为建筑认为，建筑是人类在其中进行种种活动的“物质背景”。“知觉空间”是这些新概念中的一个。这反映了，在现代条件下，由于极为复杂的社会物质生活和精神生活的要求，建筑也就要考虑极多的与人有关的因素。

[3]地点——Whereness，这里指的是，一提到普通建筑物，就会使人联想到的那种有具体地点观念的概念。

建筑的量度就是知觉空间的量度。当然，三度空间总是值得大力经营的，但并不是最值得关注的。例如一个比例良好的帕拉第奥式房间（图3），可以使人们赞口不绝。但是，如果它着了火，或者没有那么严重，仅因它是由一扇小窗射入的一束眩光来照明，或者是把空间漆成了粉红色，或者是因为站在其中的人对帕拉第奥很反感，那么，这种赞赏就不会发生。三个空间量度构成了房间，这三个量度加上其他有关因素，构成一个“领域”[4]。

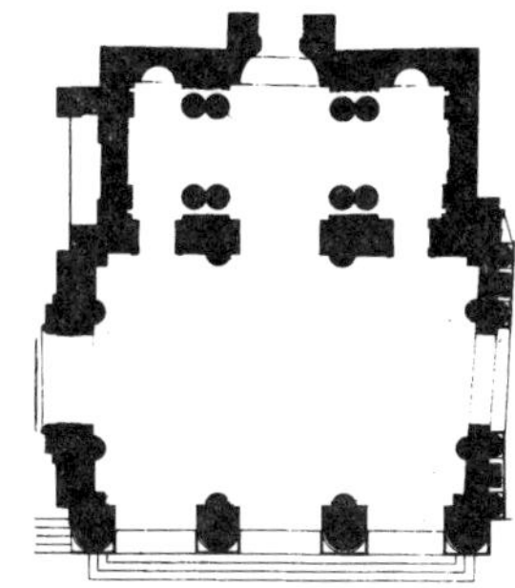

图3 Loggia Del Capitaniato的平面（1571），安德里·帕拉第奥作，自《帕拉第奥作品集》。

[4] 领域——domain，实际是指知觉空间。或者指作者心目中的建筑概念。

可是这里有个让人弄不清的问题：难道建筑的任务，就是描述它所拥有的一种特殊知觉空间吗？或者说，建筑就是存在于观者的知觉空间中的那么一种东西吗？由于它与许多能够注意的到或注意不到的量度有关，当这些量度能够被注意到的时候，它又可以积极地或消极地来加以看待。我们认为建筑是后者。

我们之所以这样认为，是因为必须与选择的性质联系起来考虑。在前一种情况下，建筑代表一种知觉空间（可以认为是建筑师本身意图的一种复制品，是他能够也愿意去衡量的东西），选择被提到面前，但选择也还是可以做的，留给观者的惟一选择是全盘接受或拒绝。在后一种情况下，选择是可以被认识的，但不能实际地做出来。

近来，建筑师们开始大谈特谈“排他的”和“包容的”设计[5]。一些人大概想把自己来一番纯化，把自己所仿效的形像和形式严格地限制在一定的范围之内，以便获得强有力的简洁形像。另一些人，则兼收并蓄，怀抱大量不同的东西，以表宽容大度。然而，“排他主义”建筑的一种更基本的定义，则是包括在上面所讲的选择之中。因为在前一种情况下，观者的选择被排除了，后者则没有。

[5] 排他的和包容的设计——exclusive and inclusive design。这是当代某些建筑师（包括一些后现代主义建筑师）所使用的建筑语言，他们认为，现代建筑为了取得简洁统一的形像，对建筑实行了简化，不符合要求的形像统统排斥在外。从而使得建筑走向平板、枯燥，称为“排他的”设计，或者说这种建筑具有排他性。他们认为当代的建筑应该像生活一样的丰富多彩，充满了复杂性、矛盾性与含混不清。因而建筑应该是兼收并蓄、多样并存，称为“包容性的”设计，或者说这种建筑具有包容性。在尺度一章中，再度提到了建筑的包容性的主张。

2 空间

建筑空间是一类特殊的自由空间。当建筑师把自由空间的一部分，拿来给予一定的形状和尺度时，这便出现了建筑空间。从狭义上讲，建筑空间的头两个量度——宽度和广度，主要与功能要求有关。而第三量度——高度的处理，才给使用者想要发展其他量度的特殊机会。

建筑师的语言是经常捉弄人的。我们谈到“建造”起一个空间，人家会指出，我们根本就没有造出什么空间，空间本来就在那儿了。我们的所做所为，不过是从统一的延续空间中，割出来一部分，把它做成一个可以认识的“领域”(domain)，与在空间中居民的知觉量度相呼应的“领域”。

奇妙的是，建筑师使空间所起的实际作用，往往是互相对立的，但它们都有效果。我们可以拢住空间，也可让它跑掉；可以“限定”它，也可以使它“破开”。当你将它“破开”的时候，空间肯定是所能得到的有数几件东西之一，但是禁锢之中的空间也会显得兴旺发达。如果我们不能使空间可以认识，也就是说，如果我们不能从连续的空间里，使得其中某一个空间与其他有别，我们就会失败。

我们常常失败的原因并不难找，其一就是，我们划不出空间来，而只是在潜伏空间的地方，画出平面和剖面来。人们经常把注意力集中在具体的物体上，而不注意人们赖以生存的建筑空间。图板上的活计（如把所有的东西都排得整整齐齐)，代替或取消了可以在空间里发现的真正乐趣。

在过去的几十年中，建筑师们对于空间的热情起伏很大，奥地利规划师卡米罗·西特（Camillo Sitte）的原理（第二次大战后才重新发现，后来译成英文)，便是热衷于中世纪集市、广场、空地和街心的产物。西特强调，要把它们的转角做成有封闭感，使空间不致溜掉。他同时也很注意这些空间的中心，不要受塑像或其他实体的遮挡。这样，观者就能站在当中，就会感到他是处于整个构图的中心。正像西特所看到的那样，最大的过失莫过于把转角做成开放式的，这样空间就不再能自我遏制或者是很生动的脱逃，而好像是漏出去和被丢失一样。

另一个具有重大影响的法则，可以说是完全与之针锋相对的。这可以从比比耶纳（Bibiena）家族的巴洛克舞台绘画，和皮拉内西（Piranesi）的建筑构思来说明，特别是他设计的那些监狱、坡道和楼梯，几乎都是无限制地升到不可思议的空间顶端。另一种特殊结构，是现代建筑师们在科尔多巴（Córdoba）大清真寺中发现的。在那里，密布成林的柱子，消逝在暗淡的远方，致使空间的界限、空间的位置以及位于其中的物体都变得模棱两可。

西格弗里德·吉迪翁（Siegfried Giedion）试图用假设来调和（或应付）这些相互对立的空间意趣。他把爱因斯坦的相对论当成艺术史的一个尾声。他假定，建筑空间自17世纪以来就与时间有关。但是他的论点，实际上很难与现代建筑变化不大而又经常重复的设计相吻合。

另一个论点更加出人所料，但后来却明朗化了。这就是希腊现代设计师C·A·多希亚迪斯（Doxiadis）提出的论点。该论点脱出了迄今为止进行多种特殊空间组合所惯用的笛卡儿直角坐标系的清晰性，认为古希腊的建筑场地，是按放射形有机地组织起来的（图4-1，4-2）。从入口到圣区，以30°或36°的扇形向外放射，所有的房角都在这些放射线上。从始点上看去，建筑完全把视野封闭起来（多立克方式），或只对周围的景色留一个缺口（爱奥尼方式）。可是，有一个重要的问题，这是希腊人早已料就的呢，还是现代人想像出来的这么一个体系呢?在我们讲究多元化的情况下，我们终于还是按照现代建筑师所得心应手的，以直角为主的严格的笛卡儿直角坐标系的清晰性来处理空间。而这么一个体系，倒是一种标志，它标志着，空间已经开始从被感受到它或体验到它的那些人的观点上加以理解，而不是作为一种数学

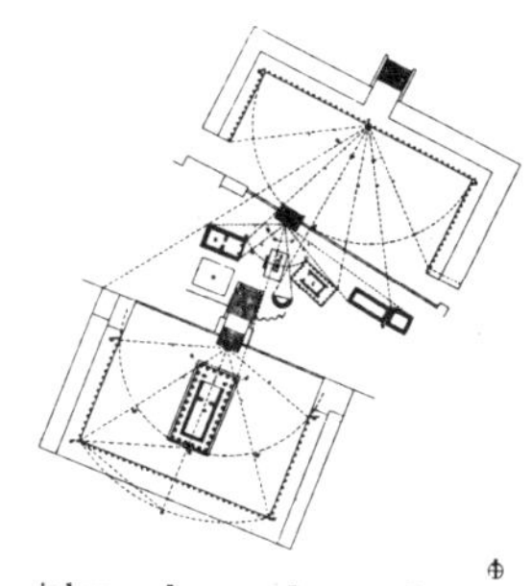

图4-1 多立克方式的安排，科斯岛的医神庙，自C·A·多希亚迪斯著《古希腊的建筑空间》（1972）

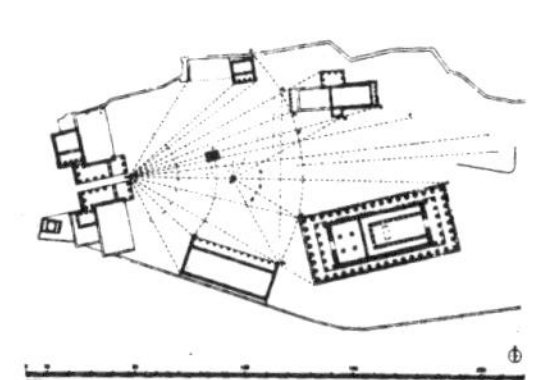

图4-2 爱奥尼方式的安排，雅典卫城Ⅲ，自C·A·多希亚迪斯著《古希腊的建筑空间》（1972）

[6] 现代建筑以及在此以前的大量建筑，大都是横平竖直照直角关系布置群体个体或空间，作者认为这是以数学抽像的法则来布置建筑。作者主张，要以人的观点，要以住在里面的那些人的感受来处理建筑。这样，建筑就可能不再是直角关系布置，如附图陶立克方式和爱奥尼克方式所示。

上的抽象了[6]。

另一个标志，就是精神分析学的文献所强调的体心空间返回（the return of bodycentred space）。精神学家们注意到，我们从孩提时代就开始感到上下有别、左右不同，前后的差异则更大。成年之后，我们便逐渐排除了三度空间在精神方面的含义。可是如今，这些古老的真理，再一次成为我们从延续的统一空间中，取出一部分来进行空间组合的基础。

再重复一下，不管组织空间的动机是什么，我们只对建筑空间的两点感兴趣，那就是将空间有秩序地包拢，或生动地脱开。对我们来说，一个宁静的比例适度的包拢空间（如帕拉第奥的双正方体房间），给人们所带来的喜悦，可以和20世纪的开敞空间（如1967年加拿大国际博览会的美国馆，或迪斯尼世界的马特角）所带来的兴奋，有异曲同工之妙。

3 形状

形状（Shape）使人们注意物体及其含义。不管有意无意，建筑师们总是给物体以某种形状，使看到它的人，或身临其境的人，不论是否完全自觉，都会对这些形状有所反应。这些反应的量度，可以说是很难测量的，因为这里既有个别的因素，也有普遍的因素。建筑师们很早以前就试图制定某些比例和构图的体系和法则，以便让看到某种形状的人们有所反应。

在过去半个世纪中，好些人把搞造型看成是不合时宜和不正当的行为。人们认定，注重外形会与解决功能问题争夺投资，因此，对造型注意得越少越好。例如在20世纪40年代，有一张出自建筑师手笔的飞机图样，它逗人喜爱，但却荒谬绝伦。因为在飞机上设置了不可思议的装饰物——柱子、山花和乱石墙，致使超重而无法上天。

在20世纪60年代，当建筑师自以为是地把某种造型强加给物体时，曾引起公众的反对，而造型艺术家们（指那些给物体造型的人），则被人们视为文化恐龙[7]。人们认定，好的东西是用不着搞什么造型的，如同好的社会不应该有什么政府一样。或许他们还认为，环境的具体形状，会因其使用者和建造者之间的相互影响应运而生，无需什么助产士。这些假设当然是错误的，如果它们的形状，仅是应功能要求而生，那么，给建筑物确定一种单一的形状，那就是不恰当的了。因为任何功能问题，都可以用许多具体形状来处理，形状的选择只好听任建造者的偏爱了。因此，我们仍然需要对物体进行某种造型，那么建筑师就得注意那些已经存在的准则的特性。

[7] 文化恐龙——cultural dinosaurs，这里有“可怕的庞然大物”的意思。意指当时的造型艺术家们创作出一些群众不能接受的形像，被群众视为践踏文化的洪水猛兽。

注意形状与形式（form）之间的区别是有益的。我们都知道形式追随功能，它对物体的形状限定了范围。例如，汤匙通常设计成凹型，以便盛汤。再连上一个把，可以移来移去，防止烫手。一个汤匙可以有数十亿种形状，却只有一种形式。形状的选择，是基于不同的文化和个人标准的。有意思的是，也许有人为了某种原因而根本不能用汤匙，这时用一个碗或一个虹吸管、一个唧筒或一个导管效果会更好些。也许还有这样的情况，当人们忽略了汤匙的形式时，汤就会洒出来，这时即使追悔不及，却也无法克服这种形式上的败笔。

形式本身有三种测量方法：一种是我们大家共有的（原始的）；另一种是我们以某种文化而共有的（文化的）；再一种是我们记忆的产物（个人的）。

原始的形状是以柱子和墙之间的古老辩证关系为依据的。自从人类走出洞穴，我们就竖起了柱子，筑起了墙壁。由于这两者的协调配合，我们发展了建筑的艺术。我们的柱子，始终被认为是男性的象征，常常用来赞美人类挺拔的站立姿势。我们的墙壁，肯定会使人们想起洞穴乃至地球的起源。由于墙柱的布置，而使几何学家的技巧提高了，并达到了出奇制胜的境地。这些年代的房屋和城市设计，只不过是一些柱子和墙的遗迹而已，就是这些柱子和墙，为从费城到日本的现代文明，奠定了设计的基础。

通过对量度的适当关系的研究，以及对永恒和谐的追求，从而结束了原始状态，因而这些研究搭起了许多文化桥梁。安德里·帕拉第奥在设计房屋时，被整体的数字关系所打动，因而得出，长度对宽度的关系与宽度对高度的关系应该是一样的。在自然界里，在人类所喜爱的事物之中，“黄金比”经常引人注目。黄金比在斐波纳契(Fibonacci)级数中，表现得最为明显。该级数以1和1为基数，后继的每一个数，是前两个数字之和，即1，1，2，3，5，8，13，21，34，55……这种关系，用一系列正方形来表示，就形成了一个螺旋形的基本结构，这种螺旋形，可以在蜗牛壳上找到，同时也可以描绘一些植物的生长情况。这种造型应用到爱奥尼克柱头上，也已经是年代久远了（图5）。即使现代人，好像也还是在追求表现一种他们所偏爱的矩形。这种矩形的比例，是斐波纳契级数中，除去头两个数字外，任何两个邻近的数字之比。人们认为，在造型方面可能发展的趋势是可以辨认的，要解释何以有如此之感染力，想必也是可以的。

图5 爱奥尼克柱头，爱舍尔·本杰明（Asher Benjamin）作，自《建筑师》（1845年）。

人们对于造型的某些偏爱，与文化渊源有关。建造哥特式建筑的人，受垂直线条的激发，把从高耸入云的教堂上所发展出来的对垂直线条的偏爱，推广到住宅的尖顶窗上，并进而推广到包厢上和椅子背的尖顶上。这一切都毫不足怪，这一点被19世纪浪漫主义者全盘接受也不必奇怪。在这种垂直造型的尖顶建筑里，可以领受到道德上的正气以及精神上的教化。而在多数的水平造型中，有些则是带有世俗气的。在美学方面，哥特风和古典风互相攻讦与日俱增，不堪入耳。但是，如果我们同这些可厌的口味之争毫不相干，那么我们一开始就会泰然处之，我们只须去注意同时代业主的热情，去申明他们对材料的喜爱。选择天然木料还是白色墙壁，已经变成建筑抉择上破釜沉舟的卢比孔河了[8]。

以一种类型超越另一种造型，这种文化上的偏爱，很快就转化成了个人的偏爱。这种偏爱的部分基础，就是我们记忆中的东西，还得看我们被教了些什么。听到横过湖面的摩托船声，某些人更能唤起童年时光无忧无虑的夏日的回忆，而很少愿意想到能源危机。可以用几种图案的窗棂来分割同一个窗口，几种图案所具有的含义——量度——彼此是很不相同的。根据我们的经验，我们可以判断出，这种布置的含义是否超出了我们过去所喜欢的或者不屑一顾的窗棂。

那么，归根到底，建筑师在人类经验和个人的风格面前，在我们对形状感受方面的文化渊源面前，以及在各种基本组成部分无穷无尽的多样化事实面前，还能干些什么呢?正确的答案是，去反映人们心目中的东西。但要注意，不要让想像去干扰人们在使用方面所需要的灵活性，因为人们不可能脱离地板而成为梁上君子。把设计当成我们所熟悉的或不熟悉的舞蹈动作来设计，似乎也很有用。这种动作是一种机会，它会带给我们一种与形状有关的感觉信息，这种形状，好像是我们所熟悉的(即对我们个人的生活有特殊含义)，令人十分惊异的形状或关系，会引起我们的注意，从而作出反应，并准备用来作出抉择。

[8] 卢比孔河——Rubicon，意大利北部的一条河，公元前49年，恺撒越过此河，同罗马执政庞培决战。这一典故有“背水一战”的意思。在这里意指，材料的选择成为设计中的关键环节。

4 尺度

由于形状涉及到个体事物的含义，尺度涉及到它们的外形尺寸，所以，形状的重要性和含义，还要牵扯到一些别的事情。每个建筑物的每个局部，不论它有多么次要、多么简单，都有一个尺寸问题。所谓尺度，包括按某种规定来安排各种各样的尺寸，以及当选择是可取的时候，在所有建筑师都对这种选择感兴趣，而且谈论得非常多的时候，为之确定独特的尺寸。

但是，尺度到底是什么，往往还不是真正十分清楚的。例如我们说大规模（尺度）的住宅建设，通常仅指其大。再一种情况是，一份建筑图样总有一个比例尺（尺度）意思是说，在图样里有那么大的一个度量单位，去代表实际建筑里那么大的一个度量单位。除此以外，还有特大型尺度、小型尺度、纪念性尺度，以及大概是谈论得最多的——常人的尺度[9]。

[9] 尺度——Scale，在英文中也有规模、比例尺的意思。在这一段中，结合Scale的不同含义，对尺度的概念加以叙述。

人们运用这么一些术语，想必是要说明什么事情，所以，要谈论尺度问题，不应该排除可能具有的上述这些意义。但是我们可以寻求它们当中的某种共同含义，这种共同含义就是：不论在什么时候使用尺度一词，就是在指某种事物与另外的事物相对比。大规模（尺度）的住宅建设，就较之一般规模（尺度）的住宅建设为大；建筑图样的比例尺（尺度）是说，所画出来的建筑尺寸，与实物的尺寸相比较。特大型的尺度通常是指，某个事物比我们预期的要大得多，小型的尺度就小得多。纪念性的尺度大体上是指，某种事物是一种纪念性的尺寸（不管是什么样的纪念性）。常人的尺度一定是指，某种事物与个人有关的尺寸（不管是什么样的人）。

可以选来加以比较的对象，是各种各样的。一个图样，一个建筑综合体，一个单体建筑，或者仅是一个部件等不同的对像，都可以拿来和另外相对应的对象作比较，如另外的建筑综合体、单体建筑，我们所期望的事物，一个纪念物的假定尺寸以及我们自己所掌握的假定尺寸诸如此类的对象来进行比较。其中，贯彻始终的一件事是，某种事物的尺寸，总是与别的事物进行比较而来的，并在这种比较中得出结果。因此，尺度与尺寸不是一回事；尺度是相对的尺寸，是某事物对另一事物的相对尺寸。

与对像的什么东西相对应？这有多种可能性。很明显，是这些可能性，使尺度的处理在建筑中成为一种有用的工具。这些对应如下：

与整体相对应　由于建筑物是由部件组成的，部件的尺寸对于整体的关系就能构成一种尺度。一个典型的乔治亚式住宅，立面上是会有窗户的，不论立面有多大，不论窗户有多大，它们都会有一个尺度，该尺度是从一个对另一个的关系中得出来的。

图 6　一座建筑的四层沿街立面，M·F·库明（Cumming）和C·C·米勒（Miller）作，自《建筑》（1865 年）。

与其他部件相对应　如果在同一立面之中一个窗户比另一个窗户大或小，无论二者的实际尺寸如何，这又会产生一种尺度。这常常也是一种信号，继不同尺寸的窗户之后，将会出现某些特别重要的性质（图 6）。

与常规尺寸相对应，大多数事物，都在一定的粗略范围内有一个通常尺寸。如双悬窗、壁炉、砖、标准化的木件、粉刷线脚等等。如果这些东西的某一项，比常规尺寸大得多或小得多，它们就有了在对它们各自关系基础上所形成的大尺度或小尺度。这就是为什么在 20 世纪 60年代，许多人似乎对超级绘画[10]感兴趣的原因之一，因为超级绘画要比一般绘画大得多。同时，这好像也是不再那么感兴趣的原因，因为时间一长，这些绘画就熟视无睹了。

[10] 超级绘画——Supergraphics,60 年代一些西方画家在墙面上所绘的巨幅图画。在美国曾受到某些社会学家的推崇。

与人的尺寸相对应　人们所直接使用的某些物体，其尺寸是大体相似的，因为人们使用这些尺寸的目的，是受到最大和最小极限的限制的，如门的把手。或者说只受到最小极限的限制，如门。门、门把手，加上坐椅、柜台、床、楼梯等等，必须有一种“人”的尺度。它们的尺寸与人体的量度有关，否则人们就不能使用它们。奇妙的是，尽管“常人的尺度”这个术语只与这些东西发生关系，它似乎还有一种更为精确的含义。

要开始更普遍地使用这个术语，当然就出现一个很明显的问题。人们的尺寸是多样化的，简直不可能用人

[11] 勒氏模度尺——Le Modulor，指勒氏根据人体的几个基本尺寸和黄金分割的原理所制定的一套模度尺，供建筑设计采用。但后来并没有得到推广。

体的尺寸来正确地度量所有的建筑部件，尽管勒·柯布西耶有他的模度尺体系[11]，弗兰克·劳埃德·赖特也试过了他一系列的强求划一的做法。事实上，这种量度方式也并不是经常尝试的。

其次，对于一个人来讲，要去感知某种事物和他之间的相对尺寸，那是十分困难的，除非那种事物与他的尺寸相当密切。因此，要说6英尺6英寸（约合1.98m）高的顶棚，接近人的尺寸是容易的。而要认识到11英尺6英寸（约合3.41m）高的顶棚，大约是人的尺寸的两倍，则是相当不容易的。比较有直接影响的认识是，像这样一个顶棚高度，对于一定种类的房间来说是正常的。这种认识，可能给在特定房间里的人，提供一种人所希望产生的效果，或者是相反的感受。同样，如果走过30英尺（约合9m）高的门，尽管你注意到，对于一个门来说那是太高了，可你似乎觉察不到，它比你的身高大出了4倍。

最后一点，让人去理解与他们的尺寸有关的事物的尺寸，也是很困难的，除非十分接近它。这样一来，普通的尺度观念，有可能再一次起作用。例如，远处有一座建筑物，要说它的尺寸有多大，大体上还是可以知道的。建筑物的类型，它那可以辨别出来的局部，甚至还有那些我们将要看到的细部，都可能出乎意料地成为根据。

"常人的尺度"这一术语，还有一种更广泛的含义，当我们使用这个术语的时候，我们显然指的是某种事物。反过来说，它在形状方面的含义，要比尺度方面的含义大。特别是与人有关的形状方面的含义。一面墙上的一个窗户，不管尺寸多大，它首先让人想到，人可以从它的后面向外看。它像我们已知的其他窗户一样，都可以发生可以往外看这样的事，或者我们自己就往外看过。这是形状的作用，而不是尺度的作用。总之，以形状来表达与人有关的含义，要比建筑物仅仅重复人体的量度，更能体会到人。前者就是我们所指的"常人的尺度"。

再看一下令人感到困惑的术语“纪念性的尺度”也是很有意思的。它同样也是形状上的含义重于尺度上的含义（图7)。纪念物可能确实是非常小的，所谓显赫的“纪念物”，可能是一个呆板的、简单的造型（如一个方尖碑)，也可能是一个具有特殊文化含义的东西（如拉丁十字)。

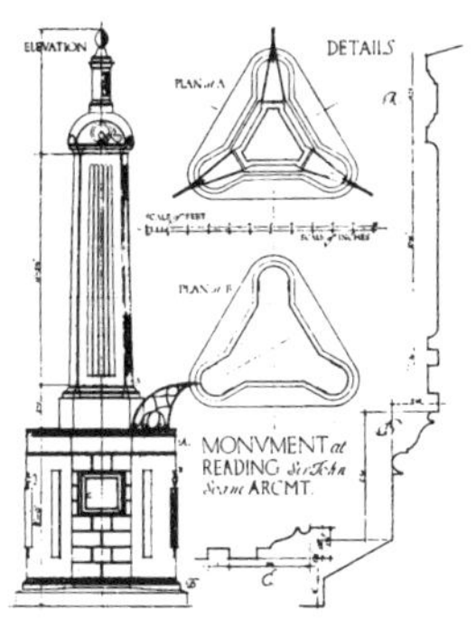

图7 约翰·索安（Sir John Soane）设计的纪念物，自M·E·马卡尼（M·E·Macartney）著《建筑范例》(prectical Exemplar of Architecture)，(1909年)。

建筑尺度的威力之一就是，它并不局限于一组关系。尺度是一个煞费苦心和错综复杂的程序系统，凭借物体及其尺寸，可以一下子抓住对于某个总体的关系，对于它们彼此之间，对于其他与之相像的事物之间，以及对于人的相对关系。所有这些估算的结果，可能是一个稳定而清楚的信息，揭示出事物里井然有序的层次，在任何方面也不令人感到意外。信息之中，也可能包含某种明显的误解。当这种信息，在某种情况下提出一种清晰可辨的规律，而在另一种情况下提出一些令人惊异暧昧不清的情况时，那大概是最有意思的了。于是尺度就支持了“包容主义者”的观点，它促使观者提出一个问题（“这是什么?”)，而不是带给观者一个答案。于是，尺度又可以是一种方法，它可以帮助完成一种所有的优秀建筑都具有的特性：马上就“像”某种事物（并且具有一种普遍含义)，同时也是一种特殊的事物（并具有一种特殊含义)。

在讨论尺度问题时，几乎总要提到罗马圣·彼得大教堂，它常常被当成一例有“诡计”的尺度。为什么圣·彼得大教堂的尺度处理得如此令人难忘?原因很明显，它在某些方面完全没有诡计。各部件（窗、门、柱子以及所有其他部件）各自的关系，它们彼此的关系以及与整体的关系，似乎都是完善的，是以我们所感受过的类似建筑物为基础的。所谓不正常，当然是这些事物各自的尺寸与它们的常规尺寸之间的关系不正常。当我们走近时，我们发现，它们的关系对我们来说大得厉害。在这里有两种尺度与另外两种尺度相抵触。其效果的获得，依靠了其中一对的古怪，同时也依靠了另一对的正常。这种抵触，是在我们接近建筑物的过程中弄明白的。

也可以同时一齐出现多重的尺度。可能在一个建筑物的立面上，明显地发生这种情况。在这种立面上，给两套相类似的要素注上不同的尺寸，这样它们与整体就有了不同的关系。问题在于，占主导地位的是什么，什么才真正是由截然不同的零部件所形成的整体。

当然，尺度能够而且经常能与形状结合在一起。因而对建筑师说来，多样化依然是行之有效的。一个多立克柱子与双悬窗是不相同的，这不仅是因为多立克柱子比较大，而且还因为它有一种不同的形状（图8）。因此，有两套事物的建筑物，就要有一种双重的尺度，因为这两套事物中的每一套，对整体的关系而言，都有一种不同的尺寸。

单独处理尺度，或者结合形状处理尺度，对室内设计也是一样适用。尺寸的多样性，有时是形状相同的物体之间的多样性——不仅窗户和门，还有家具、线脚和地面；有时是形状不同物体之间的多样性。所有的零部件，例如家具、门窗、墙面、地面以及顶棚，都可以定一个常规的尺寸。因此它们彼此之间，以及它们对于整体之间，就具

多立克柱式，欧文·彼德尔（Owen Biddle）作，自《青年木工指南》（The Young Carpenter's Assistant.1805年）。

图8 双悬窗，爱舍尔·本杰明作，自《建筑师》(1845年)。

有一种正常的、有秩序的关系。但是，如果层次井然的链条，被某种附加的事物所中断，例如插入一个壁炉，它的大小，就可能比人们所期望的情况更加出其不意。什么是以这种不同因素作为局部的整体呢？哪种整体更有活力呢？是我们可以认识的，由房间里面每种部件的尺度所组成的那一种整体呢?还是我们所认识不了的，由不相干的物体让人惊异的尺寸所支持的那一种呢？

把不同尺寸结合在一起的方法是不胜枚举的。这些结合，可以由建筑师自由经营。因为一座建筑物的每一部分，都必须有一种尺寸，而这些尺寸会自动地对整体事物、对其他部位、对特殊部位的常规尺寸以及对人，具有某种关系。一个自然出现的问题是，这些关系中的哪个关系最值得强调?早先我们在谈到量度的时候，也提到过一个与之相类似的问题，我们对于“你愿意衡量什么？”这一问题，提出了在形状方面的答案。至于如何处理物体相对尺寸（它们的尺度）而提出的“你愿意注意什么样的关系？”这一问题，其答案在本质上是应该与前者一样的。

（二）

5 圣·托马斯教堂：服务于两种空间

在建筑中，最古老的传统就是传统本身，也就是运用已知的和久经考验的先例，将它局部地加以重复、修改，从而建造一个新的建筑物。不论建筑师怎样表白，他们都得依赖传统。可能是个老传统（乔治亚式)，也可能是一个相当新的传统（摩登式)，甚至它是来自一个时髦建筑学派绘图室的什么最新花色。但是传统是否认不了的，因为在特定环境中所形成的知识——实际上是怎样形成的知识——这是建筑实践中非常有用的工具，它恰恰也是建筑教育的基石。这种知识，引导建筑师们，在令人眼花缭乱的多样性中进行特殊的选择，去强调某种可能性，进而令别的可能性让位。传统也能唤起居民和建筑师们的想像，它可以向人们提供一定的选择余地，让人们看一看，建筑物看上去像什么，以及实际是怎样形成的。过去所形成的知识，显然也在避免做车轱辘式的无益重复。幸好，也在给那些真正做出发明的车轮留下更多的机会。

拉尔夫·亚当斯·克莱姆（Ralph Adams Cram）和伯特莱姆·古德休（Bertram Goodhue）是1911年圣·托马斯教堂（St·Thomas Church）的两位设计师，他们非常注意建筑传统。他们以如此广博的学识来进行设计工作，以致现在我们大多数人事实上好像都认为他们只是——用个稍加贬意的词来说——“传统”的建筑师。圣·托马斯教堂看上去当然是传统的，记得它的人们，都能随时想到它那丰富而雅致的哥特式细部。克莱姆和古德休清楚地懂得，已经在人的头脑中扎根的建筑意象是多么有力量。他们也知道，这种意象在这样的条件下设置，看上去才是恰如其分的。而且也知道，如何将它们正确地付诸实现。他们深深懂得，用什么样的传统形式去解决什么样的传统问题，诸如在内部空间里筑墙，给空间加盖或把空间照亮。

如果一种传统——任何一种传统——被当成一个特定的设计框框，那就可能使有些部位适合，而大多数部位不适合，从而不得不加以修改。如果像圣·托马斯教堂那样，选择传统具有广泛的联想，那么，适合的方面和不适合的方面，都有一种异乎寻常的重要性。因此，圣·托马斯教堂确实像任何有价值的建筑作品一样，生动地表现出它的普遍性（教堂），也表现出它的特殊性（它位于一个现代化城市里）。就是这种特殊和普遍、创新和传统的结合，而不是建筑史料的某种文字上的堆砌，使得建筑的价值在20世纪后期重现。

该设计所面临的课题是：如何在一个相当小的城市

地段，为众多的人群提供座席（办公空间以及其他地方性活动场地）；如何做到建筑的环境在将来不可避免地发生变化的时候，它的外观仍可以留下一种不可磨灭的风采。

对于前一个问题，其答案是直截了当的，它是一个非正统的做法。建筑主要的内部空间，实际上从基地前面往后大大推移，并且局促地离开中心而偏北（图9平面图所示，建筑的正门朝东——译者），这样，在南侧（第53街）刚好留下足够的办公用房和一个侧廊式有楼座的小殿堂。室内最引人注目的观瞻，就是它有一种别开生面的尊贵感，以实体而有点平淡的方式所表现出来的尊贵感。西端圣坛上的巨大背壁雕饰（图10，图11），它是由古德休和李·劳莱设计的，后者是一位多才多艺的艺术家，他后来负责设计了洛克菲勒中心的几个非常精彩的雕塑。背壁雕饰那象牙色的石头，与室内其他部位深暖调的砂岩形成对比。尽管背壁上的人像精雕细琢，但它们作为一个整体，像一片丰富、雅致、又有质感的纹理，非常鲜明地强调出来。用建筑的语言来说，由于壁龛和天盖的多样性，造成了深度和亮度方面的强烈感受。背壁上的雕饰在形成必要的道德方面，是很直观的一课，这是件很富有启发的事情。其实，除了离地面很高的地方有三个小窗户之外，这

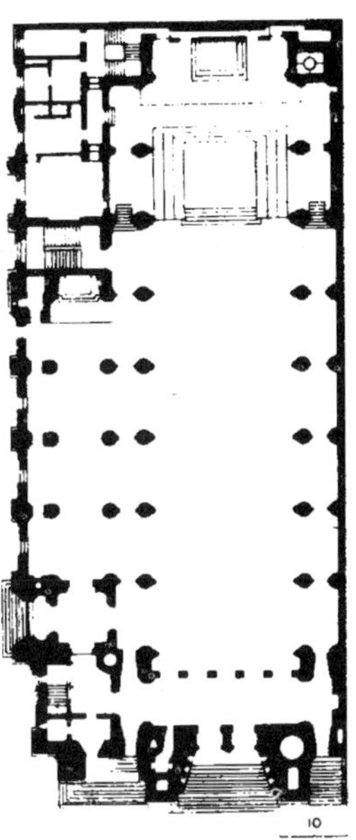

图9 圣·托马斯教堂平面

图10 1914年的教堂室内，当时没做背壁雕饰

图11 教堂的中殿、唱诗班和背壁雕饰

图12 从第五大道看圣·托马斯教堂

个尽端实际上是一片空白墙。这面墙与教区的房子相邻，再往前，就是现代艺术博物馆了。

不对称的室内格局，在解决第二个问题中起到了重要作用——使建筑在连续不断的城市背景中能保持自己的特色。从正立面图上看，圣·托马斯教堂的立面好像是剪裁过的，看上去简直有些古怪。它是2/3个哥特式教堂立面，是由沉重而有点短粗的塔、装饰典雅的中央入口以及大玫瑰花窗组成的（图12）。当然，从来就没有人能够看到建筑物在正立面上的那个样子，除了画家和冒险的建筑摄影师之外，都不一定有这种判断设计道理的知识。通常，当可以直接看到立面的时候，观者在街面上离它就已经相当近了。从这个透视角度上看去，凸出去的入口，深下去的门洞以及宽阔的台阶占了主导地位，其余的古怪地方就搞得模糊不清了。若从很远的地方望去，那就得处在大路上高、低不同的某个视点上来看，这个塔与其说是高耸而雅致，倒不如说是墩实。与邻居相比之下，则是不得出头的了。话又说回来，正是这个不能出人头地的塔，变成了很占主导地位的因素。

圣·托马斯教堂并不围绕它自己来组合，也并不原原本本地结合邻近建筑的有关细部来进行组合（这些近邻自从建筑物落成以来相继发生了变化），而是把教堂的外观同最基本的，当然几乎是永久性的周围环境的本质——城市街坊与街道结合到一起。比例超乎寻常的方塔，把人们的眼光引向第五大道和第53街的街角上，就像标出建筑物的墙角一样肯定。立面的其他部分，并没有让北面的一个次要塔楼所堵塞。这个塔只是做了一个姿势，表明它和在街坊这一侧的邻居连续在一起。

因为建筑作为一个整体事物（或者说，作为一种许多部件的集合体）是很不相同的，因而往往不能形成一种连贯而又完备的观念，所以建筑师常常在设计中为获取它而奋斗。平面主要形成中央内部空间的感受，也就是从里面感受。立面主要是形成街上的感受。前不久建筑师路易斯·康（Louis I Kahn）对建筑的“主”（“Served”）空间和“辅”（“Servant”）空间这二者之间作了一个有名的区分——前者以许多有规律的量度为条件，建筑师（和感受者）可以安排；后者要求把前面的空档完整起来。而圣·托马斯教堂的“主”空间是两个：教堂内部和大街之上，“建筑物”则从属于此二者。我们还要明确牢记，那两个空间才算建筑。

6 行动建筑[12]：圣·巴巴拉县法院和勒·柯布西耶的木工中心

[12] 行动建筑（Action Architecture）——意指会行动、有动作的建筑，不可与行为建筑（Behavior Architecture）相混淆。本章的叙述，反映出后现代主义的一个重要观点，建筑应该具有矛盾性和含糊性，并与地域及传统相结合。从所举的实例可以看出，它们在处理建筑的尺度、性格等方面，都追求矛盾和冲突，同时也尽量使建筑部件与传统的某些因素相联系，以取得新奇的建筑形象。所谓行动建筑，就是说在把建筑物处理得充满矛盾和冲突的情况下，获得动荡的感觉，从这种"行动"之中取得建筑效果。

圣·托马斯教堂是一座引人入胜的建筑物，因为它生动地抓住了哥特式建筑强烈的印象，而不是照搬什么地方的哥特式建筑。同时，还因为在构图方面，在某种程度上增强和确立了该建筑物所处位置的城市景色。在北美大陆另一边的另一座建筑物，则置身于全然不同的景色之中。这就是由威廉·莫塞尔（William Mooser）设计并于1929年完工的圣·巴巴拉县法院（The Santa Barbara County Courthouse）。该建筑表现出一种与前者极为相似的建筑主张与潮流，因此至少也是同样引人入胜的（图13）。

圣·巴巴拉位于圣依耐兹山和太平洋之间的狭窄台地上，气候极为温和，充满了加利福尼亚的异国情调。这种异国情调是由下列条件组成的（或者说，在法院设计的时候是由下列条件组成的）：令人陶醉的优美风景，闷热的气候以及具有遥远的西班牙风情。西班牙的殖民者自古代就连续不断地派出21个传教团，走遍了现在的这个国家。在20世纪20年代，忘得差不多了的西班牙建筑残留的暗淡印象，似乎又要控制圣·巴巴拉的情绪了。人们着手支持它、推广它，创造出一种西班牙浪漫色彩的盎格鲁——加利福尼亚景色。白粉墙、大叶植物、热带灌

图13 威廉·莫塞尔设计的圣·巴巴拉县法院

木、平缓的地中海式瓦顶以深蓝天空衬托的优雅轮廓，是这种建筑景色的写照。在1925年地震灾害之后，圣·巴巴拉面临着重建的任务，这种特色便飞快地得到推广。结果，整个城市形成一种故意追求的建筑风格，那确实是蔚为大观。

因为具有这方面的热情，威廉·莫塞尔设计的法院以其完美的恣态，立刻就成为所有这些事物的集大成者。这些事物是圣·巴巴拉人及其建筑师一直从事的，它是一种时髦的装潢，但并不刻意追求准确，像学者似的拘泥于任何事情，也不见得能做到精确。

建筑物最动人的地方是什么呢?不只是门、窗、细部(它们与某些建筑物很相像)，而是整个建筑物只像它自己。正如圣·托马斯教堂一样，法院不是围绕它自己来进行组合的，也不是在基地上自我隔绝进行布置的。与此相反，它是背景的一个组成部分，以背景为依据，照它安排尺度，照它进行构图。那壮观的风景，不是城市风景，而是山与海之间的一片平原景色。

图14 到记录厅去的入口

图15 圣·巴巴拉县法院平面

建筑物的某些部位经过了大胆的尺度处理，远远超过了人们的使用所需要的尺寸比例，也超过了我们所期望的正确尺寸，我们希望中心公共场地在该地段上有一个恰如其分的尺寸。在建筑物一侧有一个巨大的哥特式拱券(即到记录厅去的入口——译注)，通过一系列越来越小的拱，突然无过渡地变成一个小小的门道，几乎一半的地方被一片白墙堵住。白墙上有一个很小的镶金式窗户，另外一半有一个门和两个更小的窗户。这样，一个巨大的门道，马上就变成了令人感到亲切的入口(图14，图15)。

法院的主要入口，是一个真正的纪念性拱门，但它并不把人引进建筑物，而是穿过它直指连绵不断的山景(图16)。拱门是罗马式的门道，上雕西班牙铭文，右面小门道上有英文译文。上写“上帝赐予我们田地，人类的技艺让我们建造城市”，这个拱是具有高度创造性的非凡构图，是种熟悉的和不熟悉的意象[13]所参与的奇特舞蹈。它由一个檐口和两个含糊不清的科林斯柱子框起来的，柱子几乎在上去一半的高度才开始。右边的柱子是一直到底的正常形式，而另一个柱子，则是由各种不太雕凿的石块抵住，这些石块随便地串在一起，跌落在水池之中。水池处理成一个圆滚滚的线脚，看上去好像某种别的柱础。水池里，升起了那个时期的一对自然主义的雕塑。

[13] 意象（image）——指形象，但不是一般的形象，而是表达内心想像的那种外部形象，故译“意象”。20世纪20年代西方文学中有意象主义（imagism）的流派，主张摆脱对旧形式的因袭，取材于现代生活，注重内心形象的描写。在本章的结尾也提到了意象主义，当是建筑中的类似的主张。

图16 法院主要入口

对所有不同部位的组合几乎是漫不经心的，而整个建筑物所获得的运动感，则是令人惊异、眩目而应接不暇的。例如大拱的中心，失去了与上部屋顶山尖的对位。屋顶的一个面由拱拉着，另一个面则由塔楼拉着。大拱右面粉墙上的那些拱，确实是大，它们列队前进，似乎要把建筑扯碎。到处都是强烈的对比，钟盘的尺度多么大啊，可雨檐下的小方窗又细小得不可思议。再看一下粉墙和木头悬臂是多么厚重而又富于塑性；而支承塔楼挑台的铁悬臂又是多么纤细而苗条。庭院墙上的大多数窗洞都非常简单，但它们一再从形状上和尺寸上进行了深思熟虑的安排（图17）。它们是照音乐中的多声部和切分音的方式来进行组合的，像是在白粉墙上跳舞。最传神的舞蹈要数拘留所的墙面，看上去像是某种电码，有方有圆，宛如电子计算机纸带上神秘的穿孔，它又像20世纪20年代芝加哥爵士音乐（图18），它本身是一套并没有什么特别的音符，按切分音韵律的公式向前发展，而使人感到振奋。如果我们知道怎样去读这种窗户乐谱，我们一定会唱出这窗户之歌。

图17 圣·巴巴拉县法院的庭院（主要入口的庭院侧面——译者）

图18 圣·巴巴拉县法院拘留所

总之，圣·巴巴拉县法院建筑，正以其不平静的声音回答说，它坐落在此，而且坦然宁静。这里的桩桩件件，都被此地的另一些事物（包括巨大的风景在内）拉起来、拖出去、压下去、转出来，形成一幅回旋运动的画面。

勒·柯布西耶在哈佛大学为视觉艺术（Visual Arts）

图19 木工中心，哈佛大学，坎布里奇，马萨诸塞州。勒·柯布西耶设计

图20 木工中心

所设计的著名的木工中心（Carpenter Center），在许多方面令人难以忘怀（图19，图20），在气质上与圣·巴巴拉法院何其相似。和法院一样，木工中心也是许多有价值意象的集合，但这里是一些美国意象，勒·柯布西耶所考虑的是现代美国的精神气质（他除了为联合国做出贡献外，在这以前从未在这个大陆上搞过建筑）。该建筑有田纳西流域水工构筑物的创作作风——只是它苗条一些，因为这是一座建筑物而不是水坝。混凝土的使用方法，是把那些能引起回想的精心安排具体化，这种回想尽可能使人联想到已经实现了的新的美国方式。勒·柯布西耶在其他地方从来没有把混凝土用到如此轻巧和开阔的地步。金属栏杆厚薄相间，玻璃砖与之形成对比，使得整个建筑看上去比他后来的作品更加工业化，而较少石作的感觉。

穿过木工中心的中间，经由所有的混凝土和玻璃砖，以及其他的美国式构件，涌出了一个巨大的人行坡道。而在圣·巴巴拉县法院则是一个巨大的拱，做升起的样子，借助于这个拱，把建筑物与小范围的和大范围的城市风景联系在一起。

勒·柯布西耶不用窗户，而是运用大片的玻璃表面，他知道（大多数现代建筑师似乎并不知道），玻璃在光照之下会反射，退至阴影中就透明，可以看到里面在干什么事。所以当您在它旁边经过时，外面的玻璃面会反映出大街对过的建筑物。木工中心和圣·巴巴拉县法院一样，都有使人们兴奋的集合，而且希望别人也能找到兴奋。在各种情况下，意象好像是由某种事物所决定的，但是，把它们聚集在一起来创造建筑物的方法，却是前所没有的。这些建筑物，以积极主动、无拘无束的姿态，朝着形成自己的环境前进，就像它们意象主义的祖师所做的那样，成为带来生动活泼的整体风景的催化剂。

7 包容的和排他的[14]

如果建筑师在这个星球上要继续做点有用的事，那么，他们就一定得涉及到“场所”(Place) 的创造问题，即在横贯大地表面的特殊位置，来规定人类自身规定的地位 (imposition)。造就一个场所 (domain)，就是打开一个地盘，以帮助人们了解他们置身何处，身为何人。

我们的祖先，为他们自己造就了许多很有感染力的场所，并把它传留给我们。这些场所，作为一系列相邻接的空间而存在着，从而组成一个重要的等级体制(hierarchy)——首先要分出什么是内部，什么是外部；然后设法照某种秩序，来安排内部的事务。物体把重要性给了位置，而位置则把重要性赋予物体。在北京，轴线从城市外面穿过重重叠叠的墙，一直贯穿到皇帝自己的宝座。在印度的城镇里，是按种姓从上游到下游、从净到脏来使用公共河流的。这些场所可见的等级秩序，是以尊卑的程度为支柱的，它表现世界的秩序或宇宙的必然。吴哥窟的寺庙，以交叉的轴线和庙宇的同心圆环，提供了一幅天堂的图画，使人想起围绕着七海诸山的同心圆环，这七海又集中到神圣的佛祖之山上。

我们许多人都在分隔开来的场所里落脚，这个场所既是飞机场的终点，同时又是与另一场所相联系的起点。无论在何处我们的身体总是处在某个瞬间里，我们可以拥有所谓“瞬间的场所”(instant anywhere)，可以和地球表面的任何地方的人进行直接的电子联系。这就是说我们的新场所，是以电子为联系媒介而产生的，而不是以视觉为媒介。当然，这种电子的联系媒介具有某种局限性 (图21)。例如，尽管谈恋爱起初的一些活动，可以通过电话来进行，但作为一个真正完美的活动，面对面的接触依然是必要的。

工业先行了一步，公司里金字塔式的组织机构，已经被适合于瞬间交流和瞬间反馈的网状机构所代替。这

[14] 包容的和排他的 (Inclusive and Exclusive)——意指两种类型的建筑：一是包容性建筑；一是排他性建筑。后现代主义批判现代建筑是排他性建筑，指责它们把本来应该是生动活泼的形状搞得冰冷死板，除了几何形状外，容不得别的东西，他们主张建筑应该是包容性的，对待各种形式兼收并蓄，不管是古是今，还是不登大雅之堂的闹市广告，都可以包容。他们的理论依据是，生活本来就是如此丰富多彩。

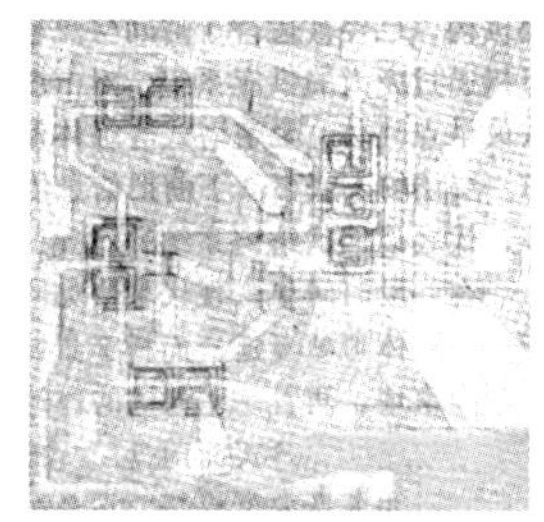

图21 一块印刷电路 [用来说明直接的电子联系。各元件之间，需要怎么联接，就径直相联——译注]

种瞬间交流和瞬间反馈，可以通过庞大的供应系统，对市场的需要立即作出反应，并且迫使不能灵活处理工作的办事人员早点离休。金字塔式等级体制的设想（即：有些人或事，明显地居于顶端，下面相继又有一层层的人或事；下面把信息传至顶端，并接受来自顶端的指令），几乎在任何地方都已瓦解，代之以网状结构系统。

在一段时间里，现代城市如同现代公司一样，也是一种不讲体制的模式，例如洛杉矶就不讲等级体制地蔓延，而横穿景域。显示出你在城里的任何地方，都可以马上去做你所要做的任何事情。再看一下保守的建筑师，特别是建筑学的学生们，那简直是莫名其妙。他们继续在一切既存的事实面前盘旋，他们气喘吁吁地宣布，他们所考虑的惟一有价值的问题是，超高密度的人行城市核心。在纽约、加尔各答、普罗文斯敦、卡梅尔等地继续存在着这种照金字塔等级体制来办事的城市核心。

那么，留给我们的东西在哪儿呢?是不是建筑师这位场所的创造者什么事情都能干呢?在一个电子的世界里，空间和位置在功能方面的意义如此之小，在一定的城市里，空间似乎是一个小点。在世界上，旧体系死亡的最后证据，除了前面所提到的地方以外，还因为在新环境中照体制的说法去考虑问题，似乎总是不恰当的。推翻所有的错误意识，只留下惟一纯正的建筑（电的建筑），似乎也并不可取，特别是在这方面还没有什么优秀的实例。

过去几十年的建筑，并没有对自然环境有所增益。这种建筑我们可以确切地称之谓“排他的建筑（architecture of exclusion）。过去几十年，通常最完美的意图就是，用排除混乱的方法，用把零星碎片提纲挈领的方法去寻求秩序，并以这种秩序为特征。例如，弗兰克·劳埃德·赖特的汉纳住宅（Hanna House），他把不符合六角形的东西全都排斥掉了，甚至连床单都想方设法摺成六角形（图22）。如果说建立秩序的要点是，使对象有

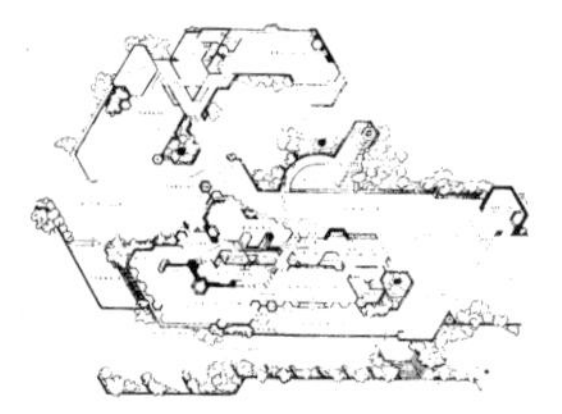

图22 赖特设计的汉纳住宅

生命，又能设法使之成长、再生，并且扩展到生命的其他方面，那么，我们不得不遗憾地承认，汉纳住宅什么也没有生出来。把什么都生拉硬扯成六角形，对蜜蜂来说是自然的，而对我们来说，实在是太牵强了。留给建筑师的是，和什么东西都不相干的可爱的几何图形——而其他别的东西似乎都得有棱角。密斯·凡·德·罗在伊里诺伊工学院所搞的几何图形也是类似的情况，他以18英尺×24英尺（5.49m×7.32m）的长方格子做校园规划的出发点，与此种性质结合不上的一概排除。这个图形所做的特殊贡献，地面上的人几乎谁也没有看到，人们在平面图上同样也看不出。

但是，要说几何性没解决20世纪设计的环境问题，那话不确实，路易斯·康（Louis Kahn）的作品就是证明。他的几何性，是源于赖特、密斯，甚至是帕拉第奥的形式，但他最得意的时刻似乎是巴基斯坦或印度古朴的块状砌筑。他在形式上的热情，表现在他设计的那些卡拉卡拉浴场式的建筑，看上去是当代的东西[15]。他清除了道路，并且担任起我现在要提出来的那些大多数包容派人物的向导（他走在了他们之前）。

排他派的建筑师们，完善他们的艺术事业已经几十年了，在街区上所建起的建筑物，都是属于他们的，但是不知怎么搞的，他们所深恶痛绝的商业闹市（Strip）[16]（图23），却莫名其妙地硬是更有生气、更有活力地成长，而且势不可挡，把排他派的那些整整齐齐的作品的产量加到一起也不能匹敌。

这些活生生的事实肯定带着某种信息。我不认为这种信息就是说，那些在很大程度上产生了商业闹市复制品的建筑师，是拯救世界的。但有一点是合乎道理的，排他派的建筑师们，在为了寻求我们时代的文明而蒙受长期衰落之后，包容派的建筑师们现在必须抓住转机。包容派能建立秩序，如同所能包容的生活那样丰富多彩，而

[15] 卡拉卡拉浴场（Baths of Caracalla）——公元3世纪宏伟的罗马建筑。由许多规则的几何形状组成了十分严谨的平面。这里所表达的意思是，路易·康所做的设计是按几何形体组合的，但却合乎后现代主义搞包容性建筑的主张。

[16] 闹市（Strip）：指美国城市中一些挤满了各种商店、加油站、餐厅、酒吧等店铺和广告的街道。

图**23** 洛杉矶的一个商业闹市

不是淡而无味。他们欢迎丰富多彩，而且靠的就是丰富多彩，甚至就像他们依靠电子情报网一样。他们希望承认他们的组织体系，即生活所具有的那些含糊性和矛盾性。

罗伯特·文丘里（Robert Venturi）所研究的含糊性（ambiguity）问题，大概是有意识的包容性建筑最清楚的实例了。他对建筑构图的历史（以及神圣纪念建筑的百科知识）和现时道旁所流行的那些民间东西的演化都很感兴趣。他在费城为老年人设计的基尔德住宅（Guild House），立刻就令人回想起20世纪20年代公寓平面布置的复杂性，以及费城19世纪简单的材料搭配形式，此外还加上一片有商业形式主义的地铁用的白瓷砖（图24）。它仿效最伟大的历史上的构图，并做出一种姿态——把整个建筑物的大体积也分成基座（白瓷砖的）、墙身（砖的）和檐口（也是砖的，但是用白瓷砖线条与墙身区分开）。从不违背家庭的实际需求，用一个金色的阳极电镀电视天线，提供了一种雕塑式的装饰效果，马上就有了创作意趣（我们都知道那种天线多么便宜），这样一来使得入口的一些相互矛盾的要求具有了装饰效果，中央的支柱也做得干净利落。建筑后面是简洁朴实的砖墙，以及排列有致的洞口，一看便知是一座普通的住宅工程。

图24 费城的基尔德住宅，罗伯特·文丘里设计

再举一个特别使人感动的包容性建筑实例，这是一个挺不错的建筑，但不知建筑师是谁。加利福尼亚州圣·路易斯·奥比斯堡的高速公路南边，有一个马多那旅店（Madonna Inn）（图25）。这座建筑物要是在风格典雅才可以获奖的建筑学校里，肯定是不会及格的。这是由一家叫做马多那的公路管理人兴建并续建的。他们用挖土机和大面积运土设备，把大块卵石堆集在一起，堆成一个旅店、餐馆和加油站，气势十分宏大。进入这座客店，经过一大片石岩，下楼后进入一个装饰着紫色天鹅绒的餐厅，这是沿美国的高速公路，所能体验到的最令人惊异（十足地惊异）的经历之一。

图25 加州靠近圣·路易斯·奥比斯堡的马多那旅店

这里存在着一种直接的包容，包括地段、使用者以及其他的各种活动。其实包括了马上一起见到的每件事务，有现实商业的生命力，也有丑陋。建筑物似乎在满怀激情地颤动，它再清楚不过的预示，如今是电子时代的建筑，少来点几何形状。

8 明尼阿波利斯联邦储备银行：对礼物的挑剔

刚耐尔·贝克尔斯及其同仁的密歇根建筑事务所(The Michigan architectural firm of Gunnar Birkerts and Associates)，对清新有力的建筑形式的兴趣始终不渝，因而获得了很大声誉。这些建筑形式成了令人轰动的结构宣言。他们给明尼阿波利斯联邦储备银行做的设计（图26)，用这些标准来看，当然是深远目标的一个深刻实现。

这个银行的安全面积（约占全部面积的60%）放在斜坡广场的地下；办公和行政管理放在亮闪闪的玻璃办公大楼里。这个玻璃大楼跨在两个巨大的混凝土塔之间的空挡上，并用塔支起来，像一座用两个坚固的“悬链”构件形成的吊桥（所以这样说，是因为它们的曲线形式是由一个链子——锁链（Cadena）——自由悬挂在两点之间形成的)。曲线还反映在立面的幕墙上，曲线以下，玻璃装在前面；曲线以上，玻璃退在后面。该设计的总体效果十分引人注目，因为它的形象实在鲜明（图27)。在明尼阿波利斯你向任何人打听联邦储备银行大楼，如果他们搞不清你问的是什么，你用手比划一个悬链状的曲线，他们就会明白你的意思。这一事实本身就代表了一种多方面的成就。

图26 明尼阿波利斯联邦储备银行，刚耐尔·贝克尔斯设计

图27

建筑师和工程师的劳动成果之一就是，一系列显然很灵活的工作空间，并没有被内部竖起的墙或墩所破坏；另一项成果是创造了一个两英亩半（约1.01hm²）的广场，这就是联邦储备银行给人们的“礼物”。

原先的明尼阿波利斯联邦储备银行，像各地的许多银行一样，也是一个窗户也没有的封闭结构。它的建筑师开斯·吉尔伯特（Cass Gil-bert）形容它像一个“装西北货币的保险箱”。今天的银行总裁对吉尔伯特关心银行安全问题颇具同感，为了迅速撤离，在屋顶上还设了一个直升飞机场。但是，他加上了一则新见解：“为了服务于财团和公众，银行需要开放和随便出入。”这实在是个令人钦佩的意图，结果使得办公楼结合了景观，并且带一个为一般公众娱乐用的广场。同样令人钦佩的是，这个意图是隐藏在泰然自若的形式和非同寻常的结构系统之中的。

在建筑师的心目中，明尼阿波利斯联邦储备银行是“分层城市”的一个部分。“分层城市”的主张认为，许多现代城市设计得都不成功，因为它们是水平分区的。中心商业地带形成一个区，文化中心、医疗中心、购物中心和居住地带，又形成另外大大小小互相分离的地带，它们所处的位置，要求从一个地方到另一个地方，有大量的人流或货流，这就造成了至少是目前大部分主要城市所面临的某种实际问题。因而，建筑师就提出一个可供选择的系统，让各种地带按不同的水平层来结合成整体。成问题的是，让幽灵似的庞然大物跨过高速干道，以唤起快感和惊奇，或者简直让底特律的老百姓们心惊胆寒，这到底合适吗？

不管怎么说，联邦储备银行把建筑物吊在公路上空，即便可能产生兴奋，但它直接给我们带来的还是扫兴，它故意跨越一个显然并不需要跨越的地方。建筑师们宣称，下面的安全面积，用拱顶和服务坡道做了妥善安排，很难用常规的柱子系统。虽然这些问题已经解决了，他们还坚持说把银行办公部分吊在地面上空，是把全部基地实际上还给公众。这一行动正合银行官员的心意，他们要向城市做出开放的姿态（图 28）。

暂且假定这样一种说法并不是对公众事务的一个欺骗

（而事实上可以想得出某种理由来说明这是个骗局——为什么一个银行，特别是一个并不掌握商业的或私人户头的联邦银行，非得开放和随便出入呢?），那就值得追问一下：真正归还给公众的是什么?当然，有一个很大的广场，设置了一座喷泉、一些座位、植物、雕塑、电气和电视电源，而且提供了一个临时舞台——那里的一切都会给公众提供多种用途（图29）。

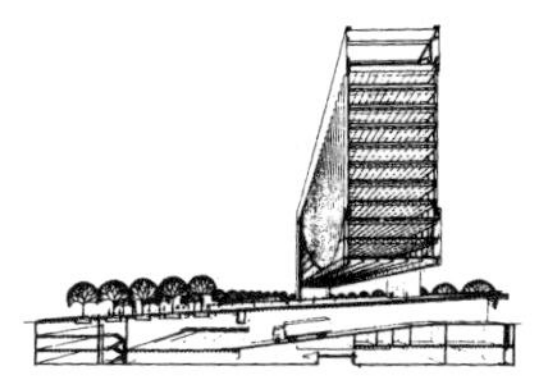
图28 联邦储备银行剖面

图29 联邦储备银行广场上的雕塑和座席

但是，不知怎么搞的，下面这些事情是没有规划到呢?还是自发产生的?——是不是经常发生的呢?因为广场斜着上坡，直到马路一侧上空的高处，并不能吸引步行交通人流穿过，甚至简直不允许穿过；因为到银行的入口并不是从广场进去的，而是从下面马路上进的，甚至到银行办事的人都自动地不穿越广场；因为周围的建筑物对广场完全无遮挡，在温度表的水银柱降到0℃以下时，使用广场的人们会发现，明尼阿波利斯常见的那种不妙的情景。一个银行的雇员甚至挑剔地说，在夏天广场也不舒服，当他试着在那里吃饭时，当作座位用的大黑粗钢管，实在太烫了!而坐在花岗石地面上时，他的熟鸡蛋滚得老远老远。

如果说广场确实不舒服、不招人喜欢，那么还有比滚掉鸡蛋更严重、更有意义、更值得一提的理由，这就是尺度和形状方面的问题。

第一，所有的部位不是过大（建筑和广场本身的表面），就是过小（座位、雕塑、树木和人）。在大和小之间进行协调，把银行颇带戏剧性的壮观动人的立面缓和下来，这都是很少奏效的。而洛克菲勒中心那著名的广场就好得多，并和它形成强烈的对照。

第二，联邦储备银行几乎所有的要素都是抽象的，座位就是例子，久座在像两个汽车内胎那么粗大的钢管制成的座位上，那能舒服吗?再说，人类的想像力能在完全缺乏人类含意的环境中找到归宿吗?——在立面中表现的是物理现象（悬链曲线），而不是表现用墙围在里头，或者说通过窗户往外看的那些人的活动。

更紧迫的问题是：在有限的结构中，什么是适应人的建筑处理。

（三）

9 约瑟夫·埃谢里克（Joseph Esherick）设计的两座建筑：献给活动着的居民，而不是给造型者

在20世纪60年代的一段时间里，曾经设想过旧金山的吉拉德里广场（Ghirardelli Square）要保持它的界限，要留这么一段距离，可以让人们进入城市设计留下的阳光地带中去。后来就出现了罐头厂（Cannery）。

有一位叫利奥纳德·马丁（Leonard Martin）的旧金山律师最初有个想法：那个巨大的德尔·蒙特罐头厂（Del Monte Cannery）恰好在菲什曼码头（Fishmans Wharf）后面，可以做成一个炫耀商品的天然背景（图30、图31）。马丁的想法后来被建筑师约瑟夫·埃谢里克

图30 旧金山的罐头厂，由埃谢里克和戴维斯（Esherick and Davis）设计

图31 左上图：罐头厂内部
右上图：罐头厂栏杆细部
下图：罐头厂细部

变成一个奇迹。这一杰作似乎与日本盛期的茶道有密切的关系，碰巧了比吉拉德里广场更招人喜欢[17]。

[17] 茶道——日本传统的敬茶礼仪。是在幽静的环境中，用古雅的器具所进行的一种既朴实无华又高雅神秘的敬茶仪式。举出罐头厂和日本的茶道有关，意思是罐头厂是一个很简单，甚至破落的建筑，但这里却进行着非常奢侈的购物活动。

如今罐头厂的仓库已经改成运输博物馆，旧的铁路牵引线也已变成了橄榄树林。罐头厂本身已经破落了，只留下一些残垣断壁。就在这些墙壁之中，建筑师布置了带有新标志的三层建筑，用一个“Z”字形的步行空间分隔开来。这种空间似乎可以摆脱掉所谓空间的渐强音，代之以人——那些在三个楼层里上上下下忙着买东西的人。他们是至关重要的核心，要促使他们向还没有花钱的后来者，提出让他们倾囊的有力建议。一部奇妙的慢步攸攸的自动扶梯，一部令人目不暇顾的升降电梯，还有许多楼梯，招引人们走进那个奇异的建筑世界。

近四百年来，Wabi（寂静）和Sabi（幽雅）[18]的概念在日本茶道主义的仪式艺术中，占据了主导地位。罐头厂也紧紧地扣住了这两个概念。这种概念，是以生活中最谦恭的细节为基础的。在17世纪，茶道用的器皿（如茶壶），对于还没有入门的人来讲，可能是很不怎么显眼的东西。

[18] Wabi 和 Sabi ——日语英译音。Wabi指寂居、幽居、闲寂、寂静，是茶道俳句中的用语。Sabi ——指空寂、幽雅、古色古香。

我不认为以茶道所表现出来的精神去看待罐头厂是完全荒谬的。建筑师约瑟夫 · 埃谢里克就是茶道的主人，他掌握着节制、含蓄的超级贵族仪式的关键。称之为“挥金如土”(Spend iferous)的那家服装店，用多种很难看的糊墙纸糊起来的那个玩意儿，充当着茶道上那个不显眼的茶壶的角色，实际是砖墙形成了茶碗。砖墙在描述这里的各种名堂，由它编了一篇故事，马上就如此这般地把一个巨大的拜占庭式的幻想，变成了一个幽雅而迷人的东西。那么砖墙所讲的故事是什么呢？是沙丁鱼曾经装到罐头里吗？它讲完旧德尔 · 蒙特罐头厂的大块砖墙的败落，就开始讲白墙步行街里的故事，建筑师埃谢里克能对他的魔术变幻自如，他是白墙光线的旧主人。但是，后来不知什么人决定把所有抹灰墙刷上了一种让人看了毛骨悚然的纯紫红砖色以吸收光线，这就有点把茶碗砸了。

从头到尾形容一下对这个建筑所做的游览，是件非常困难的事。因为它离题千里，像S·J·波利尔曼(Perelman)所写的《挪威传奇》一样，人们来去无踪，也弄不清这里是什么。当然，它是一个罐头厂，是砖墙结构，有许多重复的山墙头，它占了大半个街区，由铁路牵引线把它与仓库隔开。

但罐头厂完全不是什么笑柄，是一个严肃的举动，象茶道一样。我们城市精神的遗风、地位的变换、它的特性及共性、某种有用的生活方式……那都是值得称颂的。茶道的仪式掌握在主人的手里，我们只希望不要有人砸了茶碗。

一所住宅，即便是埃谢里克作得很好的住宅，方案看上去也并不是很深奥，各个量度也并不费解。依我看来，建筑师在这里的作用，不像茶道的主人，倒像是行动派画家[19]。麦克劳德住宅（Mcleod House）位于俯瞰旧金山湾的贝尔维迪尔岛（图32、图33、图34、图35、图36），建筑师顺山阶而下，经过橡林来到海边，到处抒发他那流连忘返的感受；他贪恋这一切，并把住宅设计在大片阳光和美丽的景色之中。这就是行动派画家的一套办法，把湿颜色投到画布上，然后用各式各样的手法直接铺陈，如果需要，接着再来。

[19] 行动派画家（Action Painter）——西方的一个抽象画派。是把颜色投在画布上，然后即兴涂抹进行创作活动。在这里，作者认为麦克劳德住宅的设计方法，与行动派画家的创作有异曲同工之妙。建筑师在这个基地上到处留下自己的感受，最后即兴布置建筑，不加雕饰而顺其自然，即后文所说的不加设计，这与行动派绘画不做具体描画的特点是一致的。

图32 贝尔维迪尔岛的麦克劳德住宅，加利福尼亚州，埃谢里克和戴维斯设计

图33

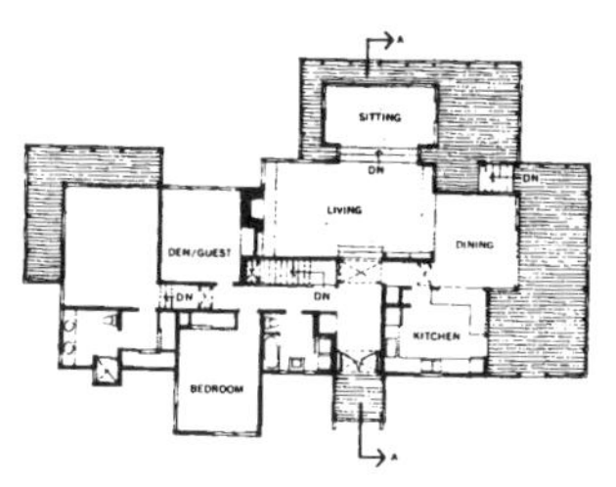

图 34 平面图

图 35

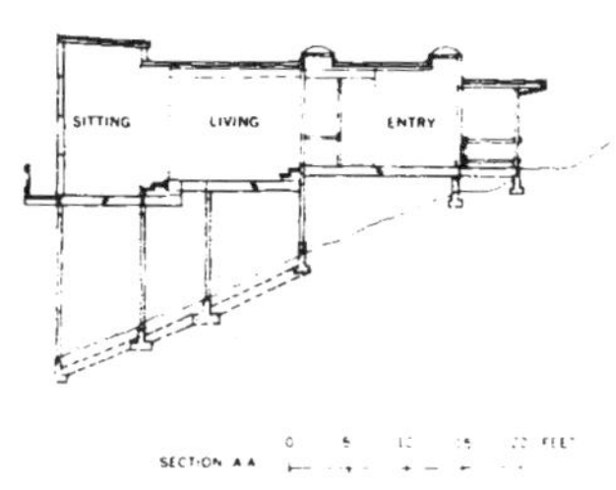

图 36 剖面图

这并不是说麦克劳德住宅是粗枝大叶的，它细部考究，做工精细，材料和色彩的安排严谨，严格控制预算，并且注意家庭的绝对舒适，这座住宅在它的基础上，保持了一种像是“爆发”而进入基地的永恒感。

这种“爆发”是如此偶然，如此容易取得，就连女主人麦克劳德夫人也一点没有注意到，直到她在任何别人的住宅里都觉得像蹲禁闭一样，才有所发觉。这个住宅大概是容易收到效果的，因为它不是由一些形式撞到另一些形式上所形成的那种“爆发”，而是光线对着户外的缓缓“冲击”。

门厅格外地亮，因为正门顶上有天窗，另外一个天窗是在室内活动的第一个交叉点的上头。8个成对的装饰物，从上吊下，直落到厅的左面，消失在楼梯前白墙的光线里。

可是最初简直没有时间把这一切抓住，因为地板正朝下往起居室展开。往左、往右、往前可以鸟瞰从山上到海湾的一览无余的景色——大大加强了向下运动的感受，它好像无边无际地向前探伸，但实际上只有6步台阶高。

运动在客厅里没有结束，从天窗、从餐厅顶棚、从餐厅平顶上的高玻璃，甚至客厅和起居室之间那莫名其妙的小凹室，又把住宅爆发回山上。起居室上面空间侧面的开洞，特别令人难忘。目光掠过一个柜橱，经过更高一些的餐厅，可以到达一个花架子和一棵大橡树。

所有这一切配合得这么好，如果说设计就是把东西做成相同一致的话，那么这大概就是因为没有搞什么“设计”的缘故。

还有许多窗子和天窗，它们中的每一个都反映出一种特殊的要求，而每一个设想又是整体需要的一部分，这些需要都是运动的，而不是静止的。用这些奉献给活动着的居民，而不是给造型者。

10 海德里安别墅：圆和方所构成的整个天地

在意大利蒂沃里的海德里安别墅入口，经常形成一股倾泻而出的游客热流。这股客流看上去非常热（如果是那个季节的话），也非常累（这倒总是那样）。假若他们还剩点力气的话，他们总是唠唠叨叨地说，各个地方简直大得让人望而却步。在走了几百码之后，就证实原来游客们说得是对的。因为这里没有任何遮挡，其范围之大，把人的精力耗费殆尽，还有火热的太阳，无休无尽地加以煎熬。但建筑师们蜂拥至此，却流连忘返，为的是想找出，为什么这个别墅对于我们20世纪的建筑师还有意义。这并不是要复述历史，而是阐明一个人的个性竟能如此主宰一切，又能如此触动我们去反映它，以致叙述什么都得从讲他开始。这座别墅至今仍不折不扣地属于海德里安的。

作为一位罗马皇帝，海德里安出众的能力和效率，享有赫赫盛名。他的事业的规模，他对探索文化的渴望和辉煌成就，简直不比得克萨斯人差。在蒂沃里，他的建筑具有绝无止境的特点，又胜过凡尔赛宫一筹（它毕竟构思相当简单），可以和20世纪的建筑规模相匹敌。若在通用汽车技术中心的废墟上走走，我看也许不那么好玩，等于无用的散步，但在这里却大不相同。

海德里安在位的执政方式是以旅行为基础的，这有点像杜勒斯和基辛格。他通过遍及全国的旅行，去巩固罗马帝国的地位，并在沿途形成他的声望。他出生于西班牙，但把雅典说成是他醉心的地方，希腊艺术（其中某些已超过5个世纪之久）是他的理想——尽管他从埃及和东方以及其他许多地方收集艺术品，而且他似乎已经发现俾斯尼亚（小亚细亚北之古国——译注）含蓄的东方魅力，无论如何比希腊天才的所作所为更合乎他的口味。

确实，海德里安和我们之间有一个惹人注意的共同点，那就是折中主义。折中一词，对于20世纪大多数人来说是一个很不光彩的字眼。只是到了最近，大多数现代建筑师才想抛掉这一口实，让他们的作品从日薄西山的思想里，跳回到生机昂然的意境之中，或者说，那是一种新传统的产品，是中古时代技艺的20世纪版本。中世纪的匠人，能够在他们的传统中进行工作，并在他时他地无意之中加以发展。文艺复兴时期的人们，除了能用地方传统之外，还能从罗马的遗迹中形成自己的构思。而19世纪的设计师们，则屈从于重新发现的各种建筑式样的诱惑，他们只追求复制品。但是，海德里安可不一样，他和我们非常相似。我们总是被看成坐在地铁车厢里面，望着车窗上面的广告，也许是30种具有不同感染力的广告，更有甚者，我们对这一切还要作出响应。书籍、杂志、电影、电视以及舒适的旅行，以不可思议的气势，涌入我们心灵的眼睛。我们不能将它们拒之门外，即便我们想那样做，我们也不能从中挑捡到什么，也就是说我们必须把它们转变成我们的想像力，将它们吸收到我们的身心之中，然后进行创造。不是以我们的零星体验进行创造，而是从整个事物出发。海德里安的所作所为正是如此，这是他的胜利。他的传记作者斯帕蒂安说过，他在蒂沃里创建了庆典建筑和场所的代表作。他在广泛的旅游中得到深刻的印象，但他并没有照外来的形式去复制建筑，而做了改变。但这远不是问题的全部，砌筑形式令人惊叹的地方太多了，墙、拱顶特别是圆顶和那些曾经加过圆顶的空间。但超越这一切之上的是，几何规律的追求。

圆和方，以及此二者变幻莫测的结合，是有条有理的设计，它给整个场所带来统一性和连续性。该设计的手法是加法式的——如果我们确实想要搞一个综合体，常常是不管不顾地加建。这个建筑，并不认定没有什么东西好加或没有什么东西好减。像这类综合体，是在一个目标的指引之下，用若干个世纪才搞起来的。就此而论，它并不是一个可以详尽解释各种使用功能问题的一类场所。考古学家们为了指出空间的用途，为了猜出哪一个特别异样的场所是供娱乐消遣用的，都费尽了心机，但考古学家们的意见依然是莫衷一是，因为空间并不是那么特殊。用路易斯·康的话说，这座别墅是一个空间的王国。作为空间设计，再加上圆顶和柱廊，并使之联想起它的用途。E·包德温·史密斯（E Baldwin Smith）认为，它的用途就是以崇拜海德里安的希腊语东方地区为基础的庄严宫廷礼仪——柱廊是皇家的象征，圆顶是天和神的象征，流水是富饶的象征。史密斯教授一定是在蒂沃里中午的太阳下呆过的，他认为："是仪式带给了他神明，没有院里庄严的礼仪，他的建筑将是空洞、无意义而令人疲惫的。会使游客从一个无用的建筑到另一个无用的建筑，会令人惊讶不已，但又无从说起。"

空间的活跃程度，超过了今日的所见所闻，也是我们的想像力所不及的。空间到处如同水流冲击和飞溅。你可以追察到这些空间的存在，但你却几乎不能去臆测，各种功能所规定的令人特别开心的是什么。学者们注意到，该别墅中屡见不鲜的情况是，长长的一串景色顺轴而下，沿轴有许多光影交错的池塘。所以，从一地移向另一地时，随时会有一种有秩序的"时间"感受。水及水流的奇观和声响，对于这种有秩序成系列的特点，肯定起了很大的作用。从一个空间到另一个空间，在通路上形成某种协调。在遗迹通道上的这种协调，是所有特点之中最不可捉摸的一个。

这个建筑所占据的山岗，想必一度曾接近于废弃。南北走向大体长约一英里（约合1.61公里，看上去似乎要更长一些），宽约1/3英里（约合0.54公里）。往东越过所谓潭碧谷（Vale of Tempe）有塞拜因山（Sabine），往西伸出平坦的罗马开姆帕格那（Campagna），距罗马有15英里（约合24.14公里），几乎可以看到罗马。别墅围绕着山岗的北、西和南边。在山岗现场的地面下头，开挖得很好，特别是在坎诺帕斯（Canopus）和因弗里（Inferi）。经过它又能很好地向别处伸展，主要是伸向波依开尔（Poikele）。在蒂沃里，天然结构的尺度和人造结构的尺度真是相辅相成，以致山有人造的感觉，而建筑物则呈现天然结构的特点。考古学家们根据斯帕蒂安的描写，在遗迹的各个地方进行发掘。斯帕蒂安讲述过皇帝是怎样在他的蒂沃里别墅中，创造出一种建筑和园林风景的奇迹。对于别墅的不同部位，他指派庆典建筑和场所的名称，像：雷色姆（Lyceum——文苑）、阿凯德麦（Academy——学府）、普里坦纽姆（Prytaneum）、坎诺帕斯（Canopus——在Carina星座的一颗明星）、斯托亚·波依开尔（Stoa Poikele）和潭碧谷（The Vale of Tempe——希腊的一个优美的溪谷）。同时为了应有尽有，他甚至还仿建了“阴曹地府”。有几个地方非常清晰，特别是坎诺帕斯和斯托亚·波依开尔。

到这个地方的现代入口是从北面进的，朝着波依开尔（参见图37、图38）。假定取道波依开尔和坎诺帕斯，设想这里是进入别墅本身的古代通道，是最合适的地方了，因为通路必须经过大挡土墙下面，大挡土墙塞满了小房间（叫做“百室”），房间支持着高居山坡之上的波依开尔。进入门厅的入口，对于庆祝神明皇帝的降临是足够大的了，它带着一个门廊和一个半圆形的后殿，把一方一圆并摆在一起，这就安排了方、圆这一主题，围

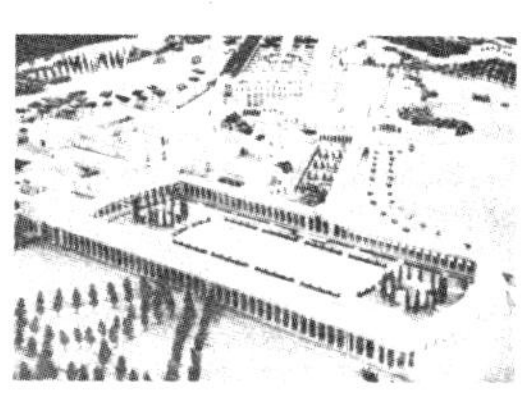

图37 海德里安别墅的模型，以及坎诺帕斯（Canopus）的外观

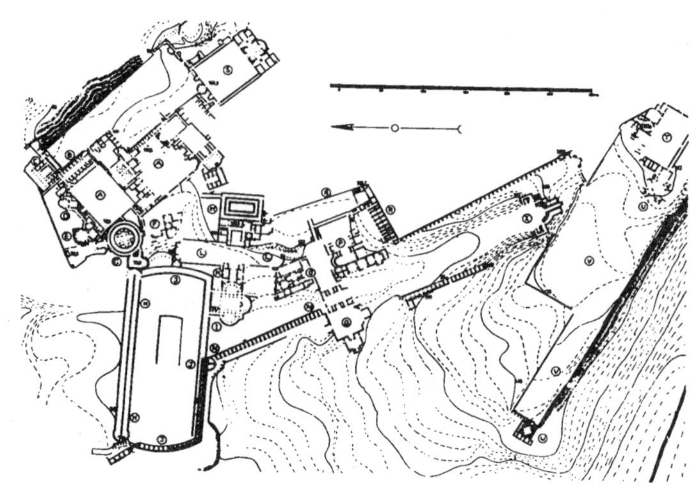

图 38 海德里安别墅的平面图

绕着方和圆的重复，组织了整个别墅的几何形体。

就从门厅开始，沿着综合体的长轴，布置了坎诺帕斯，轴线随之往左，引向波依开尔，恰好横过此轴，从左到右设置了两个浴室，给其中各部分起了形形色色名字，什么男子、女子，夏日、冬日，大的和小的等等。波拉内西所刻绘的大浴室是罗马壮观的景色之一（图39），接近任何一种绘图所能表现出的兴奋效果，它把海德里安别墅中两个量度的圆形和方形，转化成加上拱顶和圆顶的三个量度的立体。比海德里安早一个半世纪，罗马人就已经开始习惯用柱廊挂在建筑上的装修系统，来取得装饰效果，那做法总是很陈腐的，而且非常像19世纪的那种作风。可怜的海德里安似乎和我们的遭遇相仿，甚至他也得屈从于他前辈的口味来进行装修，可是非常明显，在像大浴室这么大的地方，简单几何形体的清晰性和力量，不是梳妆打扮所能掩饰的，这是一个大有效果的几何形体，蕴藏着多彩多姿的爵士音乐似的永不消逝的巨大能量。

图39 大浴室外观，乔万尼·巴蒂斯塔·波拉内西刻绘（Giovanni Battista Piranesi）

波依开尔是一个330英尺×750英尺（约100.58m×228.6m）的巨大柱廊，有人说它使人想起雅典的斯托亚·波依开尔或“如画的游廊”，尽管一般都同意它的名称，但了解建筑的背景那是很困难的。如我们所见，它的方位是移动过了的，从坎诺帕斯和浴室那儿方向移至与山的曲线相呼应。它的形式，与我们在小浴室中所看到的相似，是个带凹圆端的矩形，它受到了中部的一个大水池的响应。围绕着这里，有人说那是一个竞技场，或假定是一个修道院。它有一座250码（约228.6m）长的大墙，几乎有10码（约9.14m）高，其走向几乎是正东正西，以致南边在太阳里，而北边是阴影，这一简明而有力的情景——由空间绕着一块长板子，该空间将阳光和阴影截然分开——在遗迹上升起一幅壮观的景象，比只是罗马式的要壮观得多。

在这个大墙的东端，经过哲人大厅（Hall of the Philosophers）是一个圆形地带，它成为平面上的一个枢纽，是别墅的心脏和焦点，为其他的单体所不及，它被称为“海上剧场”或者叫做“游泳池”（Nataorium）（图40、图41），但这两个名字都没有什么道理。这是一个圆形的岛，周围环绕着一条濠沟，濠沟以外又环绕一个柱廊，并由一个圆墙支持着。在海德里安时代，这个岛只是被两个可以缩回的桥连通的。如我们所见，这个别墅里到处都在用水，流水形成一种出没深远的意境。而在这个圆形场所里，水用来造成一种岛的意境，暗示着收缩与独立的感觉。岛上是些非常小的房间，中心是一个小的中厅，是个带有凹圆边的正方形，那一定是具有某种功能的地方，是一个自流的水源，这水流入濠沟的静水之中。各个房间又是干什么的，那就得任凭猜想了，但它确实是非常特殊的事物。

经过皇宫的无穷无尽的房间，经过陶立克柱厅（Hall of the Doric Pillars），设置了黄金广场（Piazza d'Oro）（图42、图43）。其所以有如此堂皇的命名，是因为这里的东西比别的地方更显豪华。广场本身是一个矩形，它有东方花岗岩和白色大理石交替布置的68根柱子，穿过

图40 “海上剧场”（Maritime Theater）外景

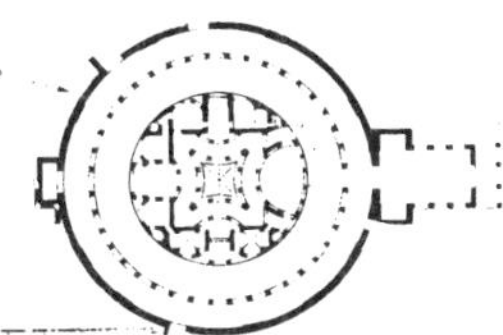

图41 “海上剧院”的平面

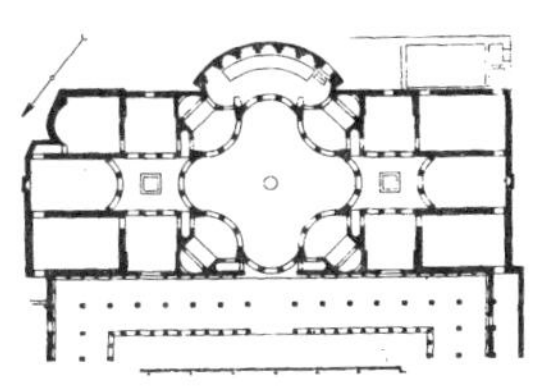

图42 黄金广场平面

图43 朝坎诺帕斯和色拉培恩（Serapeion）望去

矩形短边中部，经过一个由凹圆线交替形成的八角形门厅，看上去像是个带圆角的方形。入口对面的一边，是凸圆边，后面的半圆后殿与之相呼应，与邻接八角形的圆边柱廊呈同心圆状。其余两个凸圆边与入口和后殿呈正交，面对着两边也呈凹圆形的矩形。这些矩形并没有墙面，而只用柱廊插入其他空间之中。它是一个较简单的方形和圆形、巴洛克几何形式的集大成者，整个别墅是由方形和圆形演变而来的，加之到处有流动的水使之生机勃勃。在别墅的其余地方，所用的水和几何形式，一定是要达到一种礼仪上的渐强效果的——尽管在许许多多的院落里，每个地方的中心都设了岛。

在18世纪种的行行柏树，从山上引出去，非常美丽，它那清爽的树荫，可供我们纳凉，我们大概可能想不到回首一望。可过了一些时候以后，我们又需要另外一种"凉爽"，还是要再看一下整个的山岗，转而热衷于形状的威力，以及一系列空间组合——这种组合是用方和圆中所固有的最精妙的组合可能性为基础的，并且按照方和圆的形状改变着事物和整个世界的印象。

图44 洛克菲勒中心，设计人：林哈德与霍夫梅斯特，考伯特·哈里森与麦克马里，胡德与福尔霍克斯(Reinhard & Hofmeister,Corbett Harrison & Mac Murray, and Hood & Fouilhoux)

11 面貌（Likenesses）

纽约的洛克菲勒广场，以及围绕着它的洛克菲勒中心大厦非常有名，这是不必多言的（图44、图45)。尽管它受到某些人的厌恶——刘易斯·芒福德（Lewis Mumford）就曾经写道：它是"一系列的胡猜、瞎闯和虚张声势"——但是去看一看，还是觉得那是一个很有乐趣的地方，置身其中会感到友善而舒适。后来很多人已认识到，洛克菲勒广场是20世纪国际风格建筑还没有完全来到我们海岸之前，所设计的最为壮观的城市作品之一。为什么洛克菲勒广场看上去这么特别？它所表现的面貌（Likenesses）是什么？在设计公共场所时，它告诉我们应该要做些什么？

罗伯特·文丘里曾经描述过他改建波士顿考普雷广场的意图，他写道：一个露天广场“很难适合于今日美国的城市，除非它能给步行者抄近道提供方便。美国人觉得坐在广场里很不舒服，他们得坐在办公室，或者在家里跟家人一块看电视。”不管怎么说吧，人们还是显得很喜欢洛克菲勒广场。他们之所以怀有热情，关键在于他们置身其中确定感到非常惬意。——觉得置身于某个与众不同的地方，有事可做，对身心有某种占领，甚至能使人们心驰神往。

图 45 洛克菲勒广场

洛克菲勒广场给人造成的明显印象是小——每边约 200 英尺（约合 70m），四周被建筑环绕，而散步场地 (Promenade) 和引入的街道又加强了这种封闭感。除了提供一种封闭感之外，它还有一种很好的容纳人的幸运。洛克菲勒广场能够吸引人们去那里，是因为许多人要通过它穿行。这里既有大量的人群，也就表示这个地方是容纳人的，人们几乎从来不是他们自己在这里的，这里也并不缺少什么临时的事情做。万一有人要问，事实上他们正在做什么？他们正在看商店的橱窗，或者在看喷水、看花、看旗子，如果季节是对的，他们正在看冰场上滑冰的，终归有大批人在做类似的事情。这类社交活动，对于孤立主义者来说倒是愉快的。许多人彼此出现在眼前，但又不必互相交往。这个广场对高涨起来的公众示威活动似乎不太合适：它太小、太拘束、也太让人高兴了。

从另一方面看，广场有这么多的舒适宜人之处，给人们造成这么多的愉快和优雅，会不会达到让人厌倦的程度呢？无论如何是不会的，因为广场并没有限制人的眼睛和心理，例如，周围的这些薄板建筑，把视线引向非常令人振奋的高度。建筑物上和广场上的装饰，早把

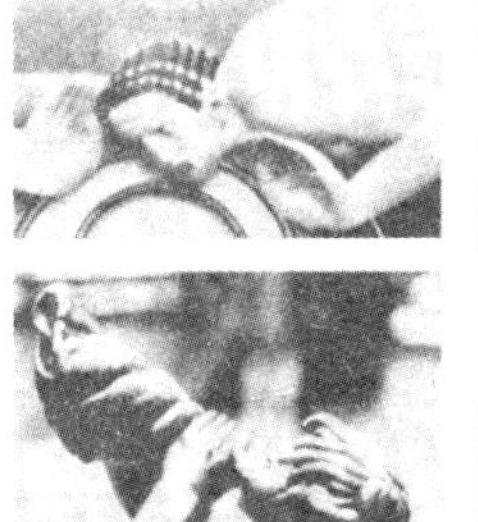

图 46 围绕着洛克菲勒广场的装饰

人心引向远方（图46）。几乎所有的装饰都是采取有动作的人物形象，使得某些神话仙境得以具体显现，其中有些人物是有历史渊源的，另一些则是虚构的。把这些人物集中在这样一个场所，会使人联想起人类的生活，这种联想，至少对于活跃公众的思想是必要的。洛克菲勒广场与美国新近建成的多数广场形成了强烈的对照，包括明尼阿波里斯的联邦储备银行前的花岗石广场（见第8章），在那里，有时是风卷残云似的一片不毛之地。

1961年纽约的城市分区制法规作了修订，主要的目的是利用分区制法规，去鼓励实现城市设计所希望达到的某种目标。法规规定，如果业主提供一个广场，可以给建筑所能削减的尺寸做出局部补偿，可增加面积到20%；如果提供一个廊子，亦可得到一份较少的补偿。洛克菲勒中心沿阿美利加斯大道两侧的扩展，是对1961年分区制法规所作的直接反应。这些建筑很值得一看，因为它如此清楚地使当前广场设计原则具体化了。这一原则，在其他城市中几乎已经变成自动遵守的了，对那些批评这一原则的人来说，现在已经无可奈何，变成了时髦的事情。

第一，尽管新洛克菲勒中心大厦前面的广场确实让人感到它是非人的——就像它的批评者所宣称的那样——但它当然也不是无人之境。在城市的那一部分工作的人口，对这块地来说，数量非常之大，而能去的广场远为不足，因此有一点很明确：如果公共空间是便于到达的，如果周围的人是足够的，而且能使每个人都觉得在这里很舒服，那么广场就是可行的——当然，要说设计特别优秀，那也算不上。第二，尽管我们有些人并不那么喜欢这些广场和面临广场的建筑物，但它们也并不像某些人所武断的那样，只是些城市设计和建筑不够资格的例子。

事实表明，广场的效果良好，公平而论，重要的是建筑物在人们心中形成一种有力的，甚至可以说是独特的印象。它们共同在城市中形成一个与其他任何地方都不同的场所。确实，人们被围在里面，也并不像原洛克菲勒广场那样有舒服的感觉，建筑物似乎对街道和街上的人，只作了最低限度的照应，只是简单地栽进地里去罢了，所有的建筑形象也太冷酷而无人性。原洛克菲勒广场周围的建筑物，都有很方便的上下推拉窗（这是为了在使用密闭系统之前的自然通风设计的，现在大多数高层建筑都有这种系统）。这些窗户是可以识别的，因为它们的形状和尺度的功能是可以认识的。它们一层层地在高层建筑表面上重复，并以此表明，里面有人居住。而在新建筑里，不管是识别形状还是尺度都很困难，就连窗户和窗坎墙都很难区别，甚至难以区别二者所形成的竖条，即从底到顶所拉的几乎是连续不断的条子。窗户的暗示不再存在，"人"的暗示也消失了。同样，在原洛克菲勒广场建筑上的装饰，能使人想起或者再出现有动作的人物形象。而在新建筑上所加的装饰全是抽象的，如麦格劳·希尔大厦前面的三角形雕塑。可以说，新建筑和它们的广场的效果是有力的，而且是豪华的、非人性的和抽象的。成功的关键在于，不管什么样，这些建筑物正在构成城市的公共空间，它们在共担此任。

原洛克菲勒广场和新洛克菲勒中心大厦前面的广场，其主要的课题并不是什么风格问题，它们形成了一个场所，或者说形成了一个有价值的别的什么东西。问题是要知道如何去造就你所要的东西。

当然，另一个问题是，你能够做的事情的清单是十分庞大的，在选择那些看上去有价值的东西时，你可以做多种抉择。然而，对于大多数建筑师来说，这种认识来得相当缓慢。今天开业的大多数建筑师，是在第二次世界大战后受的教育，他们所受教育的好大一部分，是得自现代建筑理论的本本——有好些个章节讲，装饰是一种罪恶；历史的风格是一种谎言；而格罗皮乌斯曾说过，对过去的背弃业已告成。现代建筑运动提出了一个人为的目标，割断从前的所做所为，并创造一种新的风格——它独立于历史，以逻辑为本，反映摩登时代的技术文明，并忠于人的思想和感受。它所追求的，并不是在某种适宜的连续的历史中，去适应现在的需要和眼光，而是“非此即彼”；不是摩登就是古旧；不是好言就是坏语。一句话，追求的是革命。他们可能是对的，他们必然是激烈的，他们必然是教条主义的，他们必然（在他们的革命道路上）是正统的。

图47 从阿美利加斯大道看新洛克菲勒中心大厦

图48 从麦格劳·希尔大厦广场（Plaza of the Mc Graw-Hill）看新洛克菲勒中心大厦

很遗憾，我们不需要这样的正统。我们每天都在经历着种种挑战，要求我们多种多样，要求复杂性和灵活的反应。这就是说，我们生活在一个多元主义的世界上，我们本身就是一种多方面的生物。因此，没有一个单独的正统能够担当此任——包括单想回头抄袭过去的建筑，也没有单独的一套形式和形象能够形成我们要为自己建立的环境。围绕着原洛克菲勒广场的建筑，和沿阿美利加斯大道的那些新建筑，它们的意义就在于，建筑能够拥有多种强烈感染力的面貌（Likenesses）（图47、图48）。这选择完全是我们的事，其任务就是学着撒下我们的罗网，朝着过去，朝着外界，在特定的设计中去寻找什么样的感受是对的。在许许多多的选择中，去认识哪一种看上去是有真正价值的。

12 你必须为公共生活付出代价

1964年，我着手搜集加利福尼亚州的当代纪念性建筑实例，纪念性建筑是城市景色的一部分。我发现，加州大概没有当代纪念性建筑，或者说没有城市景色，也可以说，纪念性建筑和城市景色正在这里消逝。这些猜想是对的，要讨论加州有什么纪念性城市建筑，倒不如讨论它们让什么代替了更切实际。

讨论城市背景中的纪念性建筑，必须从“纪念性”的定义出发，以及对我们来说“城市”（Urban）指的是什么。这两个词是紧密相关的：它们二者促使个体把某些东西（空间、金钱、声望或利害关系）让给公共领域。

纪念性与纪念物有直接关系。纪念物就是一个物体，它的功能是标志出一个“场所”；标出那个场所的界限，或是指出它的精神。当然也有私人的纪念物，通过这样一个场所做出某种铭记。但是，值得注意的是，来到这些场所的绝大多数公众，所感兴趣的必然在于纪念物所标志的是一种超越个人兴趣，或远比个人更重要的场所。对占有这些场所的社会成员来说，这种标志活动，得是公共的活动，一种得到承认的活动，一种有所指望的活动。照这样考虑，纪念性建筑并不是构图技巧的产品（像几条轴线上对称之类），也不是浮华艳丽的形式，甚至也不是空间、时间或金钱的挥霍。它是社会拥有的或是所承认的一种功能，是地球表面上格外重要的一些场所，是社会庆祝它们杰出成就的地方。

上述关于承认和庆祝的说法，被约瑟·奥蒂加·加西特（Jose Ortegay Gasset）发展为城市性（Urbanity）的定义，他说，“城（Urbs）或城邦（Polis）是从一个虚无的空间开始的。广场、市场和其他一切，只是确立这个虚无的空间和限定它的外轮廓的方法……广场（亏得墙把它围了起来）本是乡村的一部分，它对其余的地方不管不顾，背转身来排斥它们，并置身于它们的对立面。”奥蒂加·加西特说的是地中海沿岸以露天广场为基础的城市组成部分，是一种从政治上和物质上都可以理解的组成部分，人们通常乐意为此而作出牺牲。形成一个城市焦点的过程，跟形成纪念性的过程是一样的。它是从选择一种场所开始的，这得是一个特别重要的地方。随后，居民们以一种重要的属性，对此处加以整饬，譬如给它定出边界，或做出某种标志。城市的建立，和重要场所的标定过程，就成为建立物质文明的主要活动。查尔斯·伊姆斯（Charles Eames）指出，这种文明过程的关键是，由某种事物的个体做出让步，以便使公共领域得以增进。在城市中，城市和纪念场所，甚至城市性(Urbanity)和纪念性本身，只有在把某种事物转交给公众时才能产生。

西部的几个城市，特别是洛杉矶，有一个非常明显的情况，那就是这些地方与我们所继承的任何传统都是对立的，任何人都很难把任何东西交给公共领域。更有甚者，公共领域是由什么组成的，甚至眼下谁需要它都不清楚。清楚的是市民的乐趣（建筑师们认为那是"纪念性的"一类)，这种乐趣在本世纪早些时候就受到了高度重视，今天则是关心得太少了。

一个突出的例子就是小城阿塔斯卡德罗（Atascadero)，它位于洛杉矶和旧金山之间一带非常漂亮的海峡上。原先它是20世纪20年代作为一种带有浓重文化色彩的不动产投机事业而发展起来的，并且对建筑大加扩充。特别是雄心勃勃的"纪念性"建筑平地而起，遍及整个城区。建筑物是一种含糊的意大利罗马风式，并带有古典复兴的特征，面对着宽阔的林荫大道，那效果确实壮观。一直到20世纪40年代，它还算不上一个城市。后来，在主要的林荫道上搞了一个煤气站，接着又一个。更近的一个时期，又有一条抬起的高速公路，继续对这重大的设计进行了破坏。在发生这一切事情的同时，费城人在能源和开支很不稳固的情况下，正在完成它那中心城的一条林荫大道，它有非常的尺度和宏伟的远景。可是在阿塔斯卡德罗，费城的那种压倒一切的宁静，和它所进行的当务之急，正在轻率地遭到清除。这种清除难道不能构成某种反对公众的罪恶吗？

在我们开始讨论之前，我们必须首先考虑一下什么是公共领域，或者说，加州的现在和未来几十年间，公共领域可能是什么样子。我们所寻求的"纪念性"和"城市性"，可能就是社会功能，而不是别的什么东西。

加州的城市，如同全国各地的新城市一样，地面上的建筑方式到处都是标准的。在靠近居住人口的中心，到处都是新植草坪所围绕的小住宅。这些新住宅是分散的、隔绝的，是沿它可以停泊汽车的一些岛。请注意，住宅和汽车此二者非常相似，而且又都像活动住户，并不比拖车住户或汽车住户更受任何场所的束缚。它们在市郊的海洋上飘流，无所依附地飘动。这是一个飘浮的世界，在这里，一些飘浮的人口无须泰然登陆，但人们几乎从不需要登陆（指下汽车——译注）。这里有汽车可以驶入的银行，汽车可以驶入的电影院、修鞋处。在马林县，甚至还有弗兰克 · 劳埃德 · 赖特设计的汽车可以驶入的市政中心（图49），这是一座有传记意义和历史价值的建筑物，是一个公共领域，为了它，一些有公共精神的领导人，已经进行过艰苦而长期的斗争。也可以说，这是一种码头，飘浮的百姓们可以前来停泊：在那儿，纪念性建筑在某处标出一块特殊的场所，就其重要性而言，如果不是城市的，那就是市中心区的。

图49 赖特设计的马林县市政中心

上述这种位置的不定性，并不是加州惟一的特色。在20世纪20年代，以及进入30年代以来，加州的建筑意境无疑是在鼎盛时期好莱坞观点的巨大推动下得到了发展。这些观点是外来的，但它是具体的；是派生的，但又极为自由。这与海伦 · 亨特 · 杰克逊（Helen Hunt Jackson）的作品《拉蒙娜》（Ramona）有关，与温和的气候有关，也与木材和抹灰的普遍采用有关。它还与好莱坞所提出的信念有关，即让外表出面讲话，而且假定我们是上百种传统的继承者，我们可以任意选择。

干劲十足的圣·巴巴拉市民就是如此。例如在一场大地震灾害之后，他们再次兴起了西班牙式建筑。铁路的圆形车库变成斗牛场，电影院盖成城堡。在重建城市的每一个地方，唤起另外一些完全是想像中的市民们的活动，创造了一种新的、有力的公共领域。圣 · 巴巴拉县法院，当然就成为美国最为杰出的公共建筑之一（见第6章）。

横贯全州的新型大学校园，奇迹般地突现在大地上。一定会给公共领域的安排带来不可多得的机会，并赋予重要的公共场所以重要的物质属性。由谢普利（Shepley）、拉坦（Rutan）和库里吉（Coolidge）设计的波士顿斯坦福旧校园，是最鲜明有力的例子。虽然它们并不像圣·巴巴拉那样，把四周的乡村风光尽收于画面之内，但至少有一种多样空间的乐器，足以奏起一种复杂的公共用途之乐。但这是前一世纪所兴起的场所，而且是我们当代人的看法。时代把空间和功能上的多种机会给了圣·巴巴拉和斯坦福，那么我们有什么呢？

图50 旧金山市政厅，贝克韦尔和布朗设计

图51 吉尔罗依市政厅

在加州成长的年月里，这块土地上的风景和移民的铺张已经暗示，连续的繁荣将造成许多个公共领域中心。在这方面，有三个市政厅很引人注意，旧金山市政厅大概要居绝对奢华宏丽之冠（图50）。它的奢华，其实就是人们在进行积累，是同自然现象一样多的一种政治现象。但是，它的宏丽是由建筑师贝克韦尔和布朗（Bakewell和Brown）高度发挥了法国艺术学院派的构图技巧而形成的。尽管这些了不起的技巧对公众来说实在没什么效果，因此城市也并不见得丰富。1905年，吉尔罗依（Gilroy）以它的市政厅建筑显示出自己的繁荣（图51）。它用一种惨淡经营但是模糊不清的法兰德斯（Flemish，即Flanders，昔日欧洲的一国，今已成为比利时及法国的一部分——译注）式的先例，来适应城镇的要求。在这里集中了一个真正杰出的旋涡式设计，标志着这里是公共领域中心。但这种集中，并没有抓住公众的心理而比旧金山市政厅更有效率。洛杉矶的市民则采用了与此稍有不同的路子，去促成他们市政厅的重要性。在城市水平方向广泛漫延的同时，他们使市政厅尽量向上，达到实际能够达到的高度。而且他们编制法规，不让其他的建筑物盖得更高。但是，繁忙的经济扶摇直上，

商业建筑大大涨出了市政厅的轮廓线。洛杉矶人一直向上的姿态得到了某种光彩，企图造成一种别处所没有的市中心。因此，旧金山、吉尔罗依和洛杉矶市政厅促成繁荣的努力，看来与公众心理的关系不大，不能引导公众去参加他们力所能及的任何活动。

图 52　核桃树餐馆

核桃树餐馆（Nut Tree）是萨克拉门托到旧金山公路上的一个路旁餐馆（图52），它在旅行中途的野外，向人们提供了一个令人感到非常舒适的微型铁路、微型机场。有高级礼品及杂品的豪华玩具商店，有供应外来啤酒和干酪的酒吧。这是一个热情优雅而高价的餐馆，是工艺美术展览会，甚至是一个禽类饲养场。这完全是一种商业冒险，但群众反映良好，它给游客提供了一份非常好的礼品。圣·巴巴拉的福克斯－阿灵顿剧场（Fox-Arlington Theater）（图53），吸引我们去参观。幻想的西班牙式是其特色（其实什么都不像西班牙式）。第一，它把巨大的观众厅，从建筑物朝主要街道的剧院入口退回来，做成城市最显赫的堡垒。第二，对城市更重要的是，它把从票房到检票口一带的沿街长廊，局部加顶局部敞开，扩展了城市的人行道，形成一个充满建筑微差，甚至是充满了公众的公共领域。另外一个例子是格劳曼（Grauman）设计的中国剧场（图54）。尽管它已经被洛杉矶迅速变化的情况弄得很孤立，但它仍然是令人难以忘怀的。

图53　福克斯－阿灵顿剧场

图54　格劳曼的洛杉矶中国剧场

迪斯尼乐园在过去几十年中，应该看成美国西部建设中的重要独立环节(图55)。没去过那里的人可能认为，它不过是把米老鼠推广到物质环境中去罢了。这种看法是不准确的。相反，它是在重新布置和扩大公共领域中的那些要素。这个公共领域，已经结束了南加州无特色、隔绝的漂浮世界，那个漂浮世界的惟一边缘就是海洋，它的中心是无处寻觅的。令人不解的是，作为一个公共场所，迪斯尼乐园竟是不免费开放的。你在门口买好门票，

图55　迪斯尼乐园的主要大街

然后在凡尔赛又得再花一些钱。而今，你得为公共生活付出代价。迪斯尼乐园非常重要也非常成功，这只是因为，它再创造了对公共环境作出反应的一切机会，特别是洛杉矶已经不再有的那种公共环境。这里可以看戏也可以演戏，在一个像是可信但又难以置信的地方，充满了接二连三的偶发事件。一条大约是 1910年的阿美利加大街是主题，以此为背景，上演幻想故事、边界历险、密林深处与未来世界。当然，不管是在技巧上还是在多样化的魅力方面，迪斯尼乐园尚不能出现完备的公共经验。例如，这里没有表现政治方面的经验。但这里有形式和活动的多样性，足以提供极好的机会，使各位游客发现自己可以各得其乐。

在北加利福尼亚州，给建筑选择“性格”的方法，远不如南加州那么带有戏剧性，而且这里更严格地坚持一种单一的模式，一种红木的海湾地区风格的派生物。它具有标准的普通美国汽车旅馆的倾向，采用抹灰墙、铝制窗、木材花纹……在南加州，西班牙殖民地式的白墙与国际风格的联合，通过吉尔（Gill）、辛德勒(Schindler)、诺伊特拉(Neutra)和《艺术与建筑杂志》，并与气候和风景相结合，发展了一种有魅力的、舒适的、以前任何地方都从没有过的大量建筑私人住宅的方法。这种发展只有北加州超过了。如果气候有一点阴沉，海湾和森林的景观就会更好些。有些建筑师，先是伯纳德·梅比克一代（Bernard Maybeck)，然后是威廉·沃斯特(William Wurster)、加德纳·代里（Gardner Dailey）和海威·帕克·克拉克（Hervey Parke Clark）一代，他们愿意，显然也能够去创造很多机会，发展一种住宅化的建筑，不仅受到建筑师的尊重，而且也受到公众的承认和赞赏。这就是我们称之为海湾风格的住宅式建筑。在20世纪的头40年间，加州大部分地区发展了一种住宅式的尺度，这是一种很好的尺度。但是，这一过程在20

世纪后期仍在继续，目前已酿为忧患。前几十年的住宅式布置，正在无休无尽地再生，已经不在场所里安排某些必要的公共领域。当市郊的住宅填满了峡谷、海湾并吞掉了山头的时候，有件事情就必须要做，那就必然是要搞城市和纪念物。海湾地区风格尽管在住宅化方面是胜利了，但它所提供的并不是可以举行特别庆典的建筑框架。

为了有机会去创造一种公共领域，我们必须注意与权力机构有所不同的源泉，去注意人或公众机构在公共活动中和在某种场所里,马上就能发生兴趣的是什么。有一部分我们得依赖于更多的迪斯尼，依赖更多的愿意把他们的米老鼠式的想像，汇集在更伟大、更广泛的公共兴趣之中的人们。他们一定愿意而且能够，把他们的注意力集中于一个特殊的场所。

直到最近，被迫参与服务于公共领域的最大的、最独立而且有效果的赞助者是国家公路部。在美国，公路已经成为场所的量重要的推广者之一。它冷漠而粗犷地分隔开某些社区，而对其他进行排斥、抹煞、伤害、挖墙角，使整个风景蒙受扫荡。这在公众眼里看得很严重，成为新加州最大、最强、最富有刺激性以及最有性格的因素。如果人们一定要命名南加州的中心，那无疑就是离洛杉矶市政厅不远的地方。这里，地区的主要高速干道交会在一起，成为优美、有力和印象深刻的三层立体交叉。在旧金山，天际线虽然矮小但很生动，有许多公共性的、令人兴奋的东西。这是一种能让人看的功能，是一种用桥（它本身是加州主要的纪念物）和通向它的高速公路，来使之大大增光的能力。确实，旧金山少数地方给城市一种很动人的景观，是最有价值的公共领域组成部分之一。但它们连连受到攻击，这必须最热心地给予辩护。公共景观的最积极的保卫者，就是高速公路的建设者——尽管大家公认，这些高速公路更经常地起破坏分子的作用。最有实效的是，我们可以首先发展一种形式上的语汇，去反映我们的社会异常复杂和多样的功能。然后，我们可以着手将这些事情分类。为此，公众必须付出代价，而从这里我们才可以得到公共的生活。这些事物，已经不是市政厅，也不是其他时间和地点的骑士雕像。它们最好是某种更优秀的东西，更多地为公众所使用的东西。例如，它们可以是高速公路。高速公路不是为个人的，它们是为公众使用的，而且是公共领域的一部分。高速公路可能就是未来的纪念建筑。这些为了特别庆典而保留的场所，能够让人民以只有这个世纪才可能有的速度去体验空间、光线、动势和对其他人的关系。

（四）

13　住宅设计中的辨别[20]

[20] 辨别——Discrimination，实际上指现代建筑设计中所作的功能分析和鉴别。本章评论了现代建筑师在住宅设计中所进行的这种分析和鉴别。尽管作者对现代建筑的辨别说了许多肯定的话，实际上还是在对它进行批判，多方申明后现代主义的主张——为满足人们的心理要求，要把含糊性、包容性和传统中的某些东西，贯彻到这种辨别中去。

住宅设计中的辨别，不是在“黑”与“白”之间进行的，而是在“前”与“后”、“公”与“私”以及“我们的”与“你们的”之间进行的。这是现代住宅设计程序中的一个主要组成部分，也是解决设计问题的一个重要环节。它是一种在学校里教授、在事务所里实践的一门技术，许多设计师都充分地学习它、熟悉它，而且正在应用它。用它在一些彼此互不相干但又非常重要的因素中，去分析从具体到抽象的各种基本问题，这是不成问题的。

举个例子说，在土地使用图上着色，就是要对某种特殊用途拨出的城市整个用地来进行辨别。政府当局规定，建筑设计也要作出详尽的辨别——如在一座建筑物中，交通空间与居住空间的辨别。我们可以料想，在一个房间里进行交通，或者在走廊里居住，那都是不可思议的。

当建筑师们分析建筑物所有的纲领性要求，并且对每项要求分配一定数量的平方米面积时，他们就得进行辨别。然后，借助于吹泡式的图解，或者“功能关系模式”，分析和论证各部分之间的关系是怎样的。他们还可以推而广之，普遍地假设“公共”和“私人”的地带，以及那些需要机械设备、车辆和人行交通的地带。

所有这些分析的结果，就是把互不相干的各部分，构成一个整体。我们倾向于假定：第一，各部分之间的关系可以当成是完全等同的；第二，每一部分只表示它自己（比方说，规划师地图上的绿色就是绿色），而对别的事物（如红色），不会有丝毫增减。这些假设变得是惊人地根深蒂固，以至于在建筑师们谈论起一些对立的看法时，就会引起一些激动。例如谈到建筑中的“混合使用”或者“混合收入”住宅的发展。这些建筑种类，似乎在否认各部分之间具有“非此即彼”（either/or）的关系（不是绿就是红），代之以一种“又是这又是那”的（both/and）比较不太明确的概念。当人们问起：“那是一种什么建筑”时，我们大多数人都认为，可以很容易地说那是“跨国公司的办公大楼”或者是“贫民住宅”——这大概就是说，我们大多数人都认为，可以很容易地用建筑的基本实体，而不是基本的含糊性来加以处理。

运用辨别果然就设计得那么坏吗？确实没有人能否定，用了解各个局部的方法去了解一个问题，是可以做出非常好的判断的。因此，现代建筑的设计实践，是用设计中可以了解得最清楚的部分和可以辨别的结构程序为前提的。这过程本身，可以看成是一种分散的而且也是同时发生的各过程的一种集合（建筑设计、结构设计、机械设计和电气设计、地段总平面布置等等），其结果是，组织成一个分散各阶段的连续体（纲领、方案设计、设计发展等等）。

此外，高风格的20世纪建筑理论有一个出发点，它们试图去寻找一种基本的和纯粹的形式，去表现一种建筑的功能，并把这种形式与肤浅而低劣的细部严加区别。有这类倾向的实例——而且是很美的一个实例——可以在伦敦郡委员会所设计的住宅大楼中看到，那是20世纪50年代后期，在洛汉普顿（Roeham-pton）建设的（图56）。它们是现代住宅设计的典型实例，尽管它们的成功可能更多地来自别的条件，即它所坐落的里奇蒙德公园。这显然是一个适于生活的好地方。它所占的位置，可以与其他20世纪典型实例的位置形成对比，如圣·路易斯不知名的帕鲁伊特·伊戈住宅（Pruit-Igoe），或者著名的马赛联合住宅（图57）。

图56 洛汉普顿住宅大楼，伦敦郡委员会设计

图57 洛汉普顿的位置

洛汉普顿住宅设计是以许许多多的详尽辨别为基础的。二层的公寓单元彼此之间相互隔绝，在外面可以明确地区别开来。它们又集中到一起，形成一个巨大的板式住宅，看上去不但与周围的环境有所不同（由于它的白色和平板的形式），而且实际上是与自然分离的（由于它在柱子上抬起地面）。请注意，甚至不用标出图例，就可以很容易地说出位置图上什么部位是什么：建筑物明明白白地是建筑物，道路是道路，人行步道是人行步道，所有这一切非常优美而醒目的系统，浮现在气氛非常欢快而平整的草坪上（图58）。

图58 洛汉普顿的私人阳台

在住宅设计中辨别的另一个例子也在伦敦，而且也是伦敦郡委员会设计的，这就是培丁顿的住宅。该设计集中了现代建筑的词汇，但它是围绕着一片相邻的以小威尼斯而闻名的老房子而精心造型的（图59）。该基地俯瞰一条小小的河道，三面围绕着19世纪早期到中叶的漂亮住宅。在第四面，改建了快毁了的老建筑，那就是委员会住宅。建筑师试图以新建筑物去“适应”老环境，在许多方面获得了明显的成功。旧立面的尺度、开间、窗户，在新建筑中都得到了着意的反映，也做了奶油色的外粉饰（图60～图62）。

图59 掠过河道看小威尼斯的新老建筑

委员会住宅最引人注目的，大概是把周围老建筑的形式在新建筑上作出完全不同的做法，但这种方法似乎并不完全合适。该住宅中的种种努力，都是为了搞清楚

什么是什么，什么是谁的。譬如，它的正立面非常简单，集中表现了所有的各个体单元，而不用增加任何别的东西。较年长的居民都居住在首层的工作室式公寓里，有入口直接引到所分隔的正面平台，本身用一个铁围栏和高差，与相邻的人行步道隔离开来。比较年轻的家庭，都居住在上面各层的三居室双式公寓中，而这一些地方，是从横过的桥梁进入的。这个桥从边道引向不显眼的门道，越过它，可到分散的楼梯。

请注意一下与新建筑相邻的老房子，和刚才的情况相反，什么部位是什么，或者什么是谁的，都非常不明确。它实际上是一个两户住宅，可设计得并不十分像。该设计是运用双重尺度的生动例子。正面的门廊、柱子、壁柱、栏杆、小阁楼层，这是一个体系中的各个组成因素，而它的最大部分是整个立面。在另一方面，它那实际的正面门口，一、二层的窗户，位于共同框架里的成对的阁楼窗，则形成另一个不同的体系，开始告诉人们，住宅是两元的。与此例子相似但发展了一步的是俯瞰河道的另一个住宅。它用巨大的檐口和科林新倚柱和壁柱，将三个孤立的住宅组织到一起。尽管这座建筑物是个体居住单元的一种集合，它被搞得看上去是一座大建筑——大乔治亚式平台式住宅的辉煌传统。因而它成了一座大

图60 ［上］小威尼斯的新住宅，胡伯特·本尼特（Hubert Bennett）设计
［下］到新住宅的典型入口

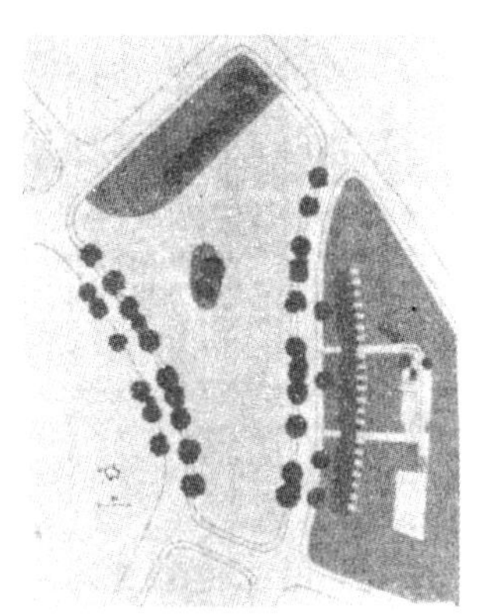

图61 新住宅位置图

图62 小威尼斯掠过河道看到的老房子

住宅。在大街上它是引人注目的。如果愿意的话，住在每一部分里的人，都可以分别觉得自己出了风头。

不论是好还是坏的例子，这些老房子都是我们在本书第8章中讲过的“包容性的”建筑实例。它们是住宅吗？它们是集体住宅吗？谁住在里面？哪一部分属于谁？这些建筑物为什么可能包容了这么多可供选择的东西——甚至也包括了我们，诱使我们提问了这么些形形色色的问题。相反，前面说的委员会住宅，则是一种“排他性”建筑实例。这是什么，它的组成部分是什么？都十分清楚。它直截了当地讲出了它的每一个部分，这里所说的都是以辨别为基础的。

同样，纽约波灵顿（Perrington）所发展的低密度住宅设计，也是搞辨别的设计。它是由纽约市建筑师查尔斯·格瓦思梅（Charles Gwathmey）和罗伯特·西格尔（Robert Siegel）在20世纪70年代早期设计的。他们发表了一系列的图解，描述了他们是如何进行工作的，反映了一种形式逻辑过程。首先，他们把单个公寓单元中的空间分成“可居住的”和“不可居住的”地带，然后再将这些单元合二而一，串在一起，不可居住的地带总是面向“公共”地带，而可居住地带则面向“景观”。随后，把这些共生的单元聚集成一个大组，再加上车辆交通流线图，总平面图就最后浮现在面前（图63，图64）。

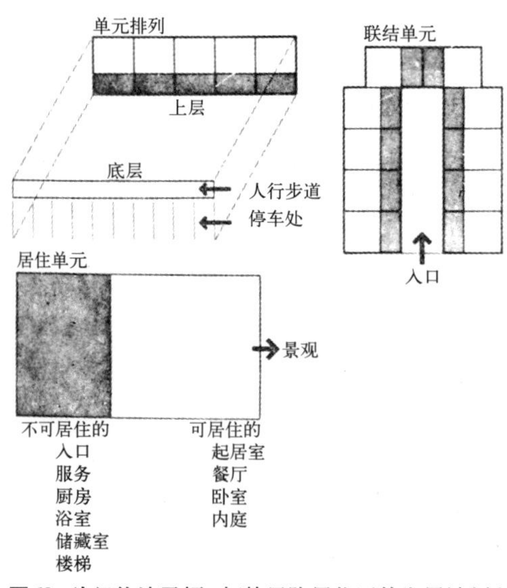

图63 为纽约波灵顿，怀特尼路居住区的发展计划所制定的图解，建筑师格瓦思梅和西格尔设计

格瓦思梅和西格尔的图解显然是有理由的。他们把一套分析性的假设具体化了，一旦作出这种分析，似乎就不可逆转地朝着一个建筑答案前进。由于这个原因（鉴于有许多建筑师正是以这种方法学习设计的），这

些图解提供了一种很有启发性的方法。但是，一种过于排他性的分析，有时不仅会曲解问题，而且似乎也会非常尖锐地强加给答案许多失误。这一诊断可能贻害于病。

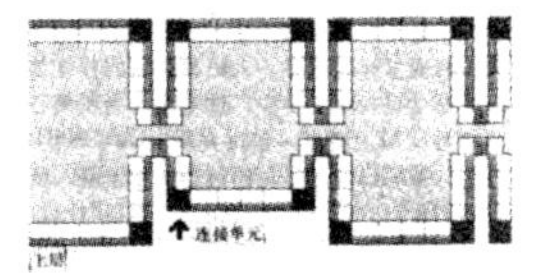

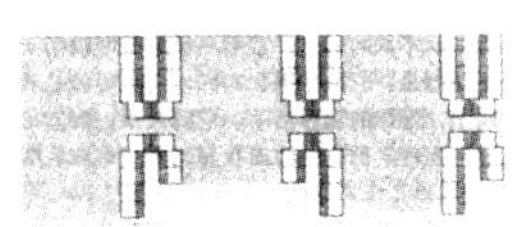

图64 格瓦思梅和西格尔图解

乍一看来，建筑师在每个居住单元里，对可居住的和不可居住的空间加以区别是非常明智的。这种区分，或多或少地令人想起另一些相似的辨别——例如，路易斯·康的“主”空间和“辅”空间；或者罗伯特·文丘里的“非特殊”空间和“特殊”空间；以及查尔斯·穆尔、东雷·雷东（Donlyn Lyndon）和我对“房间”（rooms）和“机器区”（machine domains）所作的区分。

在任何情况下都要指出的一点是：辨别是在两种内部空间之间进行的，这才是一种很好的辨别。但是，一经作出辨别，它就为将来建立起一种模式，随着这种辨别，可能得出也许是很不适宜的结果。这是因为，可能产生的这种结果，更多地反映了一种抽象的体系，而不是实质问题的真正量度。因此，这里对可居住的和不可居住的空间所作的分析，似乎要求所有的所谓可居住空间都要面向居住单元的入口一边。停车处自然也就在这一边，因而给汽车修的路也就来自这一边。这样以来，这一边就变成了一种“公共”边了。相反，景观来自另一侧，那边可以从居住空间来欣赏，那一边就成了“私有”边了。

这种链索式的辨别是很敏锐的，可能得到一个“好”边和一个“坏”边，这当然不是故意的。“坏”的一边就是在设计中把元素分离出来而形成的，它没有什么吸引力，也很成问题（如停车设备）或潜在着危险（如汽车活动的小路），把这些因素聚集在一起，就远离了其他更好的东西。附带说说，这里所描述的这一过程，是纯就建筑设计而言的。至于对社会问题的辨别，竟与此惊人地相似。在这里，人们都被看成是面对挤满东西的犹太街，围绕着它，有一种不可抗拒的力量，把所有的物质、经济以及社会上的弊端，集中到形式上。因此，若是有人问，由建筑师在“公共”和“私人”之间作辨别是不是太武断了，这话是有道理的。例如，可能不是故意的，但会不可避免地要在“你们的”和“我们的”、”危险的”和“安全的”、或者是“坏的”和“好的”之间得出灾难性的结论。

问题在于，所有这一切，都要包括人们和人们所关心的事情。某种住宅成功不成功，一个真正的衡量标准就是，人们喜爱它的程度如何。而人们喜爱的程度，又反映在他们所关心的事情在这里表现了多少。住宅本身为所关心的事提供一个媒介，并直接表观它，像马萨诸塞州漫沙文雅的奥克·布拉夫斯（Oak Bluffs）的小住宅里繁琐华而不实的细部。或者所关心的事，被居民表现得与建筑形式相矛盾，就像我们在洛汉普顿所见到的那样。在那里，居民在他们公寓的阳台上建造花园，弄得与设计的“内容”相矛盾。它们把自然的（里奇蒙德公园）与人造的（混凝土板子）花园分隔开来。

同理，住宅缺乏所关心事物的标志，可以充分说明那是一个不良的住宅，不管它出现在哪里。在人们的心目中，没有引起对于一般环境价值的关心，或者没有使他们所关心的事情具有与众不同的特点，或者是把它们埋没了——所有这些，无疑是让人们住在这些坏地方的原因，而不是结果。它的效果，实际上不见得就是我们常听人说的标准情况：在布满了垃圾的城市街道上，激烈的犯罪活动。它的效果，可能最终发展到去加宽被臃肿的汽车占据了大部分的街道。而住宅那苍白的面孔和敞开的车库表明，人们所关心的是，出现在住宅背面的野宴和游泳池。

这些问题的答案——在建筑的范围之内，本身有力量去解决这些广泛的社会问题——必然是一种居住环境，这种环境积极地促使人们，在任何地方至少不去冲淡这种关心，而是充满信心地在各个地方领受这种关心。

需要些什么呢？一件事，需要避免呆头呆脑的一致性，不管这种吸引力何等可亲。请设想一个住宅方案的设计情况，公共空间在前面，私人空间在后面，汽车放在无门的汽车间里，炉子放在炉子间，厨房、浴室、卧室、起居室都各得其所，这就造成一个合乎逻辑的体系，一个躺在建筑师图板上的抽象图画。而问题就会是这样的：图解的清晰性，实际上与具有感染力的那种一致性相抵触，因为它假定人的感受在活动中是不变化的。假定从车库（可能又凉又潮又乱）或者从公共空间（可能有危险）到住宅里面的厨房（可能围绕着机器进行设计而不是让主人适用）或到起居室（可能非常辉煌）的活动中不发生变化。

形式上的一致性，得让位于体验中的连续性。

在本书的前面，我们看过一些建筑，如圣·托马斯教堂，圣·巴巴拉县法院、木工中心，罐头厂以及设计罐头厂的建筑师所设计的住宅——它们都在避免形式上的一致性。许多读者会注意到，这些建筑看上去都是非现代的、传统式的。我们认为，没有理由因为在文化方面向外，在时代方面向后就要大惊小怪。也没有理由认为，在传统式的建筑上穿了个别建筑的特殊外衣，局部像某个建筑这就了不得了。它可以变成一个范例，反映人的个性与社会整体之间相协调时的一种传统斗争——像19世纪的小威尼斯住宅，它逐步地、含糊地把它们的个体集中起来，去做某种比它们本身更多的事情。对建筑师来说，这样的建筑信息必须直接而明确——要求包容，要求关心。

14 南方：一个地区性的量度

假如约翰·F·肯尼迪（John F.Kennedy）确实把华盛顿特区叫作有南方的效率、北方的魅力的城市，相比之下，这一番描写是用的与之相适应的惊人地缺乏含糊性的方式，而不是以精确得要命和面面俱到的方式来叙述的。美国的北方以其效率和发达的财富而著称，而南方则被认为是缺少这些特点的。取而代之，这里靠的是一种更从容不迫的方式（更有魅力的方式）。当然，在世界各地的南北方之间，都有一种处处延续着的不同区别的特点（比方说在意大利）：北方是工业区，为先进地区；而南方为农业区，为落后地区。甚至把大型城市建设在南方，这种区别也常常是依然存在的。我近来听到一种很谨慎的区分法：路易斯安那州的北方敏感、严格，而环绕着新奥尔良的南方，则更加从容和宽厚——城市化[21]。

[21] 城市化——Urbane一词有"文雅的"意思，但在许多地方不解。参照其他有Urban词干的单词，这里和下文均译作城市化，并注明原词。

我正在冒昧写作《南方对美国建筑的贡献》，这不过是和我所记得的1941年刘易斯·芒福德（Lewis Mumford）差不多的讨论。当时他已经看到，南方有两个伟大的建筑师，托马斯·杰斐逊（Thomas Jefferson，众所周知他来自弗吉尼亚）和亨利·霍布森·理查森（Henry Hobson Richardson，他来自路易斯安那，但他的作品来自波士顿）。另外我认为，着手搜集南方的建筑和城市是有价值的，它一直吸引着我，我试图探讨它们的共性是什么。

南方（从梅逊－狄克逊线，Mason－Dixon Line，到墨西哥湾，从大西洋到得克萨斯），就像人们所普遍认为的那样，气候多样。但是几乎都是又长又热的夏天，这就使得我们把某些发展的速度和它的魅力联系起来（另外也就与懒散贫困联系起来）。所有的地带（除了华盛顿北部一角）都参与了过去的经历，包括黑奴制度、退出联邦和参与使国力衰弱的流血战争以及缓慢和痛苦的恢复时期。目前在各地都可以觉察到地方自治观念。因此，气候和习惯的体制，可能对我们研究建筑的南方问题有所提示。

这里是一种集合，它可以提供若干线索。这一集合包括了许多特别值得记忆的地方。但没包括花园，花园应予单独研究；也没考虑粗陋的农村住宅，那也是应予单独研究的。还省略了20世纪的实例，至少是部分地省略，因为那是在能源过剩的鼎盛时期建造的，拥有制冷的空调设备。

（下面略去10余项城市和建筑的名称及简况，因涉及到上下文的承接，特此注出——译者）

这些场所，除了后面的华盛顿特区外，城市及建筑物大都很少，大多数具有很高程度的几何规律性，想必由于它们都挤满了居民而造成的。这个国家人口众多的工业城市，绝大多数都在北方。大多数的农村式的南方地区，则是小尺度而具有纪念性的。由于夏日的酷暑而使之热闹起来，形成一种公共居住的基调，这恰好是所说的城市（Urban）和城市化（Urbane）。

整个城市，特别是沿海的城市，像查尔斯顿和新奥尔良，还受到沼泽的困扰（图65）。在非常受限制的条件下，就向内部开放，以获取夏天的凉风。它们也许是乱七八糟而又具有城市活力的楷模，街道上的生活，几乎是在威尼斯式的密度下进行的。新奥尔良最早的一部分市区威尤克斯·凯里（Vieux Carré），在19世纪的早期，

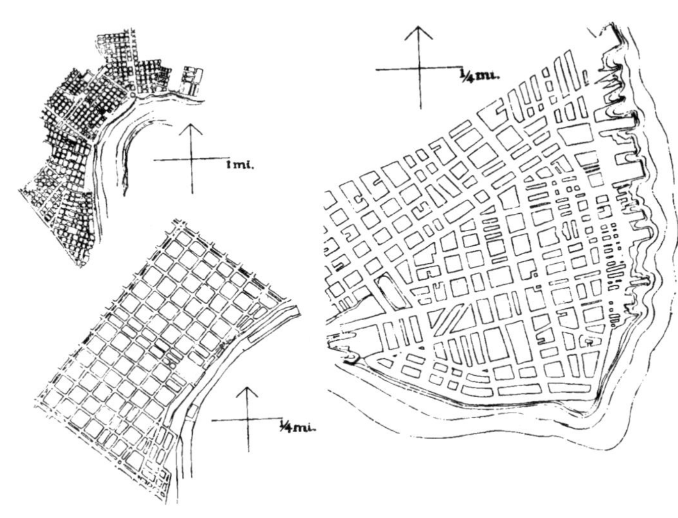

图65 ［左上］新奥尔良平面［左下］……［右］查尔斯顿平面

城市生活的密度是很大的。狭窄的街道上排满了建筑物；带栅栏的阳台悬在人行道上。在这样密密麻麻的城市观感中，几何形式的作用，甚至那些较弱的几何形式，都可以发挥出巨大威力。

南加州查尔斯顿也是18世纪开始兴建的，它的城市结构，像平面所显示的那样，形式上有点不规整。但它结合了一些住宅类型（至少它们其中之一是为了这种基地设计的）。这种选择，显然是为了改善这块雾气蒙蒙海岸的舒适性，并由此建立总体上令人难忘的城市模式。这种特殊的住宅形式，即查尔斯顿的“独立”住宅是经常出现的（图66）。该体系设置了一个房间宽的长住宅，与街道成直角，有两层或三层的外廊沿着狭长的花园，所有的房间都向外廊开门。挨着门的窗户，从同一个花园里接受空气，但是在退缩处的宝贵空间并无浪费。全面表现了它的可居住性，所有房间都有自然穿堂风，在遮阳外廊下的相邻空间，以及每一个住宅都有一个花园。一般从入口马上就可以到大街，常常是把这里加以精心推敲，以强调从室外公共人行道到私人地带的走道。这个私人地带仍在室外，但恰好从这里进门。比较小型的查尔斯顿住宅，把花园移到了背后，并与它们的邻居相毗连，沿街成排。比较大的住宅，则允许扩大成宽大的内部垂直空间，如纳萨尼尔·拉塞尔（Nathaniel Russell）住宅，在这里引出来一个通风井（图67）。所有这些建筑类型，都是在一定限制之下安排的（受到气候和土地紧张的制约）。这种安排容许密集的城市结构有细微的差别——像圣·米歇尔教堂向前突出的门廊和尖顶——有强烈的视觉效果，以确立圣·米歇尔教堂的重要性（图68）。

图66 查尔斯顿的一座住宅

图67 查尔斯顿的纳萨尼尔·拉塞尔住宅

图68 查尔斯顿的圣·米歇尔教堂

但是在南方（或者在全国），相比之下最有强烈几何性的城市是乔治亚州的萨凡纳（图69，图70）。这是沿着可以扩充的一系列的广场来规划的，规划者乃英国绅士詹姆士·奥格莱索普（James Oglethorpe）。他在萨凡纳河上的一块悬崖上奠定了基础。该规划最显著的特点是，在这样一个极简单的框子里，建筑的基地富有多变性，以及基地容许穿插式的交通型式。住宅通常是成排地布置在这个密集的结构之中的，常在离开街道高出一层楼板上把主要房间抬高，以保证精美顶棚下的空气循环。

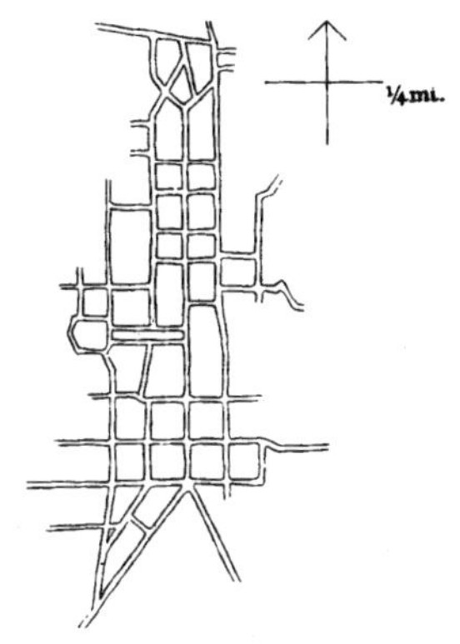

图 69 威廉斯堡平面

如果说在对基地的敏感性、密度、形式上的规整性和充实的生活享受方面，这些南方城市像住宅的话，那么南方城市性（Urbanity）的主要原因就是，它的住宅像城市。这些是和人们的复杂性紧紧结合在一起的。并要求建筑设计建立一种规整庄重的形式，以把它们造成在这个国家的其他地区不可能出现、只有在这里才有的场所。

在这个集合中，没有列更新的东西，这并不是没建，而是因为制冷的空调设备的出现，使得气候和基地的特殊挑战条件丧失了。在这个集合里，是这些条件促使形成了活跃、城市化以及有魅力的城市和建筑。

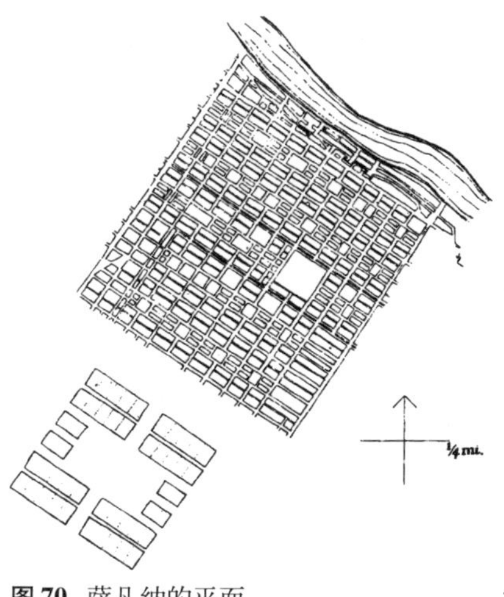

图 70 萨凡纳的平面

15 朴实无华：如果不是结束，那当然就是开端

在过去几十年间造成我们环境的正统“现代”建筑观念，其最有益的贡献大概就是它已变成许多建筑和普通老百姓的笑柄了。由于所建的每件东西都明明白白地摆在那里，它有能力提醒人们，应该建些什么来代替它。因此，它变成了一个意想不到的保证人，去广泛地研究今后取而代之的方法，以建设我们的城市和市镇。

显然，人们正在探讨许多不同的方向，而且也正在恢复信心。自从20世纪70年代中期现代建筑达到顶峰以来，在大众的心目之中，就形成了某种非常普遍而又非常简单的属性。它看上去是可畏的因而强有力，是严肃的因而不和善，是抽象的因而非人性，是坚毅的因而带权威性。注意一下这些形容词是很重要的，它的含义远远超出了这些简单字眼所描述的建筑的物质属性。这一事实坚定了一个信念，即建筑确实有许许多多的量度，大大超出了我们所熟悉的三个。而我们选来要建的这类建筑，除了影响到人们的身体之外，还影响到人们的思想；不但影响到人们的物质需要，还影响到人们的梦想。

经常碰到的一个问题是，在一个显然是多元化的世界里，在一个为不同态度、不同经验的人们服务的世界里，标准的现代建筑看上去总是太雷同。设法解决这个问题，已经集中到两条广阔的阵线上：一条是纯视觉的和形式的阵线，包括使建筑在所建的地方更加易于引人注目；另一种努力那就更复杂了，因为要包括把更敏锐的注意力，投到一系列的经济、社会和政治的潮流中去，以确定建筑物应该是什么样的。

图71 辛辛那提的"莱茵河上"一带的一条街，左边是"驾驶员中心"

有两个设计项目是这两种倾向的两个实例，它们都是由印第安纳波里斯的沃伦建筑事务所设计的。他们所提的问题以及答案是值得一看的。

第一个例子是辛辛那提的"莱茵河上"(Over the Rhine) 地带的"驾驶员中心"(图71)。这是由4个分开的游乐设施和社会服务设施组成的综合体。"莱茵河上"是一个邻里单位，大约有45%的黑人，45%的艾帕拉契亚白人和大约10%的德国人。这里也犯了大家所熟悉的旧城市邻里单位所犯的毛病——住宅条件恶化，人口流失，留下的是平均收入较低的人（年薪约4500美元）。因此，一个曾经是很巩固的社会（和建筑）结构，已经开始解体了。

但是，规划师和那些希望"莱茵河上"有美好前途的居民们，并不把希望寄托在城市更新所惯用的灵丹妙药上。他们选择了一条保持和健全旧建筑的更加谨慎的路子，因而保持了这个地区的意境和性格。最初只有被称为"靶子地带"(Target Area) 的一块地方供规划师拿来研究。它的核心部分是1850年的芬德雷市场 (Findlay

Market)，这是一个露天的肉类和物品中心，从A and P商店对角穿过，这从鸟瞰照片中可以看到。在规划师看来，芬德雷市场对“靶子地带”的重要性，类似于现代市郊的购物中心。因而最关键的是，大部分新建筑要靠近它。

所以，“驾驶员中心”只是“靶子地带”轮子上的一个齿轮。为了最大限度地与当地居民接触，沃伦事务所从靠近基地的一个商店的分部着手。在中心里，四个建筑物中最大的一个就是游乐建筑，在鸟瞰照片的右上方可以看到（图72、图73）。挨着它的是公共服务中心，横过内院的是长者服务中心（Senior Citizen Center）、一

图72 辛辛那提“驾驶员中心”的长者服务中心

图73 “驾驶员中心”及其邻里的鸟瞰

图74 到“驾驶员中心”的游乐建筑的入口

个学校和一座日托托儿建筑。照片里的尖塔保留下来的遗迹是1840年的罗马天主教堂，为了给新建的游乐建筑开路，教堂被拆除了——这对历史遗迹的保护是个损失，对反对拆除的建筑师们，也是个损失（图74）。

伊万斯·沃伦（Evans Woolen）把他事务所的作品说成是“讲究位置的”建筑（Situational architecture）——因建筑所在的位置不同而进行特殊努力。他们所做的新哈莫尼旅店（New Harmony Inn），位于中西部约900人的一个城镇上，是1814年由德国路德教的一个教派建立的，他们自称为“拉皮特斯”（Ruppites）（图75）。最近新哈莫尼已经变成一个主要的发展计划项目，要把它设计成旅游观光和教育项目的重要中心。这个新建的45间旅店就是翻修的主要部分。

图75 新哈莫尼旅店，左面是登记房

沃伦事务所做的第一次设计是在20世纪60年代后期，是强烈的新柯布西耶式（neo-Co-rbusian）。虽然后来因为没能征得土地而停建，但它还是引起了强烈的反响。沃伦说："它有很多乐趣，但与新哈莫尼这个地方毫不相干；如果把它建起来，人们反而会觉得这里丢掉了什么。"这个城镇本身具有各种强烈而容易识别的特点。旧建筑不超过三层，一些重要的建筑物都是砖造的，次要的是木制的。而且这些建筑中没有一座看上去像城镇的总体形制那样令人神往，该镇的街道是以排满了繁茂美丽的树木为特色的。

新设计的旅店是增强现存形制的，沃伦说："……人们在19世纪70年代正要继续19世纪40年代的建筑……"旅店由两座分离的建筑物组成：紧靠街道较小的一座，是登记房，由一个门厅和一个大会客室组成，适于演讲及小型演奏；较大的一座——或者叫宿舍才忠于哈莫尼文化——并不是沿长走廊布置的，而是依照一种登记体制，并直接按照向三个楼梯中的一个开放的房间来布置的。该设计似乎是以各种方式来体现"讲究位置的"建筑——刚好与他们设计的"驾驶员中心"是一个意思。这两个设计几乎都是想方设法、既谨慎又敏感地反映它们所处的位置。当然，并没有人对这两个设计基本良好的感受持强烈的争议态度。究竟这种"讲究位置的"趋势是否适合每一个人的愿望，建筑是否都得如此，这还得看情况。但指出这一点是有价值的：应该把它们当成良好的开端。

16 辛德勒和理查森

有些量度，是建筑师自身的职能，是他的眼光和精力的限度。在新近的两本书里，讨论了鲁道夫·辛德勒（Rudolph Schindler）和亨利·霍布森·理查森（Henry Hobson Richardson）。

对我来讲，大卫·吉布哈德（Darid Gebhard）写的书中关于鲁道夫·辛德勒的事迹，是自从我早年读赖特的自传被搞得惊叹不止以来，最使我受感动的一位建筑师的事迹。书中讲了一位出生在维也纳并在那里就学的年轻人的故事。1914年以后他在芝加哥继续受训，然后于1920年到洛杉矶与赖特一起从事他们的事业，从那以后一直到他1953年去世。像书中指出的，辛德勒的故事，是南加州奇特发展史的一部分，对于世界其余的大多数地方而言，他是古怪的，但他是一位先驱（图76、图77）。

图76 洛杉矶的福克公寓（Falk Apartment），辛德勒设计

图77 洛杉矶的维沃里住宅（Waverly House），辛德勒设计

辛德勒的名望在南加州被吞没了，甚至他的业务也被他维也纳的同辈理查德·纽特拉华而不实的名气所吞没。而且，也被他自己曾经为了要取得实质性的委托而造成的失误所吞没。吉布哈德的书发出了同情的感叹，他洞察到了辛德勒的构思，哪怕是很小的一些构思，甚至在这些构思陷于困境时，他也能搞清楚，这一切是怎样把辛德勒从绝境中搭救出来的。

值得庆幸的是，为数可观的围着当今建筑师团团转的书籍，转眼就被人忘到了脑后，特别是理查森和赖特的同辈人。他们当中的许多人，本来做过许多大型、漂亮而且是很有启发性的建筑物。那么为什么要找辛德勒的麻烦呢？他的作品的主体是小而花钱不多的，在我看来，在性质上真有些胡乱来的怪癖。在我新近听到的一次无线电访问中，我得到了答案。在访问中，一位名演员在表扬一位和他一道工作并且非常受推崇的青年女演员。他寻找了一个词儿来形容她，他用了一个“容易受攻击”（Vulnerable）——也就是说，她对世界各地的各种事物都公开（没有人是把每种事物都公开的）。辛德勒似乎也是“容易受攻击的”，我想我也如此。他的“容易受攻击”惹他烦恼，并且使他失掉了他的工作。除了某些保持力量的建筑外，他创作了某些不好看的建筑物。在这方面，辛德勒绝非孤独一人，还有其他一大批容易受攻击的建筑师——他们当中的许多人受到了史学家的“嘲弄”而被打入冷宫。

容易受攻击和不易受攻击并不存在好或是不好。某些建筑师也许在一点上是容易受攻击的，而后确立了他的地位。我愿意相信，路易斯·康设计的费城AFL-CIO医药中心是容易受攻击的作品；他的埃塞特图书馆(Exeter Library)是不容易受攻击的作品(请原谅我喜欢前者)；沃尔特·格罗皮乌斯是有思想的数得着的不易受攻击的建筑师，国际风格是不容易受攻击的神殿。

读着这本书，使我想起我第一次到日本的旅行。当时我正胸怀大志，要成为一名海湾地区的建筑师。我去过欧洲，并且被夏特里斯(Chartres)、帕提农(Parthenon)，阿尔罕布拉（Alhambra）和巴托哈（Batalha）等等建筑的风采所激动，但并没有五体投地。它们是用美丽的异国要素来构成的。而今在日本，人民用板子——正好我也用板子，尽管日本人的板子似乎性质更好——做出来的东西，比我一向所梦想的更为动人。我正为此而倾倒。

鲁道夫·辛德勒做着我所试做的事情，而且要让某一些做得更加绝妙。这从来不是真正的成功，但始终保持着影响。那就是使我受感动的东西。

在另一方面，詹姆士·F·奥格曼(James F O'Gorman) 从最近的一次理查森作品展览会上所选的图纸目录，我认为是显示建筑的现代实践的文件。它从一开始就博得了人们的注意，因为某些图纸画得非常简单，有余味，漂亮(图78)。由于它接连不断地显示了其实力而吸引了人们的注意力。

知道所有的情况之后是会更令人赞叹的，所有的非常重要的作品仅仅是他在8年期间在布鲁克兰的工作室里完成的。理查森常在病中，显然他十分担心留给自己的时间已经不多了。和他相类似的就是感人至深的米开朗琪罗，他在71岁时才迈进建筑生涯的大门，也是同样预感

图78 H.H.理查森为某住宅所画的草图

到自己的时间已经不多了。他们二人所画的图纸都是简朴而有力的，而把各方面的精力精打细算，大量地耗费在建筑本身上。比方说保罗·鲁道夫（Paul Rudolph），他拥有无限的干劲，着手得早，可望有一个漫长的生涯，有条件把精力花费在令人目接不暇的复杂图纸上。

这本书所讲的精力的保存，是说的必须从个人着手（我认为）。令人惊讶的是，理查森在病床上所做的成套的草图是多么小巧，竟然有力量激发他的建筑设计协作者从设计任务图纸中接受理查森的“经常的评图”与“决定性的远见”，产生了“厚重而简朴”的建筑，为整个时代提供了“形”的思路。工具本身也提供了一个线索：图是铅笔画出来的，用粗钢笔线加以肯定。这一真正的技术与理查森的老一辈过于考究的雕叶饰轮廓截然不同。

可是坦白地说，即使他在图纸上表观出尽量节约的能力，明确地把精力集中在厚重和简洁上，我还是搞不明白他怎么能够做到这一切的。这些建筑为数相当可观，从波士顿到芝加哥以至更远的地方，他得旅行（坐火车），到处奋战，而且着了迷（甚至他的同辈也大为吃惊）。这是一个病人，是在八个引人注目的春秋里，甚至是在苛刻的设计条件下所完成的，这简直令人难以置信。

40年前，观察理查森为什么占据如此重要地位而又如此历久不衰的希契柯克（Hitchcock），曾称他为摩登。40年以后，这一点对我似乎更有帮助。我想他应该是一位典型的全部时间都用来干活的建筑专家，是复杂队伍里的一位不可争议的领袖。这个队伍所完成的任务（具有永恒力量的建筑），其成果有一种完美的经济性，以及有一种如何使建筑更有效率的能力。这当然是受雄心壮志所驱使，但是也得有对事物有明察秋毫的眼力。

结束语

建筑以曲折迂回的方式朝着它的目标前进。这个目标是，要富于敏感地对人类心理的感觉空间造就一个场所，一个多量度的创作。这一过程，是从对有限物质和量度的有限数量的材料开始进行精心组合的，但有用的产品并不是这种组合本身。而是从其余空间里造出来的一段空间，并赋予它长度、宽度、高度、时间和场所等量度，进而暗示出我们的感觉、梦想、眼光和记忆。

建筑也是从对物质的东西进行的简单组合开始的，这些物质的东西组合在一起，就可以使神奇的量度具体化。就像作一首诗，用一种有规律有韵律的方式，把简单的词联系在一起，并押上韵脚，然后就能用这种组合去做出更伟大的事情来。要记住，诗歌多种多样——有十四行诗、抒情诗、哀歌、轮唱诗、五行打油诗（甚至还有英雄诗）。所以建筑也是以许多种声音同我们对话的——有柔和的和吵闹的，冷静的和圆滑的、强调的和谦逊的。特别值得称颂的是朴实无华的声音，因为它不久就会遍及全球。

（原文分四次分别载于《建筑师》第 14～17 期）

现代主义运动之后

[美]罗伯特·A·M·斯特恩　著
陶吉开　译　高履泰　校

现代主义建筑今天处于混乱之中。以保罗·鲁道夫、贝聿铭、凯文·罗等为首的现代主义建筑师，继续使用着国际式建筑风格的语言，创造出重要的新作品，而新一代建筑师们对于作为现代主义建筑基础的形式和理论却有组织地提出了疑问，并且再三予以抵制。他们运用建筑的《后现代主义建筑的语言（Language of Post Modern Architecture）》。这些著作不谋而合地认为，在20世纪西方建筑中曾起支配作用的哲学、形式体系——现代主义运动及其国际建筑风格（作为现代主义建筑形式而广泛流传），不过是反映着一个侧面，实际上其势力正在陆续衰弱。

詹克斯最早抓住这一动向，首先建立了成为后现代主义运动立足点的理论。不过，他说的"后现代主义"仅起否定作用，而且指基础哲学，正试图创造所谓"后现代主义"的新形式的语言。

后现代主义运动溯源于20世纪50年代，而到最近才引起批评家、社会公众的极大关注。近年来，陆续出版的书籍，有布莱特·布劳林的《现代建筑的破产（The Failure of Modern Architecture）》(1975年出版)、彼得·布莱克的《形式跟随着惨败（Form Follows-

Fiasco)》(1977年出版)、C·列依·史密斯的《超风格主义；后现代主义建筑的观念(Supermannerism; New Attitude in Post Modern Architecture)》，而具有冲击性和重要性的还是查尔斯·詹克斯。去年春天詹克斯在耶鲁大学讲学时，作为倡导新运动的建筑师阐述过见解的查尔斯· 穆尔也说：“为什么我是在什么以后的呢？而不是在什么以前的呢？”

将“后现代主义建筑运动”略称为“后现代主义”是在最近开始的，然而这是得当的。所谓后现代主义表示现代主义建筑的一个新的侧面，并非抛弃现代主义建筑。建筑要重返更加“正常的”途径，究其根本，在于探求一条比现代主义运动先驱者们所倡导的途径更有涵蓄力的途径。穆尔评论现代主义建筑称为“建筑纯净主义革命”。后现代主义为了前进就要回顾既往。不是抛弃现代主义建筑，是将现代主义先驱者们舍弃的理论、形式的端绪加以回顾。而且特别对于建筑历史和新旧建筑物之间在视觉上能观察出来的关系予以关注。后现代主义反对仅仅凭借功能主义和技术至上主义而创造的建筑理论。今天，后现代主义应该认真创作的时机已经来临。著名美国建筑师、具有专家与群众两方面观点、且与现代主义建筑运动齐驱的菲利普·约翰逊，不仅说过“现代主义运动早被石油给扼杀了”，还将新潘佐尔(Neo Pennzol)的立面设计成第五号街的公寓。这幢建筑的立面曾被第一流的建筑评论家A·L·赫克斯塔布尔评为“后现代主义建筑”。这是由边饰和复檐屋顶式山墙、芝加哥式凸窗的粗犷折衷形式构成的，对于十年前的约翰逊来说，简直不可想像。如今，后现代主义的立场不仅在建筑师中间风行，甚至成了社会上神乎其神的东西。这不是把建筑与意识形态互相联系起来，而是作为随着“时代”交流的会话使它重返回来的。

简单回顾现代主义建筑运动的历史，后现代主义者们对所批评的问题检讨矫正，可以说是重要的。新的一代后现代主义者必须能看到与创立现代主义建筑运动、国际建筑风格的三代人的联系。第一代是创造所谓“英雄时代”的形式的人们，以勒·柯布西耶、密斯·凡·德·罗为首，信仰“建筑对于文化是首要力量”，进而甚至相信建筑能够拯救世界。第二代是“典雅主义者”，是将国际建筑风格的正统形式进一步凝练并再次定义的人们，有约翰逊、埃罗·萨里宁、鲁道夫等美国建筑师们。他们努力于填埋所继承的形式、语言及理论与他们的激荡时代之间的鸿沟。在这动荡的年代里——世界大战、史无前列的建筑营利化以及世界性城市危机的时代里，所有这一切都是对建筑的挑战，导向乌托邦的建筑理念薄弱了，现代主义运动创始者们一度设想过、期待过的建筑形象在暗淡，以人类命运为己任的建筑师的作用也在削弱。

詹克斯说过:“建造城市的一伙人以大尺度纳入国际建筑风格，使它堕落为统治阶级和官僚制度的格式（至少大尺度的办公楼和公共建筑是这样)，而与使用这种风格的先驱者们的朴实不相适合。”约翰逊则作为第二代建筑师从其内侧批判了现代主义运动:“现代主义运动的先驱者们过早地估计了胜利，结果只是建设了不足称道的塔架。而且作为兜售建筑拯救世界的思想（我们曾相信过）的方法，把眼光倾向了‘经济’。”

理查德·迈耶、彼得·埃森曼、西萨·佩里等新现代主义者即第三代建筑师们，反对后现代主义者附带条件的兼收并蓄，他们由于第二代建筑师削弱了现代主义运动的基本哲学及形式上的价值而显露头角。他们创造了新的净化过程，通过形式上的回顾——并不是回到20世纪20年代至30年代初期欧洲现代主义所驱动的哲学理想主义——试图使现代主义运动再生。勒·柯布西耶的器械形体的立体主义，在第二次世界大战后，他本人认为过于抽象曾抛弃掉，但由迈耶予以再生。密斯的表现主义的玻璃建筑设计，根本改变了他在美国最初创建高层大楼时的风格，而这最终竟由佩里实现了。翰涅斯·梅耶、朱泽培·特拉尼的严谨而高超的方案对埃森曼的独立的建筑形式——这种独立的建筑不仅摆脱了现代主义建筑的技术、功能决定论，而且摆脱了文化和历史的束缚——发生了影响。第二代建筑师在完成美国及其他发展中国家建造新建筑的重要使命的同时，以新现代主义和后现代主义的相剋而分道扬镳。这种相剋也可称做白色与灰色之争，这在建筑专业杂志、大学、纽约有名的建筑——城市研究所中都可以看出。这可以说是风格之间的争论，但与20世纪30年代美国在严重经济危机时期产生的争论不同——那时，现代主义运动的主要倡导者们竭力使其主张比起支配作用的"传统"设计手法更被社会所公认；时至70年代，对于30年代至40年代的大部分建筑师来说，其真正的繁荣显然不复存在了。然而，这里带有讽刺意义的是，后现代主义者认为50年前建成华丽的新世界的现代主义是拘泥的、窒息的、方向错误的东西。新现代主义者曾一度统统排除文艺复兴式和怀乡主义，首先要复活甚至拒绝过"形式"的现代主义创始者们的形式（勒·柯布西耶就曾说"形式是虚构的"。）至于后现代主义者则回顾过去，认识到设计上怀乡主义的正当作用。那不是以狭义理解的复古来播弄极近期的既往，所谓兼收并蓄，是认识到现代主义建筑及其以往的建筑的"传统精神"，立足于两者的形式和"战略"。后现代主义是现代主义形式之一，却不是现代主义形式本身。这乃是认识到在"现代主义"这一历史瞬间所产生的各种风格的暂时性、多样性，排除了现代主义及国际建筑风格中过于占据中心的"表现的不变性"，接受多样化，爱好比单纯体形更加纷争的形式，力图兼收多种多样，以提高表现力。他们认为有意识地设置重点，避免单一式样，使各种既在风格并存，各自具有意义，而不具有普遍涵义。至于国际建筑风格，对于某些建筑物来说是很适宜的形式，如办公楼、工厂、医院以及对抽象艺术抱有兴趣的富豪邸宅等。然而它却不是像其创始者们所主张的那样万能形式，对于剧场、音乐厅来说，国际建筑风格无论在技术上还是在环境气氛上完全未获成功，这一点由1945年以来的建筑显然可以佐证。今天，后现代主义建筑一拥而起，不能只是依靠分析建筑程序或体系进行建筑设计而置造型、风格的问题于不顾了。结果，后现代主义建筑师们应该像学者一样，正如詹克斯所说："应该是掌握若干种风格及其交流的规律，使其有所变化，并适合特定文化进行设计的建筑师。"因此后现代主义建筑师确是折中主义的，在形式和内容的关系上要进行反复斟酌广泛对比，在历史及文化的脉络与产生造型的行为之间的联系上要有敏锐的感觉。

20世纪50年代中期就能够看出后现代主义的趋向。编写修正论点的历史，扩大现代主义建筑的定义，不论是技术上革新的建筑还是优秀的现代主义运动的先驱建筑，统统把优秀的建筑囊括在现代主义建筑之内。勒·柯布西耶180° 的转弯，洋溢着雕塑精神而别具建筑喻意的朗香教堂，第二代才能出众的埃罗·沙里宁的表现明确的作品，曾被称为"实用风格"的设计哲学，显示出建筑的象征功能并超脱现代主义建筑反形式主义的偏见，都可看做是后现代主义建筑趋向的开端。而最早对现代主义建筑法则的攻击则来自罗伯特·文丘里的《建筑的复杂性与矛盾性》（1966年出版）。这是他与夫人丹尼斯·斯考特·布朗以及斯蒂普·艾译努尔共著的，出版以来，成为本世纪最有影响的建筑论著之一。进而文丘里在其第二部书《向拉斯维加斯（Las Vegas）学习》中（1974年出版）进一步发展了他的理论。对20世纪50、60年代正统的现代主义加以攻击的，除了文丘里之外，还有查尔斯·穆尔，发表了《建筑量度论》（1976年出版）。这是一部扼要汇集20世纪60年代中期重要事件的书籍。处于最盛时期的美国第二代现代主义，根据密斯的“少就是多”的神秘学说，对简素主义怀有确信。与此抗衡，文丘里表明“少就是厌烦”(Less is more)，并将正统的现代主义建筑称为“排他主义”，从而加以置疑。文丘里等人以这种认识为核心，认为排他主义就是建筑设计除了程序划分过程和技术上的效用而外，不再有其他责任。这样就将建筑贬为个人的，成了仅在业主、建筑师、技术人员个人之间的交谈，废止了以新颖手法采用为人们广泛理解和熟悉的式样，及发出新的声明作为公开的谈论来创作建筑。由于陷入了抽象和超群主义，正统的现代主义渐渐倾颓于表现不明确，放弃了传统的象征表现，退却到仅仅是单纯问题的解决和技术上的熟练，这样社会科学家与土木工程师就能在建筑上有效合作，瓦解建筑师的基础，使之堕入分崩离析的境地。

正如文丘里、詹克斯所表明的，史无前例的疏离文化和对形式的自我陶醉导致了现代主义运动走向破灭。针对排他主义，文丘里命名为“兼容主义”。居于后现代主义核心的这种立场，受阻于文丘里描写的现代生活的“复杂性与矛盾性”，因而要对建筑重新定义，进行矫正。文丘里又一次与密斯的简素理论对抗，说：“多不是少”。兼容主义注目于日常生活和普及的文化现实，排除疏离的“英雄主义”立场。而现代主义运动的倡导者们曾十分谦恭地以灵活性的立场做了自我假定，而且认为如果站稳这个立场，建筑师就能够实现不仅来自其他建筑师甚至来自整个社会的支持的价值。兼容主义的设计是试图对各个问题分别接触，汲取个性，因而拒绝规范式的解答。后现代主义在风格交流的要素上返回到“象征主义”，拒绝现代主义运动的国际建筑风格的抽象。从“抽象”到“象征”的转变是非常重要的。而富有讽刺意味的是，在可谓“抽象主义”殿堂的纽约现代美术馆里，由阿瑟·德莱斯勒于1975年筹划的潘佐尔派（Eeole de Pennzol）学生作品展览，将这个转变进一步强调了。当时，展览在建筑师、批评家的怀疑和困惑之下开幕，说来这是一次建筑展览，但一向不甚售券的美术馆，这时竟被一般观众纷纷拥入，甚至对德莱斯勒持否定态度的人们也对他的意图强烈的见解做了评价。美术馆建筑部门的创设者说起来还是德莱斯勒的前辈约翰逊。他对于德莱斯勒在这个展览上发表的“现代主义运动业已无路”的见解，评论为这是一个冲击。德莱斯勒的下一次展览拟在1978年春天，题目称做“现代主义建筑的变质”，重点在于对现代主义建筑的再研讨，补充了潘佐尔派展览的历史性论点。想到这座美术馆自1932年在美国介绍现代主义运动、国际建筑风格以来，长期持续拥护它们，这次展览无疑是对后现代主义值得纪念的事件。后现代主义经历20年至今，很显然是汲取多种形式的典范而肇始的。这样一来，就否认了1932年H·R·希契柯克、约翰逊所发表的局限于国际建筑风格“此优彼劣”的狭隘视野的后现代主义。今天，如果勉强将后现代主义建筑分类，似乎有三种。然而，这决不是说能够以其中的哪一种形式强加于哪一位建筑师的。

三种形式从原则上来说是：文脉主义（Contextualism）、隐喻主义（Allusionism）、装饰主义（Ornamentalism）。

文脉主义·个体建筑是群体的一部分

后现代主义的建筑师们与纯净的体形相比更加喜爱不完全而却和谐的几何形象，而且追求新建筑亲暱于环境——不管自然环境还是人工环境。另外，他们还竭力使其建筑能成为建筑史的注释，试图以此随着时光的流逝扩大与建筑同业们的“谈话”。文脉主义的重要作品有文丘里和洛奇的“基尔特公寓”（建于1960—1965年）。它是中等规模的公寓，由于把常见的要素以从未着想的手法运用起来，得到物质和历史文脉之间的双重解释，从物理上表现出这种情况下的文脉、建筑程序的特征、构图上的思索之间的不稳定的关系。“基尔特公寓”中文脉主义手法的设计是按照大众艺术和高级艺术两者的水平进行的。构图上的布局则是根据圣彼得大教堂寺院后部由米开朗基罗处理的窗的手法组合在20世纪20年代常见的公寓的设计图上。采用普通红砖，显然与邻近的劣质公共住宅有关，它们混为一体，使新建筑立即显出经历长期的样子，看去是常见的极严谨的建筑。

隐喻主义·作为历史、文化反映的建筑

所谓隐喻是后现代主义建筑师在视觉上构成文脉的一种手段，这是成为新的感觉中心的产物。在这里采用了以现代主义建筑汲取“繁琐”建筑的折中主义，但不能以此与形式、趣味的单纯折中主义混同（这种单纯的折中主义仅仅是未经消化的想像，没有进行敏锐的分析，是一种常用的手法）。19世纪的折中主义屡有唤起特定的建筑师的风格或作品的情况——有时也有有见解的东西，但那只不过达到不单单为了很好观览的程度。为了成为隐喻——詹克斯称为带有根本性的折中主义，建筑就有必要通过隐喻及直接参照（引用）来传达思想。

詹克斯说：“各个部分、各种式样及辅助系统（在以前的文脉中曾存在过），都用于新的创造的综合之中。”各个部分从其意义来讲具有正确性而存在着——总之，关于各部分的引用、作为隐喻使用的程序、文脉、业主个人的文化要求或者社会的文化要求都要具有意义。后现代主义者们考察了历史先例，而且相当频繁地显示出与其的不同立场。他们基于这样的信念：这种对历史建筑的确凿的参考丰富了新的作品，使新作品易于被人熟悉、亲近，尤其对使用者说来，更能成为意义深远的建筑。穆

尔和理查德·欧利沃如此写道：“现代主义建筑的纯净化路程似乎已经完结，建筑史学家乃至其他建筑师越来越多地谈到带有根本性的折中主义，作为将来使用者能够接受（更确切地说，能够居住）的建筑创作，正在严肃认真地探求典型。那时，倾向于单纯的爱好就未必是反常的了，毋宁说是悟出我们自己的道路才那样的。而怀旧主义很可能与现代主义建筑中过于冷漠（甚至悲惨）而消失的那种‘传统’有着同样的结局。”至今，“引用”还试验性地在采用着。如奥林达的“查尔斯·穆尔住宅”中的塔司干式木柱、文丘里和洛奇的作品——奥别林· 卡列基的“阿伦美术馆扩建部分”一角的巨大尺度的新爱奥尼克式木柱等，有时是使人稍难索解的。穆尔在圣·莫尼卡的“里·帕恩兹住宅”的庭院，铺墁墨西哥式雕砖，文丘里和洛奇在南塔凯特的“托尔别克别墅”——朴素新颖的渔夫茅屋式建筑中采用了帕拉第奥式窗的手法，作为别墅提高了风格。

理解这些东西，不需要深奥的知识。进而，采用蕴含传统式样的折中主义手法，广泛地实施于“战略”性布局，是可能的。在“朗氏住宅”中正面外观明快的黄色油漆和木质边饰混为一体，房主对南部德意志巴洛克建筑的爱好和建筑师对位于马斯特的帕拉第奥住居的爱好，清晰可察（边饰实际是根据伊顿卡列基的外观）。如果不涂油漆或没有边饰，外观全然平板，势必陷入所谓典型的凡庸。穆尔于新奥尔良的“意大利广场”，胜于意大利史书所见，简直是美国好莱坞电影镜头。即使今日，仍有音乐感很强的小步舞姿的安·米拉和80名少年合唱队乐曲中轻歌曼舞的感觉。文丘里和洛奇的“普朗特住宅”的两幢房屋，同时设计同时施工，但各部位相应采取迥然不同的风格，显而易见是在抵制曾是现代主义运动理念的“普遍性解决”及其式样。两幢房屋都以直接引用的手法，组合成有特殊气氛的环境，一处在帕缪达，做成帕缪达小别墅的式样，另一处在科罗拉多，做成科罗拉多式滑雪小屋，其感觉有如维也纳分离派1910年作品的风度。

装饰主义·作为建筑涵义的介质的墙壁

由于现代主义运动过于热衷将建筑作为“空间”的认识，而将设计垂直面（墙壁）装饰的技术委任于室内装饰师。其当然的结果，室内设计的地位由室内装饰师谋得。其实，装饰墙壁，按照起码的估计也应以建筑要素适应人的尺度来明确表现，这是精心的建筑创作不可欠缺的。在格雷夫斯作品中椅子的扶手、横木、真假门、窗等，组成整体给出的第一印象是，把一定的人作为衬托，即把人类形态素论（Anthorom or phism）与立体派的抽象意外结合。文丘里在宾夕法尼亚州安布拉一个中等规模的楼房最早以装饰搞了很大的公共性的尺度。穆尔等人在“希兰契·康德纽姆”显示的“动视处理”（Supergraphic）（高速公路旁的超大型广告牌，宜于移动视线观看——译注），已经成为标准的东西，并且商品化了。它作为令人遗憾地采用缺乏表现力的现代建筑内部装饰的回答，今天已经司空见惯。穆尔在纽黑文的住宅中采用了叠合板，以各种尺度做装饰，创设了放置个人物品的场所。所谓个人物品，像先辈的照片，私人收藏的古董，来自友人的未必精致、却是纪念意义很深的结婚礼品等，总之都是持简素主义的现代主义者老早就扔进顶棚仓库里的物品。文丘里和洛奇设计的康乃狄格州格林威治的“普兰特住宅”，是显示了正视装饰的后现代主义立场的典范。其巧妙的砌砖纹样使正面外观富有神韵。另外，砖之有“气派”，简直提高了住宅的身价。雨淋板处将后部削弱，使之与“新英格兰地方住宅”联系在一起。房屋涂刷的绿色，非但无损于人工物之完美，而且使之与风景自然融合。从业主是收藏早期美国人家具、美术装饰家具，汇集流行艺术品以装饰室内者这个角度来看，其混合而成的建筑语言是非常贴切的。

我确信现代主义运动已经结束了它的路程，并以这个立场进行了写作。所谓设计也是文化上的一个同化手段。它包含各种问题的解决，但在功能方面、在技术方面基本上已有了各式各样的解答。在此现代主义运动终焉之际，我们的当务之急是，向束缚着我们的“形式典范”提出疑问。这疑问的提出不仅要靠建筑师们的专业才能的迸发，也要求历史方面的知识、以及对本身所处时代的建筑艺术的关注，而且也不能不重视业主的愿望和智能而进行创作。一幢幢建筑如何从其他建筑作品脱颖而出，那往往必须弄清楚形成文化方面、物理方面文脉的道理。更重要的是，在与其相关联的问题上，建筑师不仅要在言辞上承认，而且在行动上也要付诸实现。——总之，建筑师创作的形式的组合，在于屡屡论及的“设计”。作为文化的一个组成部分，我们以建筑师的身份具有知识，面对这些知识，环视周围的世界，实事求是地汲取，不断地适应我们的需要，使对象和目的符合于世界，同时，对应世界的要求，也需要我们去符合。我本人对形式的态度是，爱好历史、着重知识，对琐细的模写不感兴趣。这是折衷的，将“美术拼贴式”与“并置式”作为技巧应用，在司空见惯的体形中赋以新的涵义来开拓新的领域。我确信，记忆力（历史）与人们的行动（功能）相结合，将能繁荣设计，增加设计的意义。如果希望建筑创造性地参予现实并取得成功，那么必须越过现代主义运动的偶像破坏主义，恢复建筑作为文化基础之一的地位，将既往以尽可能大的限度作出解释并竭力挽回。

（译自[日]《新建筑》1977年12月号临时增刊《现代世界建筑潮流》，原文载于《建筑师》第15期）

建筑的新“主义”——后现代古典主义

[英]查尔斯·詹克斯　著

程友玲　译

自从象征“现代主义”的混凝土和玻璃失去了人们的喜爱以来，建筑师们开始探索新的造型风格。一些人重新回到“传统派”(Trad)。另一些人则变成“晚期现代派”(Late-Modern)或“高技派”(High-Tech)，他们极力主张表现新技术并走向极端。“后现代主义”(Post Modernists)是属于第三派，主张用最新的技术与装饰相结合。但是问题在于采用什么样的装饰?于是突然重新出现了山形墙、古典式的柱子和拱券。美国建筑师菲利普·约翰逊(Philip·Johnson)在1978年设计的纽约电报电话公司大厦(图1)，以及英国建筑师詹姆斯·斯特林(James·Stirling)设计的戴德绘画陈列馆(Tate Gallery)的延伸部(图2)就是两个显著的例子。1980年在威尼斯两年一度的展览会上所出现的新的造型风格

图1　菲利普·约翰逊拿着他设计的有山形墙的纽约电报电话公司大厦。它的剪影就像19世纪的带有凹口形的高脚抽屉柜

图2　詹姆斯·斯特林设计的戴德绘画陈列馆的延伸部分。这是新古典主义的缩影。

和例子，甚至已经开始在英国郊区出现。

大约一个月或一个多月时间，便产生一个奇特的现代化仪式。一座15层高层公寓被建造者炸毁。这栋楼建成13年时即已出现很多裂缝和疙瘩。仅仅有一些人对此行动表示伤心，因为那些人仍然必须付清购房的押金。最近，在伦敦东区的两座楼房被炸毁时，很多人拥去观看，显露出极度的高兴。这是公众对大楼的处决。一位地方人士建议新汉姆委员会可能需要付出炸毁费约400000英镑。报导说一位旧居民阿立斯·奥登瓦尔德（Alice Odenwalder）非常高兴地挥舞着旗帜并说“两栋推倒了还有一百零七栋”。成千上万人民的高兴表明：目前几乎每一个人都厌恶现代派住宅。如果再想在建筑业保持这一秘密那是最愚蠢的事了。

早在70年代初期，几栋现代化高层公寓在美国密苏里州圣路易斯城（Saint Louis）被有关当局炸毁而且在电视上被播放出来，这个秘密便开始泄漏。从那以后，一些书籍对这些大楼的炸毁作了一些科学分析和评论。奥斯卡·纽曼（Oscar Newman）的《可防卫的空间》（Defensible Space）一书出版在1972年，指出了现代派的高层建筑与野蛮行为和犯罪之间的联系。1976年美国建筑理论家彼得·布莱克（Peter Blake）在他的著作《形式跟着失败走》中提出应把旧的现代主义的口号“形式服从功能”转为它所导致的残酷的现实——形式跟着失败走。1977年布莱特·布劳林（Brent Brolin）发表了他的著作《现代建筑的破产》。他直言不讳地指出了这一秘密。同年，在我的著作《后现代建筑的语言》中，我企图采用一个替换。设想用新的使人讨厌的“主义”来代替完全没落的旧思想体系。我很高兴的是：这个新的“主义”发展迅速。在许多国家已开始彻底改变，较突出的是在美国和日本；而在苏联和一些社会主义国家，以及在法国、意大利、英国等则才刚刚开始转变。这种新的造型风格的形成和建筑学的理论上的促进和发展，在本世纪中是第二次。

1980年夏天在威尼斯两年一度展览中，汇集了很多例子。来自不同国家的20位建筑师被邀请设计建筑立面，要求必须反映他们的建筑设计思想，并把每一个设计方案做成模型布置到威尼斯·阿逊纳，一个旧工厂的大厅中部展出。大多数建筑师采用古典式的建筑构件——立柱、拱券以及花边装饰等作为构图手段。所有这些装饰构件在现代建筑的“彻底清除阶段”已经早被遗弃了。然而这个古典主义不是纯粹的、完整的，或者极为相似于18世纪新古典主义复兴时期那种形式。在这个两年一度的展览会上展出的是一种混杂的风格——古典主义和现代派的典型杂种。这种折中主义的混合物是人们所期望的：即宁愿前进中的改革而不要革命；宁愿对原有工艺的变更，而不是全部摒弃。

事实上，通过所举的这些实例，可见现代建筑的影响是不可能完全避开的。当增加一些新的成分如色彩和装饰时，还保留了现代建筑的一些处理手法。在20世纪20年代，现代建筑大师格罗皮乌斯（Walter Gropius）和密斯·凡·德·罗（Mies Van der Rohe）在建筑创作上所具有的突出风格是纯洁、明亮。勒·柯布西耶喜欢穿白色和黑色的衣服，故他喜欢设计白色的建筑用黑色整齐的横窗作陪衬。同时，他们赞扬自己的纯洁的美学观点是比巴黎美术学院古典主义的装饰和色彩更真实、合理和大众化。他又说这样的学校蒙蔽青年人的思想，教育他们虚假和谄媚。

多么腐败的古典主义！多么颓废！

很显然，现代建筑是革新的新教徒以横扫古典主义高级教会的一切过失为目的。

但是，从那时以来信仰已经有了改变。现在，反对革新派以及反对革新的后现代古典主义派，谴责他们前辈的堕落、贪婪和毁灭城市。他们指出现代派的设计对很多城市组织的破坏多于空袭轰炸的破坏。

多么腐败的现代主义！多么颓废！

然而在这场建筑学的宗教战争中没有一个人被俘虏。很多建筑师愿意采用嘲笑和感性的方法去修改现代主义。如晚期现代主义者，通过夸张高度工业技术和它的形象表现力，来反映旧的现代主义的理论。最能代表这一思潮的例子是巴黎蓬皮杜艺术与文化中心，设计人为意大利建筑师皮亚诺（Renzo Piano）和他的合作者，还有正在香港建造的汇丰银行，设计人诺曼·福斯特（Norman Foster）。这两位“晚期”风格大师的任何建筑设计，都用颜色来夸张建筑的立面和机械设备，给传统建筑带来幽默和愉快。而过去的设计太严肃了。然而，这就像经济学家以凯恩斯的理论和大萧条为根据一样，他们的概念和20世纪20年代的理论没有什么根本不同，并且他们还将继续繁盛20年。毕竟，晚期哥特式建筑延续了100年，晚期文艺复兴建筑延续了50年，晚期现代派则仅仅20年左右。1980年在威尼斯双年展上，反映出与现代风格的鲜明对比。这次展览会总共展出了75名建筑师的作品（包括20名建筑师被邀请来进行整体立面设计），其中大约1/10的建筑师是从事于晚期现代建筑的，另外1/10是倾向于传统的或纯粹的古典主义，其他80%是倾向后现代古典主义的。

一个典型的后现代古典主义派的立面设计者是维也纳的汉斯·霍莱因（Viennese Hans Hollein），他利用现有的绳索制造厂的一系列立柱作为正面的一部分，然后设计成四种不同的立柱：一棵树做成像圆桶形状的表示古典柱式，并用它的分枝代替花式柱头；另一立柱则表示摩天大楼；一个大理石柱身切成一半的柱子形成了展览会的入口；最后一个是剪修雅致的树柱，它和第一个柱子一样再一次对原始古典柱式给以评价（图3）。

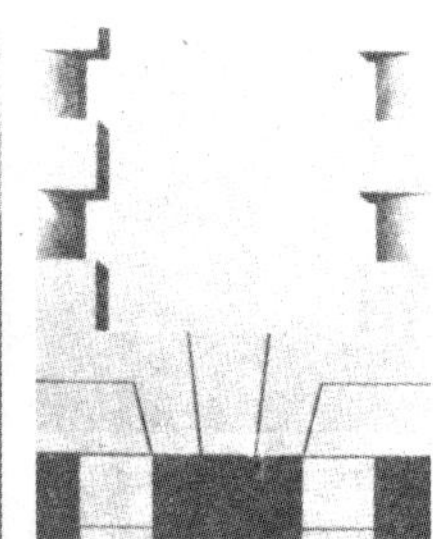

图 3 后现代古典主义的作品在 1980 年威尼斯双年展上。这个展览会邀请了 20 名建筑师设计一个 9m 高的立面，要明确地表现他们各自的思想。这些设计被用银幕化的风格制成大模型并布置在一个旧的绳索制造厂内。几乎所有的建筑师都不约而同的采用了古典式的建筑构件来组合立面，虽没有要求他们这样做。这种如此一致的反映，是不可思议的，尤其是在几年以前。这个以欣赏纯正的形式的精彩展览会，直到现在还很得公众喜爱。展出在威尼斯吸引了许多观众；自那以后就转到巴黎展出，这是对晚期现代主义的大教堂——蓬皮杜中心的一个讽刺；然后将横跨大西洋，到旧金山展出。

大多数双年展的参加者都给予“过去的面貌”以幽默感，其他一些则仅趋向于模仿。然而正如其他任何一次建筑运动一样，他们都包含有严肃的和幽默的一面。同时，在这次展览会上，我们也看到了伦敦住宅设计方案在这方面的变化。

杰里米 · 狄克逊（Jeremy Dixon）设计的 44 幢住宅和公寓已建成在北肯辛顿 · 圣 · 马克斯路上（North Kensington，St Marks Road）。在这个地区，许多现有的房子是带有传统风格的折中主义的混合物。为了代替一般的平屋顶混凝土板的设计，他采取了具有浓厚居住气息的坡屋顶形式和重点突出入口部分的设计手法（图4）。乍一看，它和周围的爱德华年代的联排式住宅很调和。但仔细比较就有很多不同。他是很有创造性地并且经过提炼地对传统建筑设计的构图进行革新。在一个大坡屋顶独户住宅的外形内实际上包含有三户，两户从前面的台阶向上，一户在底层。狄克逊保持了大户住宅外貌的设计手法，是为了和周围房屋取得协调。当然这样的外貌也符合大多数人对住宅的设想。后现代建筑的一个中心概念是建筑必须大部分能被群众所了解，这也就意味着要使用大家所熟悉的构图手段。

图 4 杰里米 · 狄克逊设计的后现代式的住宅已建于伦敦北肯辛顿。它被称赞是一种明显的变化——具有伦敦风土口味。

有趣的是可以看到狄克逊采用了多种形式类似坡屋顶的三角形来丰富住宅的立面设计。在一些窗上用砖砌成台阶式形成一个三角形坡；在前大门上有大坡度的石板瓦坡顶；在三户住家共有的坡屋顶上设计了白色小三角形，形成了踏步式坡顶，这也很像荷兰式的踏步式山墙。前面大门处还隐藏着垃圾桶，在它上面也用了白色角锥作装修。由于采用了坡屋顶形式来装饰立面和前大门，这就提供了一种早在现代化运动以前就有的力学上的稳定感。当然还有一个设想在起初被忽略了，但却无意识的有所反映。古典派建筑师经常利用立柱比喻人的身体。或者一个教堂的立面对应于站立着的人形。这种概念主要是来源于我们对建筑的比例认识。这样使人联想起像穿衣服一样，给无生命的建筑形式充以类似人的相貌一样的独特的个性。在狄克逊的前大门和坡屋顶中，我们能够朦胧地发觉这一独特个性的存在。对大量性住宅建筑以及大城市中的一块不可知的独石碑，狄克逊的这种设想是令人欣慰的，但是太小了。

后现代古典主义的这种丰富的设想力是有贡献的。但是他们仍然倾向于走现实和过去混合的道路。现有的城市结构，通常被新的计划所照顾。在建筑物之间的已经形成的原有城市空间，有些时候和传统的街道以及广场协调得很好。但是常常采用有拱廊的街道和无交通的区域来扩大这一城市结构。

在凡尔赛附近将要建造一批住宅，这是一个卓越的计划。完全要用新的方法来设计街道、广场和城市住宅。人们推测，这是用不同的尺度和材料来重新建设列柱式的豪华的凡尔赛。里卡多·波菲尔（Ricardo Bofill）和他的小组采用装配式混凝土、赭色砖瓦和彩色混凝土创造了“人民的宫殿”来代替勒·柯布西耶的“住人的机器”。立柱、半露立柱、断裂的山形墙、拱廊都通过移动起重机逐渐运输到人工湖的湖边上。

这个自由风格的古典主义使晚期现代建筑师们不满。因为这些建筑师要求他们的设计思想倾向于高技派。这两组人对待后现代古典主义的态度与20世纪20年代功能主义者对待现代建筑的态度是一样的。从所有这些态度我们可以看到一个共同点：禁锢已被新的现代化建造手段预制装配式建筑所突破。若要给予古典语言以新的生命，那就必须突破现代主义的禁锢——一种材料不能看上去像另一种材料，如混凝土像大理石，或者住宅像宫殿。但是在同时还需突破旧古典主义的禁锢——人们不应当用新技术和人造材料如钢筋混凝土和霓虹。

后现代古典主义曾经为了近期的成就而斗争。菲利普·约翰逊（Philip Johnson）设计的纽约电话电报公司大厦采用了“Chippendale”式的顶。迈克尔·格雷夫斯（Michael Graves，设计了俄勒冈（Oregon）州波特兰公共服务大楼（Portland Public Services Building，图5）。这两座建筑都正在施工中。正当他们受到期刊的祝贺时，却遭到职业新闻界的责备。詹姆斯·斯特林（James Stirling）也必须为他的杂种古典式的附加装饰品能够在伦敦戴德绘画陈列馆施工而继续战斗。总之，建筑师们都朝向一个目标在探索新的风格，在这过程中，不管这场宗教战争进行得如何，重新建立起来的作为大众艺术的建筑学，应该为每个人所理解并为每个人所喜爱。

（原文载于《建筑师》第15期。）

图5 迈克尔·格雷夫斯设计的俄勒冈州波特兰公共服务大楼。他是一位竭力反对柯布西耶的后现代古典主义者。

现代建筑已经“寿终正寝”了吗？

[美] 赫克丝苔布尔 著 王申祜 译

赫克丝苔布尔（Ada Louise Huxtable）是美国当代著名的建筑评论家。长期以来，她主持《纽约时报》建筑评论专栏的编辑工作，同时也是该专栏的主要撰稿人。《建筑实录》杂志（The Architectural Record）在发表此文时作了如下的按语：“作者断言，现代运动远不是垂死的；恰恰相反，它健康茁壮，生气勃勃。她进一步论证，现代运动也从来没有真正病倒过。充其量，它不过是成了一头为现代生活的更大失败承担责任的替罪羊而已。”这篇文章有助于我们概括地了解当前西方建筑界内部所存在的主要意见分歧。对于文内的某些政治观点，由于作者阶级地位的局限，不尽妥当，我们可以存而不论。

——译者

一

现代建筑已被宣布为“寿终正寝”了，而且一些较好的艺术杂志也都为它守了灵。这条讣告逐渐传开，终于传到了一部分大众化的报刊中去，它们总是竖起耳朵打听那些可资利用的文化动向。“现代主义下台了，后现代主义上场了”——这句话在旅行演说和巡回展览中被有计划地、不厌其烦地散布着。一些建筑院校，走出了混乱的20世纪60年代和观望的70年代——它们对于革命的号召照例是反应迟钝，姗姗来迟——正在培养后现代主义者而不是现代主义者，这意味着一套新的矫揉造作的东西正在被用来代替一套老的陈词滥调。我们中间一些顽固不化的观察家们，对于那些为赶时髦的上层知识界所欢迎的半真半假的欺人之谈，以及十分错误的前提等等，正在以混乱而迷惑的心情密切注视着。

我无意于说那些听起来好像是冷嘲热讽的话，因为我对于当前为人们所采取的种种倾向非常关心。其中正在进行的有些是合理的东西。如同往常一样，建筑以不可抗拒的方式为我们制造无法避免的种种生活环境，今天后现代主义就是这样正在开始为舞台搭设布景——以特殊的组织方式，缓慢地进行着——各种新风格的产生总是这样开始的。我发现有些倾向使我同那些把与现代主义的框框决裂视同一个新时代开始的标志的人们一样感到兴趣；但他们对那些造成一场革命的东西所表示的言过其实的评价，使我产生不同的看法。

我又看到另外一些倾向，使人感到失望，甚至觉得非常危险。原因是，像往常一样，国际上有那么一伙时髦风尚的带头人，他们似乎对某种特殊的东西胸有成竹，因而吸引了一些人蜂拥前往，以便参加他们的行列，这种情况把人们的理智和判断搞得混淆不清。对事物不采取分析态度，而是盲目信奉；如果毫不犹豫地拒绝这些新鲜玩意儿，那就有被打上“反动”标记的危险；不愿意也无能力来区分什么是建筑艺术中真正有价值的东西，什么仅仅是属于新奇的、一时诱人的东西——所有这一切都是我们时代的特征。在这种时代里，相当令人吃惊的是，人们以耸人听闻的轰动和投机取巧混日子。但尽管这样，我觉得我们也正在亲身目睹那些在任何时代都会出现的真正优秀的倾向，它们中要求变革的支持者把自己看成是带着信仰改革的旨令而来的启示使者。

二

显然，这是一个非常重要的历史发展阶段，其令人感兴趣的程度超过了建筑史上的一般情况。当前，现代主义的学说正在被认真地质疑着，各种新的途径和解决问题的方法正在探索之中。其实，在建筑理论和哲学方面正在发生的那些变化远远地比许多作品以及作为这些变化的信号的宣传材料来得重要。而这些信号就像唱片一样以大量含糊而做作的语言向人们反复地宣传。当接受新的东西就意味着反对旧的东西的时候——什么时候不是这样呢？——大量的判断错误就必然会产生。现代主义者们现在就正在遭受这种判断错误的折磨；就是那种以救世主自居的目光短浅与自我专注的精神，使得他们易于遭致攻击。而后现代主义者们也在面临着另一种性质的重重困难。

更为有益的、能从中得到启迪的做法是：对今天建筑中的混乱局面，如果可能的话，不妨从较为长远的角度进行观察；看看所谓"寿终正寝"也好，失败也好，究竟暗喻着什么；试图了解一下本世纪在建筑方面所取得的独特贡献，而不是对这些贡献进行无情的谴责。自然，艺术趣味犹似一个钟摆，而且每个艺术家都想充当在探索新事物方面的先锋人物。那些追随者们显然不愿意站在时髦风尚的外边而错过了行动的机会。对于这种现象，建筑史家就有一种在过去历史上早已见过的感觉。如果认为撰述本世纪的历史还为时过早，那么，仍然值得在单纯地为自身服务的一代人不能理解的情况下对发展前途作一番探索。

我认为，当前建筑艺术正处在不稳定的、而又引人注目的转变之中。现代主义的高潮已经过去了。大师们的时代——赖特、密斯、柯布西耶等等——也已经结束。我们正在明确地——或者我也可以说，不明确地——向另一种事物靠拢；事实上，我们已经这样做了好一阵时候了。但是，不管随之而来的是什么，其结果仍将产生现代主义的继承人，而不是像新作品所鼓吹的那样与现代主义的彻底决裂。这种新事物将以20世纪的革命，就是我们称之为现代建筑的，为其基本核心。如果没有那些史无前例的技术上的和美学上的创新，要想前进一步是完全不可能的。任何想与前人的业绩脱离关系都摆脱不了这一艺术的和历史的事实。即使大量误用和滥用了前人的经验也不能改变这一事实。现代建筑已经大大地成为我们和我们这世界的一部分，用既简单而又深刻的理由说，想用命令叫它完蛋是办不到的。有人认为现代建筑可凭意志的行动来把它驱逐，或者把它扔进历史的垃圾堆里去，这足以说明他的目光短浅和狂妄自大而已。要想否定和废除我们时代的风格是完全不可能的。

然而，关键问题不是真正的“寿终正寝”，而是失败。我们正在听人家说，现代建筑失败了——无论在理论上还是在实践上，都可以这样说。现代主义学说中的不充分、不完美的方面，今天出乎意料地显得非常突出。我的意思不是仅仅指那些大煞风景的设计拙劣的建筑物——这类建筑物总是无所不在的。而是指一种舆论，它说现代建筑是某种高傲自负、已经失败了的幻像，无论从思想上还是功能上都能找到论据。某些人拿出无可争辩的事实说：不管怎样，多数人从来就不喜欢它。

我不禁想问：当初布洛米尼（Borromini）的那些精致复杂的设计是否能使街头市民像王子、主教一样发生兴趣？或者问：在米开朗琪罗的时代，一般人对劳伦丁图书馆设计中一些光彩夺目、超出常规的复杂东西可能会引起什么反应？伯尼尼（Bernini）相信他设计的建筑物有一种天赐的灵感，但我看他未必关心把这种启示逐渐扩大影响。高超的艺术仍然是一贯地而且顽强地不受大多数人的种种反应及其价值标准的支配。

我猜想20世纪高超的艺术也将同样地在公众舆论的投票中处于劣势，而在今天令人惊讶的是，对现代建筑日益增长的敌视恰恰来自于上层知识界和美学界的名流。然而，在我看来，这种情况无非是时髦风尚和世代交替的函数，是为了先锋们向前迈步的需要。

我们有令人信服的理由，用清新明亮的眼光来看待现代建筑——看看什么是行得通的？什么是行不通的？为什么？从历史的观点看，作为一场运动，现代主义是已经老了，它算起来跨了两个世纪。它产生了大量的作品，包括好的和坏的。而且今天正在开始有可能从结果来评价目的。当然，这种智慧只是随着事后的认识而来的。我们可以通过下列各书中的部分内容对它的来龙去脉获得较为清楚的了解，如：卡尔·肖斯克（Carl E. Schorske）的《世纪末的维也纳》、彼得·盖伊（Peter Gay）的《艺术与行动》、约翰·威莱特（John Willett）的《魏玛共和国的艺术与政治》等等。重新评价的工作已经有了个良好的开端；重要的问题正在探索之中；对现代主义进行修正已成为博学之士的热门工作。迫切的要求是采取互相谅解和不偏不倚的态度来重写过去一段时期的历史。然而，正确判断一个时代的梦想和成就却并非易事。要做到既有充分的事实根据，而又公平允当，确实是令人振奋，但也下笔踌躇。

三

现代建筑是真的已经失败了吗？还是我们正在把另外一种性质的失败强加到它的头上——即远远超出建筑师所能控制的某种事物？我相信我们正在谈论的是一个远为重大的题目：一个道德上的幻想的失败，一个在转变中的社会的种种理想的崩溃。我们所丧失掉的，就是社会学家和心理学家们称之为我们的“信仰系统”——就是那些指导我们如何行动和追求的为大家所恪守的信念。要是没有这些信念，任何社会就无法运行。而这些信仰的教条无所不在，从我们这时代的社会政策直至建筑，不管哪样事物的后面都有它们的存在。它们是建立在一个压倒一切的理想主义和乐观主义的基础之上的；但是，它们无法在本世纪的政治、社会的大变动中幸免于难。钟摆正摆向绝望和幻灭。

这些信仰系统确实是非同寻常。从第一次世界大战结束到20世纪60年代，我们虔诚地相信社会主义，相信人类及其世界能够臻于完善，相信大家都能过上好的生活。“包豪斯”（The Bauhaus）教导我们，机器将把美观而实用的东西送到每人手里。柯布西耶的“住人的机器”和“放射形城市”将改变人类的居住环境。我们相信大家都能丰衣足食，相信我们能使城市秩序井然，相信苦难和饥饿并不是永远存在的事物。我们携起了手，高唱“我们将胜利！”

同时，我们也相信每人都有爱美的权利，相信美学的价值标准等于道德的价值标准。凡是有用的都是美的和善的，凡是善的对大家都有好处。为了寻找例证只要向四周看看就行了。柯布西耶挑选出工厂和谷物仓库作为令人赞美的符合美学原则的人工制品，因为它们的形式和功能互相密切地联系在一起，它们的目的既明确又毫不虚假。

各种艺术，只要使用得当，就可以给社会带来乐趣和实际的利益。建筑师真诚地相信，健康和幸福是正确的建造方法必然会产生的结果；他们甚至相信，人性能被正确的物质环境所制约或改变。这是一个把艺术、技术、美德同等对待的世纪，也是一个认为较好的生活、较好的世界终将在我们的掌握之中的世纪。格罗皮乌斯的“协同工作”的观点和密斯的应用单纯的标准模数的设计方法就是有意于减轻这个人造环境的种种不公正、不充足的缺点。建筑师在解决这些美学的和社会的问题时处于中心地位——这是一些互相扭结在一起、无法解开的老问题，也是在新的情况下期望得到可喜的解决的问题。

四

回想起来，这个世纪的许多希望和信仰既令人钦佩，又天真无邪；然而，它们的人道主义精神也真达到了令人惊奇的程度。也许我们是生活在先进的西方国家，接近于我们所一直向往的真正的文明，如果我们把文明定义为，以无私的精神专注于改善人类的生活条件，以期达到普遍关心、有福共享的最高境界。18 世纪的“理性的时代”之后，紧接着是 19 世纪的“科学探索的时代”，它在 20 世纪突然爆发到“利用科学与艺术臻于完善的时代”。当然，这是一场不可能实现的梦想。

那些预示着解放力量即将来临的变化，恰恰证明原来是具有巨大破坏性的东西，其冲击波之猛烈使任何人都难以理解。那些变化终于重新组织了社会，或者说让社会处于一个毫无组织的状态。它们激烈地改变了时间观念和生活节奏，同时把个人的、家庭的、社会的，以及全球性的相互关系整个翻了个身。人类的各种交往、流动性以及工业化创造了一种新的经济和许多新的生活风格。这种“进步”付出了高昂的代价——在全世界范围内产生了许多种族的和社会的混乱局面。除了环境以及人们的期望发生变化之外，还要加上人类行为方面的种种令人不安的复杂内容。大规模的爆炸对人们迷失方向的内心生活毫无裨益。传统被摧毁了，而破坏行为却受到称赞。

到头来，每一件原意是想要改善人类生活条件的事物恰恰猛烈地冲击了许多基本信念和价值标准。那个“中心”日益在亵渎之中归于消灭。今天，几个世纪以来产生支持力量的种种规范和约束都已荡然无存。我们生活在已经失败了的人类关系和充满着前所未有的危险——

从原子战争到突然死亡——这样一个时期之中。20世纪给了我们的东西实在是太多了，太早了，太快了；它供给我们各种玩具，还有胜利，还有破坏和荒芜。我们这些人都是受害者。

雷内·杜波斯（Rene Dubos），在最近的一次会谈中，表示他相信世界上存在着某种最终的、崇高的人性规划，并认为必须为此进行辩护；其实，他是为了用了“信仰”这个字眼进行辩护的。当然，他真正要辩护的是他有信仰。他把自己称之为“绝望的乐观主义者”。拿我们这些人来说，实用主义和愤世嫉俗的生活态度倒是更常用的护身法宝。

非常明显，最近半个世纪以来正在土崩瓦解的是这个时代，而不是建筑。我们的建筑师们是多么天真，又多么自负，把这样广大无边的灾难归罪于自己！它的代言人申述的是多么动人的井蛙之见！现代建筑不过是我们这个世纪现实的有缺陷的幻象和梦想的一个方面。许诺了的东西无法兑现。建筑师根本创造不出打扮得漂漂亮亮的新世界；他无法治愈城市的病害，更不用说人类的不幸了。建筑——跟建筑师们一起——为了尝试而正在狠狠地挨打。

然而，在这个过程中，现代建筑确实改变了我们这个世界。对它的非凡的成就可以大书而特书的方面远远超过了一些令人遗憾的有负于它的志向的不足之处。这个世纪的异乎寻常的创造能力，以及对新事物的天才预见注入到了所有的艺术中去。我的主要论点，以往已经说过，就是：现代建筑是这个时代无可否认的优秀的成就之一，在创造性方面只有少数几个历史时期能够与它相比。它的结构技术和建筑风格已经在艺术史上占有一席地位。

现代建筑把革命的理论和技术的发展成果结合在一起，以期达到一个前所未有的、无远弗届的、无与伦比的创造力与文化的综合。它奉献了自文艺复兴以来最擅于把各种因素紧密结合在一起、富有革新精神和表现力的、普遍适用的艺术形式。而且它创造了许多名作，从最伟大的赖特设计的草原住宅和他的杰作流水别墅直至柯布西耶的朗香教堂，都足以与历史上的任何杰作并肩站在一起而毫无愧色。摩天大楼是结构技术与建筑设计的奇迹，即使在贪心不足的投机商人和拙劣不堪的城市规划的糟蹋下，也仍然能够站得住脚。但是，必须强调指出：20 世纪拥有比众所周知的更为伟大的、更为微妙的、多方面的作品。而现代建筑就做了前人所没有做过的事情，这就是，它致力于为工业革命和 19 世纪城市所迫切要求的人道主义的社会福利事业。

五

这是一些现在已成为没有人再提出来加以表扬的事实了。大声叫喊“失败了”，当然比公平允当的分析更富于戏剧效果。这也就是为罗伯特·休斯（Robert Hughes）据以改编并演出的一套妙极了的电视节目以及那本评论现代艺术的书《耸人听闻的新东西》提供的戏剧脚本。不过，他还清楚地认识到 20 世纪中艺术与建筑相汇合的方面；而汤姆·沃尔夫（Tom Wolfe）[1]却把它降低到茶余饭后的闲谈资料的水平写入他那两本由哈泼书局出版的模仿别人风格的小册子里去。柯布西耶设计的萨伏伊别墅是现代运动的一座里程碑，而休斯先生告诉我们，这座有名的建筑物目前“满布裂纹、污垢失色、破旧不堪，几年之后在风雨的侵袭下说不定就将以倒毁而告终。”上述情况忽视了这座建筑物在第二次世界大战前后已有长时期被弃置不用，以后又滥用而不加保养的事实。这种控告往往流传开来似乎成了这样的结论，拿英国评论家马丁·保莱（Martin Pawley）的话来说，就是“建筑物保养得不好等于没有价值。”显而易见，这是

[1] 汤姆·沃尔夫著有《从“包豪斯”到我们的房屋》（From Bauhaus to Our House）一书，肆意攻击现代建筑、格罗皮乌斯与“包豪斯”，在美国建筑界引起了热烈的争论。

建筑师的“过错”，因为当时他没有发明一种不可毁坏的、锃光发亮的新材料用来盖房子。保莱先生说，这种定罪的根据跟一笔抹煞古典主义的雕塑艺术一样“合乎逻辑”，因为在米罗岛发掘出来的维纳斯女神雕像是没有胳膊的。

没有人说过现代建筑除了非常了不起的成功之外就没有什么别的了。也没有人否认过现代建筑的良好意图后面隐藏着悲剧性的缺陷，或者某几位受人爱戴的建筑师及其思想中有着虽然崇高但错了方向的一面。今天嗤之以鼻，明天又恢复名誉，构成了所有文化循环的一部分。

我从来没有充当过现代运动的辩护士。作为一个评论家，我的工作一向是针对现代主义者所乐于接受的思想观点以及最受人喜爱的陈词滥调提出疑问。当革命的学说转化为教条的时候，我以极度不安的心情注视着事态的发展。我往往为那些信徒们的盲目和轻信而感到惊讶。

但是，作为一个非建筑师，我也能够成为一个非信徒。当谈论过去的东西成为禁忌的时候，我却信奉历史和维护历史。作为一个历史学家，我又是一个对受人漠视而湮没无闻的历史时期与建筑物的不随俗俯仰的坚决的支持者。我从来没有接受过现代主义把生活清清楚楚地划分成几个互相隔离的活动范围那种不切实际的平面布局。我一向不喜欢采用开敞平面的房屋，认为并不合理，只会互相干扰。我也从来没有把高层建筑那样的庞然大物当作美学的偶像来崇拜；它可能在图板上给人的印象还不错，但它搞得城市街道像消了毒的一样索然无味。我称赞多样化和偶然性远在文丘里（Robert Venturi）之前。我对他那本有影响的小册子《建筑的复杂性和矛盾性》（1966年出版）表示赞赏。许多人把他的这本书看作是对现代建筑的攻击；不过，我以为它更重要的一个方面是可以对如何看待建筑这一问题起到一些启发作用。

我长期以来一直为这些事情进行着战斗，而且还在很不合时宜的时候就这样做了。但是，在任何时候，我从来不相信大喊大叫、乱定错误的调子会贬低或破坏我们时代艺术的正确的一面。现在每人都发现了历史和环境。而且建筑师们甚至还发现了门[2]。

[2] “建筑师还发现了门”，指反对现代主义者采用的开敞空间，其中甚至把门都取消了。

六

但是，建筑师是最后才认识到，为了他们的两个基本信念付出了多么高的代价。这两个信念就是，丢掉过去的东西，与它割断联系，和寄厚望于将来。抛弃历史导致了不动脑筋地破坏城市的历史传统，以及那些赋予人们以特殊意义和地方感的象征性东西和里程碑。这就使环境缺乏感情，并否定了文化的连续性。出于对将来的希望进行了旨在解决世界范围内最棘手的问题之一——住宅问题的雄心勃勃、但惨遭夭折的尝试。同时，出于人类文明中最为不朽的共同幻想产生了对乌托邦的向往。还没有人给我们送来乌托邦，它仍然是我们这个时代的一个虚构的故事。

我们时代的另一个虚构的故事就是，把建筑师当作一位形式的赐予者和掌握我们物质环境的支配者。建筑师站在山头上，手中挥舞着丁字尺，向匆匆而来的业主们发出热情洋溢的关于美与技术的宣言，这些业主也就在建筑师的拯救世界的天才之火中作了祭品。不知怎么的，用计算机制图和日益增长的利率反而不符合他们的心意。

诚然，建筑师能决定那些为现代生活服务的形式，但仅仅达到一定程度而已。那些形式——密斯的玻璃和钢的纯粹几何形式；柯布西耶用混凝土制成的粗野而带有诗意的形式——都被人出于其他方面的利益从建筑师的手中和图板上抓走。这些形式被收买了，被利用了，被败坏了。在从革命的概念降到“最低线”的现实的过程中，经过改头换面的翻版，许多好东西都丧失殆尽；只有巴黎的时髦女子服装业能够像建筑一样不断而迅速地搞出花样翻新。现代世界是一面歪曲建筑师善良愿望的哈哈镜。真够奇怪的，本世纪初叶的一些充满理想、但不够实际的宣言书，却成了现代城市里平淡无奇、外貌雷同的建筑风格的先驱者。为这些反常现象而谴责现代建筑是很容易成为对真理的歪曲。

其次，根据事后的认识，要找出几个走上了岔路的基本事实也并非难事。先说一件吧，建筑师简直就不懂得20世纪的经济权力机构是如何运转的。我不是指建筑师为了艺术的利益经常喜欢把造价超出预算那种事。他之所以脱离社会的关键问题是在于他不能跟消费资本主义搞好关系。肯尼斯·弗兰姆普顿(Kenneth Frampton)曾经指出过，本世纪初期的大师们把他们的命运和希望寄托在开明的家长式的赞助人的传统观念上。他们为富翁设计庄园别墅；要是那些主顾还是资本家的话，有时还可捞到个把工厂设计一番。他们建造的那些范例至今仍然是独一无二的纪念碑——供上层知识界用的文化或教育机构、符合特殊需要的公共建筑物，以及示范性的工程项目。然而，他们激进的革新创造却终于变成了代表现成体制的，甚至大众化的陈词滥调。

革新家们的意图是重建和改造社会。但是现代运动的那些领导人在20世纪的建设事业中仅仅参加了一些边缘性的工作，仅仅偶然的机会把政府主办的大工程交给他们设计。这种极为有限的委托项目及其作品人们就并不把它放在心上。

更为麻烦的是他们出售不对路的货色。革命性的建筑答应给人们以尽善尽美、完全符合生活需要的设计。但要做到这一点，就只有依靠最新的材料和技术。这是一种适应乐观主义的时代理想的作品。其目标就是最终把房屋做成住人的机器，要使建筑物完全符合20世纪的需要，而且要根据自己的条件使它好得无以复加——具有一种标准化的、大量生产的、永恒的美，远离那种易于随着时间一起流逝的时髦作风。

但是，尽善尽美并不是当今现代社会所需要的东西；这种解决问题的方法与20世纪生产与市场的现实毫不相称——这是一种以外貌动人的商品与经常变化的趣味为基础的经济。与本世纪一起出现的不是什么“新精神”（“L’ esprit nouveau”），而是一个需要有计划的或人为的商品废弃[3] 的工业化生产的时代。下一年的式样总是被宣称为更新的、更好的、更时髦的、更使你感到满意的产品。这种经常变化的消费美学接管了高尚的趣味和真正的技术。广告术代替了设计。现代主义建筑师坚持只有一种正确的、最好的设计方法自然是跟他的时代毫不协调，格格不入。他的思想和理论被工业生产和商品推销转化为新颖而价廉的大路货和时髦的骗人玩意儿。毫不奇怪，他当然感到失望，有时还火冒三丈。他们跟重重的阻力战斗，跟那些在他们看来是无知和故意刁难的行为战斗，把自己看成是一个改革者和激进分子。然而，他们的战斗只是出于美学的，而不是政治的原因。

[3] “有计划的或人为的商品废弃”（Planned or artificial obsolescence），指资本主义国家为增加销售量故意制造不耐用商品，使之很快坏掉或过时的现象。

要知道当初在欧洲，现代运动在很大程度上是一场政治运动。现代主义的美学观点是与激进的政治改革联系在一起的。不过，这种政治因素与我们美国毫不相关，而且那些新艺术的促进者们对它也不感兴趣。在他们的建筑设计中所包含的社会、政治内容，在我们这里就很快证明没有实现的可能。

我们再一次根据事后的认识可以看到，上面提到的现代运动所关心的事物，在我们这里就成了那个著名的由现代艺术博物馆主办的展览会，以及在1932年出版的由希契科克（H.R.Hitchcock）和约翰逊（Philip Johnson）合写的《国际风格》一书的受害者。这个展览会和这本书向我国介绍了当时在欧洲产生的新作品。展览会上有一部分是介绍住宅建筑的，但它过于强调了形式的一面。这也许是批评、鉴赏史上最有影响的事件之一。那种灌注在欧洲革命的思想意识中的社会学说和政治理论却不让美国公众了解而被抽掉了；那些时髦风尚的带头人认为这些内容可有可无，并不重要。再把《国际风格》那本书读一读可以使人头脑清醒，因为它把现代运动仅仅看作是一套美学经验，或者说是一本建筑风格的手册。这种“净化”了的建筑革命的变体被剪裁得纯粹为了适应当时美国艺术、文化的特殊需要，当时的官方与先锋派融为一体，它们联合起来乐于为这些新东西树立威望。

特别具有讽刺意味的是，建筑师被那些器重他们的社会名流赶出社会活动之外，跟那些藐视或利用他们的商人们达到了同一程度。凡是伸出手来要求自由的建筑师，他们就在风格上给以种种约束，并只让发挥权力有限的作用。对于新技术的探索，从古典主义的教规中解放出来的愿望，修正对于人类及其世界的思想观念，从那以后都被引导到一套事先计划好了的美学上的选择——或者说不让作其他选择——以及条条框框。一场革命降低到了照猫画虎的肖像画法；形式变成了公式。学院派完蛋了，而新的学院派又诞生了。

在某种意义上说，这种革命精神就夭折在它的拥护者的手里。从意大利的未来主义到影响深远的“走向新建筑”(Vers une Architecture)的那些早期宣言，它们的巨大突破就在于抛弃有关习俗与风格的传统观念及其束缚，这种抛弃为新观念和新技术敞开了大门。许多东西都是从来没有尝试过的，而是需要进行试验的；当然其中一大部分寿命不长。但是，这种挑战精神是了不起的，而且提供了各式各样的可能性。通过这个探索过程，在那个时候不可避免地正在逐渐形成另一种建筑风格。

但当时在社会上盛行的那种系统化了的、刚性的做法产生了难以理解的副作用。比如，没有人知道如何看待不愿意遵守规则的人才。著名的芬兰建筑师阿尔托（Alvar Aalto）的作品被大砍大删，经过有目的地挑选之后才陈列展览和编辑出版，仅仅让人们看到他作品中与当时形势相适应的那些方面。只是在今天，当那些框框最后被解除以后，阿尔托的非常独特的、优美而富于人道主义精神的建筑风格才开始被充分认识。要是当时没有那些先入之见的思想约束，谁知道本来还会发生些什么？但是危害是已经造成了。

七

而且危害还在继续。就是这种对现代运动的意义和目的进行了操纵和篡改的做法，使得宣传现代建筑已经“寿终正寝”、后现代主义已经把它取而代之这一论点成为可能。要是一个人把事物的外部标记当作它的本质，那么，他就会把建筑风格像时装一样穿上而又脱下。不把艺术与历史发展的来龙去脉联系起来考察，就会简单化地把现代建筑看得微不足道，或者全无是处——当然，不管怎么说，眼界是打开了。把建筑首先看成是一种视觉的和智力的经验，就使它成为卖弄技巧、制造人为的表面效果的游戏。

因此，美学上的享乐主义今天受人欢迎地取代了那些已被抛弃了的、认真严肃的信仰系统。年轻一代的建筑师们不理解为什么这场革命是必要的，为什么在培养创造才能、加强技术训练、提高理解能力方面所获得的东西一旦丧失将成为可悲的事情。专横傲慢的艺术官僚主义和荒谬可笑的学院派的条条框框，使得现代主义者屡遭挫折而义愤填膺，这种情况早已过去了。而在今天，留恋过去却代替了痛恨过去，而当时那些激起反抗的过度行为却被当作有益的东西而重新接受。认为在新材料、新技术中可以找到美与实用价值，认为形式与功能可以在统一的美学原则之下结合在一起，凡此种种信念简直是被抛到了九霄云外。后果是令人震惊的。唉！今天真正在被复活着的东西，与其说是过去时代的精华，还不如说是旁门邪道；与其说是历史，还不如说是历史的错误。被抛弃掉的恰好对伟大的建筑来说是至关重要的东西。

像菲利普·约翰逊（Philip Johnson）这样一个人所以能够在建筑界犹如穿着杂色衣服的吹鼓手一样吸引着一些人追随其后，其原因就因为他总是在追求新鲜的玩意儿方面充当一名带头人；而对于年轻一代人来说，新鲜玩意儿比其他一切东西都更为重要。约翰逊有随机应变的聪明劲，以及敏锐地识别真正的人才与创造力的能力。他对别人作品的评价往往是相当中肯的。但是他也易于对事物发生厌烦情绪而见异思迁。他的年轻的以及不太年轻的追随者们对他感兴趣的是他那一套耸人听闻的美学享乐主义观点：他坚持艺术就是一切，认为现代主义者严肃认真地关心社会问题是愚蠢的行为，相信不论什么东西都行得通。

这种过分强调美学的观点，显示了他演戏般地抛弃现代主义与轻易地投身于后现代主义之间的一致性。大家知道，约翰逊曾经一度热烈崇拜现代主义，而今天他把过去的信念完全翻了个身。然而，他的主张却在那些对拯救世界已不再感到兴趣的建筑师中间产生了很大的号召力，因为他们知道这个世界是没法拯救的，而且他们也不是拯救世界的人。但是，他们今天正在做的却是把建筑搞得平凡庸俗，浅薄无聊，降低到连传统的作用都不能发挥的地步。这种传统的作用就是：建筑是能把现实与理想结合在一起的艺术；是肉体和精神、社会和象征主义的表现。而今天他们所取得的成果只是一些微不足道的、自我陶醉的设计游戏，从精雕细琢到空洞无物，缺乏热情与信念。

八

在今天的建筑中器量偏狭与卖弄学问多于热情。今天，能够刺激大家一道来进行战斗的共同敌人已不复存在。因而我们所看到的只是无休无止、令人厌倦的属于语义的争论，以及关于建筑风格的宗派式的混战。现在，没有英雄，也没有建筑巨人，因为没有事业目标。曾经一度激励过建筑界、并使大家联合起来的共同目标已经被抛弃了。令人悲痛的事实是，从来没有一场革命是成功的。

也许正是成功葬送了革命。长期以来，现代主义是一个令人振奋、富有魅力的运动。但是，很难记得起来，过去什么时候人们为了一幢现代式的房屋而不得不斗争。而且一旦战斗结束，胜利也就失去了意义。革命导致反革命，攻击的矛头转向到胜利者。成功，好像权力一样，使人败坏。

尼古拉斯·佩里（Nicholas Perry）在《纽约时报文学副刊》上发表的对查尔斯·詹克斯(Charles Jencks)最近出版的一本后现代主义入门书的评论中说：风格，在今天可以想像成类似商标式的某种东西。他说："从那些信仰后现代主义的推销员那里得来的主要印象就是，互不相让、各显其能的、稀奇古怪的风格。"其结果往往是充满自我作古、开开玩笑那种效果的、故意做出来的大杂烩。上面说的还不够充分。

我的意思并不是说根本没有所谓"风格"这样一种东西，或者认为风格并不重要。而是认为，风格是艺术的精髓，它是一个特定社会和时代的文化标志。密斯说过，风格是一个时代的表现或精神。既然建筑折中主义再次被人认为值得尊敬，而"调节一个时代"的设计正在流行，那么，拒绝上述定义自然是时髦的举动。但是，密斯从本质上说是正确的。柯布西耶把他在1923年发表的宣言称之为“走向新建筑”——而不是“走向一种新建筑”，或“走向一种**新的建筑风格**”。

建筑是在内容上要比风格多得多的东西。一幢建筑物是许多为设计者所难以驾驭的事情的总和。与一般人的看法恰好相反，构成一部分当代社会环境的许多在相互关系方面乱了套的东西很少是建筑师的发明创造。我认为有必要反复地指出：一幢建筑物的成形不仅决定于这一种或那一种美学行动，而且也在同等程度上决定于法律、法规、经济、业主的设计任务书、投资方式、社会需要，以及市场竞争等等因素。企业社团的规模和权力，廉价能源到高价能源的转变，所有那些为现代大规模企业和投资服务得很好的工程技术的发展——像人工气候的技术——都在同等程度上与计划方案、结构、形象等等一样在起作用。建筑师并不把自己看成是这些因素的受害者；恰恰相反，他还愿意把它们看成是对自己的赞助和赐予的各种机会。但是，绝大部分时间他好像在那艘即将沉没的泰坦尼克号（the Titanic）[4]的甲板上把那些躺椅摆过来又摆过去罢了。

[4] 泰坦尼克号是英国的一艘巨型客轮。在1912年横渡北大西洋时，遇上冰山，触礁沉没，1500名旅客及水手葬身海底。这里暗喻资本主义世界。

九

建筑中的创造性行动基本上是一种在极不利的条件下求生存的行动。赋予这些互相冲突的、错综复杂的事物以一定形式，或风格，不仅是规模巨大的挑战；更重要的，它是建筑艺术的终极目标。不管这种转变发生在文艺复兴时期的斯特洛兹（Strozzi）家族庄园还是20世纪西格拉姆（Seagram）摩天大楼中，它的意义远远超过了一幢无比优良的建筑物所具有的意义；它是人类文明最了不起的成就之一。

但是，建筑师面临的困境是，他要么为他的艺术而设计，要么为这个现实世界设计——而且为了把房子盖起来，那实在是毫无选择余地。设计这一行动跟使设计能够付之实现的这一过程中的每件事情都发生矛盾。有时由于设计行动的复杂性反而取得更为丰富多彩的结果，有时这结果既符合社会需要，也符合艺术的要求。但是，建筑从来就被称为一桩古怪的事业，因为在偶然的情况下，势不两立的诸因素的冲突也会把它提高到艺术的水平。可是这结果决不是纯粹的艺术；它总是一种妥协。

这些情况也是评论家面对的现实；这也就是为什么使我对那些采用符号学、象征性和隐喻性的语言来控制这么多的讨论会、这么多的论述建筑动向的文章表示不耐烦的原因所在。我以为目前对建筑提出的许多问题都是正确的问题，满腔热情地探索和重新发现如何运用历史、装饰、文脉、传统等等，在许多方面是很有价值的。严肃认真而又能引起争论的研究工作，如弗兰姆普顿（Kenneth Frampton）的《现代建筑批评史》（牛津大学出版社，1980年），正在出现。目的明确地编辑现代主义者作品的工作正在进行。柯布西耶从1914年至1948年的四卷本草图集的第一集已在今年出版。在当前批评、修正过去观点的浪潮中，将写出更准确的、给人以启示的现代建筑史来，如果不把它用来歪曲历史。

我们需要这样一个海阔天空地重新发现和修正观点的时期，正像我们过去需要过现代主义的革命一样。而且每一代人都应当发现他们自己的真理和英雄。但是，当我看到新的趋向正在转化为一套新的教条式偏见时，我就感到苦恼。我们并不需要用一套偏见来代替另一套偏见。当然，现在在建筑理论和实践方面正在发生着重要的、有发展前途的变化，我们必须对这些变化从历史的联系和继续的角度给以正确的评价。

十

我有一种感觉：当那些旧恨宿怨最后一笔勾销，当今天的建筑师们不再鞭打他们的父辈和捣毁偶像的时候，建筑艺术将会进入一个充满活力的新时期。但是我把它看成是现代主义更为广阔的阶段，而不是取消现代主义。我不喜欢后现代主义这个名词，因为它暗示着某种东西已经完结并已被其他东西取而代之。我不把它看成是反对革命的举动，而是看作一种互相联系、不断发展的过程的一部分；或者说是现代主义的自然而然的、也许稍微激烈的进化，发展为范围更为宽广、内容更为丰富的某种东西。在下列几位建筑师的作品中就可以看到这一点。比如，詹姆斯·斯特林（James Stirling）在英、德、美诸国设计的建筑物中表现了一种具有高度创造性的、有时又看了使人感到不安的、把技术的意象与古典主义的意象结合在一起的手法。其中他所使用的建筑语言和尺度，对参考各种不同的文化传统的复杂情况都能适用。诺曼·福斯特（Norman Foster）的作品对强调机器作用的美学赋予新的涵义，他在前人的基础上不断地进行精制提炼的工作。理查德·迈耶（Richard Meier）的设计体现了对国际风格各种手法的深入研究，从而在空间渗透和扩大空间感方面进一步发展了复杂多变的构图方法。奥地利建筑师汉斯·霍莱茵（Hans Hollein）能从布赖顿皇家别墅[5](the Brignton Pavilion）得到借鉴。日本建筑师矶崎新（Arata Isozaki）从比埃尔·夏洛(Pierre Chareau)那里找到创作来源，但他们两人的设计都结实地建立在现代主义的基础之上。上述几位建筑师现在都享有国际声誉，并接受各国的委托任务。

[5] 英国布赖顿的印度式皇家别墅，建于1818至1821年，设计人为约翰·纳什(John Nash)。它的重约50吨的大穹窿顶被支撑在细瘦的铁柱上，这样应用生铁构件，在当时可能是为了追求时髦与新奇。

我不想陷入圈套，比如，宣告一个新世界，或者一种新艺术；或者为那个最新的、又伟大的真理提供另一种解释。像密斯一样，我不认为你能在每星期一的早晨发明一种新建筑，或者一个新真理，或者一个新世界。这些东西大都是昙花一现的。我们的世界跟过去一样地不完美。不论是艺术，还是思想意识都没有使它改变面貌。乌托邦使我们困惑不解。爱发牢骚的人往往说起话来似乎比卡尔·马克思还更一针见血。

我所希望的是今天的建筑师能够发现某些**古老**的真理。比如说，像艺术的本质这样的东西——现代主义者对它了解得很深，其了解的程度远远超过了他的后辈。今天，建筑被当作一种玩弄字眼、矫饰观点的训练来对待；但是艺术是一种行动，并不是一种解释；它是空间、光、形式与功能等等直接为艺术家和观赏者共同享受的一种经验。

像一切伟大的行为一样，一件伟大的艺术品使复杂变为单纯；它由风格、技巧和优美组成。任何一件真正的艺术品都是经过千锤百炼创造出来的；它决不像摸彩袋一样，胡乱抓些参考材料，进行模仿抄袭，再加上一些时髦的装束拼拼凑凑而成。伟大的艺术取消一切多余的和不重要的东西，为的是要用它的时代语言来表达一种既清晰又强而有力的信息。它加强我们所有的反应。然而，它并不是一个一目了然的时代信息，它所包含的层层意义为它增添力量和微妙之处。

在建筑中，这种力量和微妙之处主要来自于结构与空间之间的种种关系和由此而产生的形象，或风格。美就是这种形象以其最基本的、集中的、动人的形式所赋予人们的体验。欧几里德（Euclid）把没有装饰看作美，是决非偶然的。

在追求一种被误解了的自由的过程中，结构技术对建筑风格起基本决定因素的作用今天正在逐步降低，而那些表面效果和无谓的争论却受到欢迎。建筑艺术正在被几位擅于夸夸其谈的名人削弱甚至背叛到了危险的地步。

当建筑师们对他们的新鲜玩意儿和抒发怀古之情的游戏感到厌倦而从自我陶醉中解脱出来的时候，他们可能会重新回到艰苦而真实的艺术创造的事业中来。现在，他们远离了现代主义的种种约束，再一次为所有的艺术和历史敞开大门，这实在是自找麻烦。这种挑战以及随之而来的花样百出的可能性真是令人生畏。但是他们必然会重新发现这样一条真理：所有一切伟大的建筑艺术都是通过直截了当地从结构的和空间的表现中获得的那些形式以及与之关联的东西，而不是通过隐晦的含义和华丽的装饰词藻，来吸引人们的感觉和占有人们的心灵的。正视这一真理是现代主义最激进的、最勇敢的行动之一。当我们接受了这一教训，而密斯式的巨人们也不复对我们形成威胁的时候，我们甚至可能发现，“少”倒真正是“多”。

（原文载于《建筑师》第17期）

园林概论

[法] G·格罗莫尔　著　窦　武　摘译

译者小识：中国的造园艺术在世界上别树一帜，成就很高，对欧洲的造园艺术有过不小的影响，近年来对中国造园艺术的研究成果丰硕，在创作中推陈出新也很有成绩。但我们的工作似乎有点偏枯，对外国造园艺术的研究介绍太少。为了有利于开阔眼界，活跃思想，我摘译了一段法国园林的著作。这是一段很有代表性的著作，它的基本观点同以《园冶》为代表的中国传统造园艺术的原则是针锋相对的，借此可以知道世界之复杂。作者格罗莫尔（Gromort）是法国著名的造园史家和理论家，这一段是他的名著《造园艺术》(L'Art des Jardins 1953)的开篇。题名“园林概论”是我加的。

花园就是天堂，至少是乐园——其实，这说的不是真正的花园，而是圣林或者处女林的一角，因为，花园是人工的，经过培植的，而所谓地上的天堂的美，据说是天然的，未经触动的。造园艺术，跟其余所有的艺术一样，在于布置和整理各种要素，使它们形成构图，而不是仅仅罗列起来。也跟其余所有的艺术一样，造园艺术的主要任务，在于安排光和影。对花园的爱好虽然由来甚古，但造园的艺术却是近代才有的东西。

我们刚刚说过，花园是人工的，这是一个构图，这是一件艺术品，因此这是人的作品。所以，我们的目标不是费尽心机去模拟自然景致的偶然性，对我们来说，问题是要把自然风格化，这是各种艺术家共同面临的问题。我们从大自然取来树木和花卉这些要素，就像一个建筑师，为了造宫殿，从自然界取来石头、大理石和木材一样。

所不同的仅仅在于，花园的魅力之一是，它的要素是活的。

正是按照人的设计，瀑布倾泻到急流中去，或者喷泉嘀嘀嗒嗒，音节清晰地淌个不停。正是按照人的设计，花圃展开成一定的形式，树木沿着直线排列成微微颤动的绿色的墙，它们的高度经过控制，它们的树冠经过修剪。请不要再没完没了地向我们唠叨，说这是“歪曲自然”，我们把一棵紫杉修剪成绿色的方锥体，并不比从山上开来一块花岗石，凿成方尖碑，更加歪曲自然。

我们要赶紧声明，我们犯不着为此谴责英国式花园。他们追求别的目标，他们模仿自然，并且要我们相信，他们给我们看的那块地方的样子，是偶然碰巧的结果。我们并不因为他们弄虚作假，觉得有点儿不痛快，就故意火冒三丈。大自然是无意无识的，它不会把很美的景色给我们留着，所以，要一点机智，给我们看一块赏心悦目的地方，这没有什么不好。我已经说过，这是模拟，就是说，是总叫人瞧不起的一种东西。在一个各种观念都非常空虚和冷漠的时代，美好事物的一件简单的复制品会很有价值，但人们不能否认，它不过是一件复制品而已，而艺术品却是一个构图，那完全是另一回事儿。

其实，把大自然不知道的僵硬的直线引进了大自然，从而歪曲了大自然的，是建筑！建筑师善于用各种块块造成要素，构筑一个世界，这是他的大自然，全是石头的景致，它的诗意，它的雄伟，可能平庸乏味。但对那些善于体会建筑艺术的人来说，这些景致可能多多少少有点儿情意。这些没有生命的景致，一切都是人工的，一切都教人想起永恒和绝对的均衡，是不能跟大自然的无拘无束的自由相协调的。几乎不能想像一座真正的树林的边缘伸展到凡尔赛宫殿的几米之内，一个设计了这样的宫殿的建筑师，决不会把墙脚当作他的艺术天地的边界。他知道，他应当在立面的硬绷绷的水平线和垂直线跟草地、林中空地和树木的自由形式之间创造一个过渡的东西。一点一点，随着距建筑物越来越远，人工的痕迹渐渐淡薄，巧妙地过渡到使大自然渐渐获得地位。这个过渡，就是它，叫做花园！

所以，我们认为，一个花园，或多或少从植物世界取来一些要素，跟一些建筑要素相融合，是建筑物的整齐的、挺括的直线跟自然的、完全自由的周围风景之间的过渡。

我们进一步看看18世纪末叶以来关于园林艺术的新情况。人们把它搞得很美，但它跟真正的花园总是两码事。花园不论多么大，处处都是人工，而园林，尽管花很大力气去挖池子，堆小山，维护得仔仔细细，它仍然使人觉得这是一个挺不错的偶然性。如果他们能够给我们一个自然的幻象，使我们相信，这块地方从来如此，未经触动，这就是他们所能达到的最大的成功了。如此而已，因为他们只满足于幻像。

不要忘记，因为一所英国园林（也叫不规则式花园）一直伸展到府第的窗下，所以人们不得不花几倍的力气和金钱去创造一个我们所说的过渡：一切都必须有条有理，干干净净，草要循画得十分精致的曲线种植，铺上砂子的小径要梳耙得平平整整，树要修剪，花要移植。在这些小地方人工的痕迹一眼就看得出来。

我们可以否认，至少可以争论，说大自然并不是专为人而创造出来的，但是人们决不能怀疑，人类所创造的东西，如一所花园，一幢房子，应该适应人的形象、人的尺度、人的创造手段和人的需要。这就是最重要的原因，使我们在花园里逗留，使我们愿意在那儿生活，而不是怀着好奇心在小径上匆匆走过。但所有的时代，所有的人，都没有充分估计这个思想的人道主义性质的价值。

这样的花园，它延伸和扩大建筑的领域，把建筑作品跟大自然联系起来，它也要服从建筑学的构图法则。所以，最美的花园总是由建筑师设计的。当然，建筑师要同造园家合作，造园家知道树木生长的条件，善于配置它们，但总的构图必须照建筑师的意思做，因为建筑师一般说来，是惟一懂得构图的人，而且，这是关系到花园的便利和美观的艺术，正像建筑本身是结构物的便利和美观的艺术一样。

首先，要选址，这是最重要的，怎么强调都不过分。地址要好，清洁卫生，有丘有壑，草地和树林相间。离城要远，但附近有居民点可以供应一些东西。府第不可造在低洼地里，那里潮湿，也不能造在山顶，那里风太大。

说到构图的细节，要求处处有对比，有相反的东西。审美乐趣的深度决定于作比较的兴趣；花园的美大部分仰仗于大片郁闭的树林跟大片开阔的花圃、花坛、水池之间的对比，也仰仗于平地跟起伏不平的对比和各个台地的相互比例。无疑，在山地里，人们更喜欢平坦宽阔的林荫路上的悠闲；在平川地里，那种小小的山岗更使人觉得新鲜有趣；在干旱地区，喷泉简直动人之至。但我们要知道，设计人的最高机智在善于使花园跟周围的自然界结成一体。

依我们看，这一点还没有说够。把环境包括进来，以利于扩大一个有限的构图，这是好的；但更好的是，从我们所喜爱的景致出发，从我们所选定作为环境的地段出发，运用我们全部的智慧和艺术手段，把我们的花园结合到景致和地段环境里面去。

我们要明智地记得，好的地段必须有丰富的水源。我们在先前说过，到了热天，人们最渴望找到的就是荫凉，我们第一必须有许多的大树给台地遮荫。一个花园，这首先就是许许多多的树。

但树荫必须加上凉爽才行，所以我们必须要有水。给微微颤抖的树叶搭配上微微颤抖的水，就有无限的魅力。水有它独特的生命，它的变化多得难以想像。大片平静如镜的水反映着浓绿，使人心旷神怡，奔流急湍闪烁着明亮的光，白练一样的瀑布，从一个盘子到一个盘子倾泻下来的薄薄的水帘，有什么能同这些相比？花园里，这些东西有多有少，但都得最大限度地利用它们。

我们认为，岗阜高地同沟谷低地的反衬是很重要的，选址要选多少有点起伏的地形。我们就这一点调查了大量实例，现在确信，凡真正出色的花园，都因有几层台地而得到优美的、激动人心的效果。地势的高差可能并不大，但是那斜坡、那栏杆和不很显眼的几步台阶就足够使构图活泼起来，造成很有变化的透视和远景。

花园的朝向，它向哪个方向敞开，这就是说，它的景观的布置，也是一个很重要的问题。我们看过罗马的文艺复兴时代的几个花园，举个最著名的例子，德斯丹别墅，它面对平坦广阔的原野，而它的主要轴线却指向比较不太开阔的、比较有起伏的景致。法尔贡尼埃里别墅的朝向也是这样的。这两个例子，都不放弃宽广平原的大景色，也不放弃周围山脉的蜿蜒情致。所有的构图的侧轴线都指向一些平台，平台打开这些侧轴线的视野，使人们看到一些从来没有发现的迷人景色。我们走出林荫路，在那里面只能看到几米远处，突然，我们看到前面展开了无边无际的旷原。再走几步。我们的眼光又重新停留在比较熟悉的景色上。所有的人都为这种意想不到的眼福而惊喜，赞叹不已，满怀着再发现些什么的愿望。一个人在花园里好像被一种很聪明的安排指引着，我们愿意叫这些动人的效果使我们的感情变得更生动，而不是把精巧的乐事一饮而尽。

人们见到，花园也像其他一切构图一样，我们对对比很敏感，对相互关系也很敏感，这种相互关系的均衡确定了比例。这就是说，变化是很重要的。人们承认，均衡和统一对于一眼可以看全的东西是很重要的。而相反，对我们只能依次看到的东西，变化能使我们喜欢。我们想，在花园里和在其他事物里一样，这是一条很可靠的原则。变化，这在花园里就是在绿篱夹峙下的浓荫同开阔地之间的对比。花圃、平台和林荫路把二者联系起来，就像房屋里的院落和走廊一样。这个对比产生了光和影的对比。但是，变化又是平地跟台地的对比或者跟山麓的对比；又是水面跟花坛的相继替换；又不仅是把各种不同的因素组合起来，而且也是把修成几何形的树和保持自然形态的树组合起来。

我们不能否认，色彩在一切地方都是重要的，例如，绿色的不同调子各有各的美。

但是，我们要谨防在一眼可见的范围里堆砌太多的对比。19 世纪的造园家喜欢在小小一块三十米见方的园子里种上各种各样的树木，就像植物园一样，趣味平庸。在一些美丽的园子里，使我们意外的是，常常一大片地方只种一种树。

同样，一座花园里直接依次出现的东西之间，对比也不可以太强烈。如果我们承认花园是一个过渡的话，那么，它的各部分必须紧密联系，以致保持为一个整体的不同要素，人们从一处不知不觉来到另一处，就像把建筑的线或花园的线引进草坡牧场又引进田野，再到森林。

如果一幢房子在花园之中，那么，它的不同立面所对的景色就要有足够大的区别。但是，这不同的景色中，必须有一个是主要的，因为一切艺术品都服从同样的构图原则。甚至当平面上有若干条轴线时，我们必须用其中一条统率其余。

我们处处追求这种变化，我们力求把设计住宅的一些方法运用到花园中去，这是因为，我们希望一所花园首先是可以居住的；希望它不但是一件美丽的东西，而且几乎是第二所住宅；希望它拥有许多不同的内容、面目和场所供我们在闲时去坐一坐；希望在那里驱逐我们的永远不是厌烦，而仅仅是一些必不可免的恼人的东西："风、寒和雨"。

使一座花园真正有价值的原因，使一座花园具有魅力的原因之一，都可以说是它的过渡作用，这一点我们已经努力阐明了，这是它固有的本质。我们首先要从自然中找到一块地方，使它具有住宅的本质特点之一，从而把它变成可以居住的，住宅的外围。同时，我们避免引进过多的属于建筑物的性质的东西。我们要逐渐地从严格的构图过渡到自由，从人工艺术过渡到大自然的随意。

（原文载于《建筑师》第17期。）

现代建筑的混乱局面

[美] 赫克丝苔布尔 著 王申祜 摘译

译者按：这篇论文是赫克丝苔布尔（Ada Lowise Huxtable）根据她于1980年冬在美国艺术科学研究院（The American Academy of Arts and Sciences）所作的报告改写而成的，首先在《纽约书评》杂志发表；继而为《建筑实录》杂志转载，并作了如下的按语：“建筑评论家赫克丝苔布尔考察了近些年来建筑界的发展趋势，并以极大的关注指出，‘钟摆正从改造世界的愿望摆向改造艺术的愿望。’”建议读者可将此文与她所著《现代建筑已经‘寿终正寝’了吗？》一文参看。

一

如果采用惯常的、讲究一点辞藻的说法，这篇文章的题目可以改为《处于十字路口的建筑》。一个更令人惊讶的题目也许是《现代建筑的危机》。要是用我个人的口气说，那可称它为《处于危机中的评论家，或：我正在学会如何与后现代主义相处，但我并不喜欢它》。

我认为，今天的建筑确实是处在一个名副其实的十字路口，它跟历史上任何其他时代的建筑都很不一样。我们的西方传统在风格的发展方面经历了长达25个世纪之久，追本穷源，应上溯到古代的希腊、罗马帝国，中经文艺复兴时期的人文主义革命，直至现代对它进行重新调整所采取的各种激进措施。我们这个时代由技术革命与现代主义革命所形成的发展变化可以说是无与伦比的。在我们的一生中，现代建筑被人们当作一种拯救社会的工具而欢呼——但又未获成功。而在今天，它正在盲目地逐渐后退，以变化的名义？进步的名义？重新发现的名义？还是创造力的名义？——我不知道该怎样来称呼它——从针对社会问题与环境问题的观点，重新后退到纯艺术的领域——彻底地后退到“象牙之塔”里去，那儿围绕着一股令人心醉神迷、惶惑不安的气氛。

我们通过实践终于认识到的所谓20世纪的现代建筑是有着非常明确的定义与规则的，而且对建筑世界产生了有目共睹的影响。但这整个事实却正在遭受攻击与贬抑。说什么“现代建筑已经‘寿终正寝’了”，已经成为一句时髦话。据说，我们现在是处于后现代主义的时期。最近半个世纪以来为现代主义者所恪守的种种规则无一被认为仍然是正确的。这场“反对革命的革命”已成为建筑师、历史学者、理论工作者和评论家热烈争论的中心。当前，这场争论所产生的效果，并不在于盖出了多少建筑物，而是日益增长的感情冲动。但是，它一定会对今后的建筑产生深远的影响，因而最终跟大家都要发生关系，这是毫无疑问的。

二

我们对当代所出现的种种革命行动已经司空见惯，因而对它们都采取殷勤对待的态度。再没有比20世纪的建筑环境所发生的变化更富于戏剧性的了。我们看到许多现代化的城市像雨后春笋般出现在地平线上，旧城市的天际轮廓线得到了改造，它们以玻璃、钢和钢筋混凝土为特色，呈现出一派前所未有的难以置信的景观。仅仅城市的名字没有变，其他一切都变了。仅从工程技术方面说，其他任何时代都不可能建造出这样的建筑物来，而城市景观中的现代建筑已经成为20世纪普遍采用的风格。这种风格，不管你喜欢还是不喜欢，都无关紧要；也不需要得到任何人的鼓励和批准。即使那些以抄袭临摹为能事的艺术家也能创造出一种风格来，而且跟模仿凡勃洛夫（Vanbrugh）和雷恩（Wren）的乔治王朝式建筑风格一样令人信服，并可垂之久远。

今天，是否有人还记得当年先锋派为了使这场革命得到人们的承认曾做过怎样艰苦的战斗？还记得他们的理智清醒的献身精神，传道士般的工作热情，以及为了它的存在所付出的全部精力？还记得那些怀有共同理想的人们结成令人神往的团体？还记得20世纪30、40年代在现代艺术博物馆所展出的令人震惊、大摆最新式样的建筑展览会？还记得为那些敢于建造“现代”住宅的人们所作出的喝采？还记得针对平屋顶问题展开的种种争论？还记得那些为了传播新技术的“优秀设计”展览会，以及为那些小型建筑物所发出的胜利的欢呼？

现代建筑中的一些突破前人的作品已被鉴定为属于国家的历史里程碑。新英格兰古物保存协会正在接受格罗皮乌斯（Walter Gropius）在麻省林肯郡的小住宅作为保护单位。那些旨在证明现代运动必然出现的带有启示性的专门著作与小册子已在建筑图书馆里与论述阿尔伯蒂（Alberti）和帕拉第奥（Palladio）的书籍并排陈列在珍本阅览室内。总之，现代建筑由于它的技术与经济密切结合而终于为人们所承认。

当然，今天社会上有些人对披上石头外衣的古典建筑正在进行说教，对建筑实践中的不足之处指手划脚，在他们的事后认识中充满了冷嘲热讽。今天，人们对任何事物都不再采取肯定的态度。任何值得称道的、赖以安身立命的至理名言已经荡然无存，也不再有安全可靠、普遍适用的权衡善恶的准则和理想。因此，现代建筑的种种原则，尽管如此稳当可靠，如此优异突出，如此具有美与真的发现与启示，要遭受到排斥和攻击，是毫不奇怪的了。指出现代建筑想要通过设计的手段来拯救社会的那场好高骛远的梦想已遭失败这一事实，是再容易不过的了。要用事实证明建筑实践中出现的那种愚蠢、败坏和滥用的风气，而不是去记住当年先驱者的远见卓识，也是再容易不过的了。现代建筑中失败的事例是如此众多，如此明显——在城市中每条街道、每个角落都能找到。拒绝过去的东西给我们的城市带来不可弥补的损害，比如：漫不经心地拆毁古建筑，对历史传统漠不关心，采用带有破坏性的错误的建筑尺度，破坏建筑环境的相互关系，对构成城市文化所必要的连续性的忽视与无知，如此等等。

像所有的理想一样，现代主义者的理想也是难以捉摸和难以实现的。对于我来说，看到年轻一代对这种追求刺激的兴奋心情不去怀疑到底为了什么，使人感到伤心，甚至非常气恼。在那些习惯上称之为“先锋派”的小圈子里，现代建筑及其古怪的信仰系统，都被看成是过时的了。因此，反对者们正在兴高采烈，而原来的信徒们则正在放弃信仰。

如果当初为现代建筑公开宣称的那些豪言壮语不是那么调子高昂，那么，它也许就不至于遭受到这么多的攻击。可是，那些雄心壮志却是一个异乎寻常地充满着乐观主义时期的产物，这个时期人们相信整个人类及其社会、政治制度与生活条件都可以臻于完善的境界。本世纪初叶就充满了勇气与希望，而现在我们则正在向现实与失望妥协让步。

今天，现代建筑从一个激进的运动开始、直至它的风格为官方所接受这一段50年的历史正在积极地被人们改写着。当前热衷于修正过去的理论观点已成为学术圈子的时髦风尚。其结果产生了一个包含有价值的新见解与歪曲事实的错误认识的混合物。那些参加过这一特定历史时期、深知当时情况的人们正处在一种迷惑而苦恼的震惊之中。这场革命究竟是胜利了，还是失败了？它所关心的一切难道没有一桩是真实的或合理的？那些献身于新精神与新风格的先驱们，他们所取得的成就，如果与传统建筑比较而言，到底是些什么？难道他们没有揭示过前所未有的真理吗？难道他们没有创造过美吗？难道他们对于建筑艺术的历史没有增添过任何新的内容吗？

这场争论正在我们美国以及世界各地热烈地开展着，有关这方面的书刊也在日益增多。在美国，最严肃认真的刊物是《反对派》(Oppositions)，由纽约建筑城市规划研究所出版；自从1973年创刊以来，它一直维持着一种热烈而认真的争辩气氛，但语调浮夸是它最显著的特点。该所还不断出版有关介绍它举办的新作品展览会和历史再评价方面引人注目的小册子。在日本，还有专门介绍新作品和对今天的建筑师特别感到兴趣的老一代建筑师的作品的杂志，其中印刷质量特别精美的有《A+U》(《建筑与城市规划》)和《建筑精萃》(Process Architecture)。

在修正过去观点的批评性著作的领域内，詹克斯(Charles Jencks)是被公认为后现代主义的领袖人物。他写过一些机智敏锐、富于洞察力的、有时又令人十分恼火的著作，如在1969年出版的论文合集《建筑的意义》，以及随后出版的《建筑中的现代运动》与《后现代建筑语言》等等。紧紧地步其后尘的是斯特恩(A.M.Stern)，他的《美国建筑的新动向》一书在1969年出版，1977年又出了修订本。他还在各种专业性杂志上发表了大量论文。

还有两位教授，同时也是著名的历史学家与评论家——耶鲁大学的斯卡利(Vincent Scully)和康奈尔大学的柯林·罗(Colin Rowe)，也许是远从20世纪40年代以来为几代建筑系学生开拓视野、改变哲学观点方面工作做得最多的人。罗有三篇建筑论文影响特大，而且持久不衰，即：《理想别墅中的数学》（载于《建筑评论》杂志，伦敦，1949年）、《矫饰主义与现代建筑》（载于《建筑评论》杂志，1950年），以及与斯卢茨基（Robert Slutzky）合写的《透明性：字面的与现象的》（写成于1955—1956年，出版于1963年）。值得一提的是，上述论文还在1976年作为罗文集的一部分重新出版。

除了历史、理论和评论著作以外，还有大量的论述当代建筑师或各种宣言的专题文章，其中最使人憎厌，但至今读来还不无趣味的是库哈斯（Rem Koolhaas）的《癫狂的纽约》。其他较有价值的资料性文献是日益增多的建筑展览会的小册子，介绍在理论或设计方面站在领导地位的建筑师的作品，或者是那些具有特殊见解或想像力的建筑师的作品，如罗西（Aldo Rossii）、海杜克（John Hejduk）、格雷夫斯（Michael Graves），等等。

目前有许多不同观点的派别，都以后现代主义为旗帜同时存在（但也不无摩擦），其中包括从形式美主义者（formalists）一直到"兼容并蓄"派（inclusionists）的种种流派。前者把所有不必要的东西全都删去，只剩下属于类型学与符号学范畴的抽象建筑语言；而后者则胡乱地抓住历史传统与乡土环境的东西紧紧不放。双方的争论无聊透顶，有些情况简直令人作呕；不同流派联合的基础，仅仅是认为现代主义已经成为历史陈迹。当前的趋势是把现代主义当作一种固执己见、寿命不长的离经叛道而一笔勾销。有些人是真诚坦率的，作了良心上的自我反省；而另有一些人则纯粹是赶时髦，扮演了冷酷无情地把什么都一脚踢开的角色。倒霉的是那些信奉现代主义，遵照它的路线进行设计的建筑师。在这种情况下，争先恐后地跟现代主义脱离关系已成为"兵败如山倒"的局面。

请原谅我，如果我说我对所有这一切都感到十分厌倦。我所厌倦的是指那种狂妄自负、心胸褊狭、目光短浅、缺乏历史知识等等表现。首先，我不同意说什么现代建筑已经“寿终正寝”了，或退一步说它在垂死之中。我认为它是生气勃勃，健康茁壮，而且显示着无限的创造活力的。同时，我也认为被称为后现代主义的某些流派，与其说是与现代主义的决裂，还不如说是现代运动在美学上和理论上的进一步充实，是明确地建立在前人业迹的基础之上的内容更为复杂的发展。

然而，现代建筑，作为一个运动，是逐渐衰老了；我们说的时间是指19世纪的一部分和20世纪的大部分。它已完全成熟，足以奉献出一批具有突出成就的好作品和一种富有特色的建筑风格，在艺术史上已占有一席地位。它正在发展着，而不是那种具有静止性质的艺术。世界各地继续不断地产生着的大量作品，足以提供成功的经验与失败的教训，使得分析和评价成为可能。没有一个思想深邃的学者或评论家会否认现代运动的正确性与重要性。任何一种足迹遍布全球、声誉经久不衰的事物决不会全无是处，一切都坏，或完全错误。当那些敲丧钟的人们忙于指摘这样那样的缺点和错误的时候，历史学者倒满有能力第一次客观地考察这段在时间上延续特长的建筑历史的全部内容。这是一件值得学者们投身其中而又令人歆羡的工作。

大喊大叫“现代建筑失败了”无疑是一场非常拙劣的表演。现代建筑这一无可否认的既成事实，规模宏伟，景象壮丽，在文明史上仅有少数几个时期在创造力方面能够与它媲美。它产生了像阿尔托（Alvar Aalto）、勒·柯布西耶（Le Corbusier）、密斯（Mies Van der Rohe）等几位大师，他们在艺术史上已经占有一席之地，其辉煌成就足以与历史上的巨人们匹敌。凡是伟大的艺术运动，都给我们带来有关人类和时代的崇高而奇妙的真理；不管你喜欢还是不喜欢，它终归是会出现的。如果考察16世纪的文学，我不知道有谁能把文艺复兴一笔勾销？

这一代人，正像任何时期的新一代人一样，正在忙于重新发现历史车轮和竭力否定前辈们的信念。现代运动的大师们受人尊敬确实是已经时间长得惊人了。然而，为了发现新的东西而牺牲老的东西，这是一个由来已久、反复出现的历史过程。这是一个混乱不堪、代价高昂的过程，而且对于一个对社会环境产生如此深远影响的艺术来说，这往往是一个多余而且危险的过程。

但是，我也同样相信，在这罕见的、不稳定的时期，也会出现一些重要的东西。历史和艺术的发展道路多种多样，不可能是整齐划一的，尽管历史学家和评论家们不遗余力地把它们的队伍排得整整齐齐。只有研究生的学术论文才讲究干净利落，说一不二。在任何过渡时期，总会出现倒退、停止不前以及含含糊糊的各种现象。生物学家托马斯（Lewis Thomas）曾把含糊不清、模棱两可的现象看作是发现新事物的必不可少的基本组成部分。越是意义重大的信息，越是给人以奇怪而邪气的感觉，一直要到所有部件都安装就绪之后，这种感觉才会消失；但这是一个永无止息、也永不完备的过程。

三

我想对当前建筑界所发生的一切，最恰当不过的是用下面这三个字来加以概括，即："含糊"、"奇怪"、"邪气"。这使得要想把坏的东西同好的东西区别开来就不那么容易。你在城市街道上是看不到多少这类别别扭扭的新作品的；它仍然是那些专业性杂志和专家讨论会上的原始材料。可是它正在散发着惊人的能量。这种含糊不清、模棱两可的现象，似乎是艺术从一个阶段向另一个阶段发展的急转猛扭的重要步骤。

对于评论家来说，当前的局面使得他非常为难。一个人的信念与经验全都成了问题，他必须重新考察一切，费劲地去重新评价，对自己的忠诚与满足表示怀疑——一句话，要敞开思想。可是，要做到这一点却是一件消耗时间、使人感到灰心又恼火的工作；因为，遗憾得很，他必须读那些建筑师和评论家们所写的文章，这简直是一种不寻常的、残酷的处罚。今天建筑师们写的那些东西大大超过了含糊性所允许的范围。这些文章用的是最晦涩、最神秘、最不明确的语言，随心所欲地从未经消化、又常引用失当的哲学思想或其他时髦学科的皮毛术语中借用而来。正像文学以及其他学术领域一样，那些无休无止的相互借用，以及半生不熟的马克思主义美学，使我们受尽折磨。微不足道的想法却用大话来表达；文章内引经据典，包括外来的资料以及作者本人的言论，名副其实的"自我作古"。文化上的随波逐流简直是泛滥成灾。我们这些经常报导建筑动向的人，必须硬着头皮去啃大量的矫揉造作、拖泥带水的文章，以便从中发现洞察力的一缕闪光，评论意见中埋在深处的一粒沙金，以及寻找据说目前正在进行中的"反对革命的革命"的入门钥匙，而且还要限期交卷。

如果这些志同道合的建筑师们把他们所设计的房屋集中在一起，那么，由于他们进行了令人惊畏的大胆探索，采用了吓人的不必要的复杂手法与含糊其词的细部处理，缺乏对采用经济的表现手段来获得美的理解，这幅建筑图景将是非常糟糕，简直是不堪入目。我常怀着一个令人寒战的想法：有些建筑师正在按照他们"想"的那个样子来建造房屋，如果这个"想"字正确地反映了他们头脑中所进行的一切。

我承认，有时候我的确被厌烦或疲倦所战胜了。可是，对建筑事业表示关心的公众有权利要求从评论家那儿得到某种性质的指导。他们知道自己是当前环境中被俘虏的消费者。他们需要一套可以信赖的指示器，一块批准优良建筑的橡皮图章。鉴于当前建筑业的复杂性，他们等待着专家们的鉴定与评价是完全可以理解的。今天，要想把那些浮华恶俗的东西同那些值得赞许的东西区别开来，是需要大量的知识、经验和某些非常不受欢迎的价值判断的。

四

首先，看到“后现代主义”这个名词似乎就使我们心神不安。这个词是由一个分裂出来的小集团发明创造的，他们对为现代主义者所抛弃的、以历史传统与地方风格来进行设计的手法感到兴趣。斯特恩（Robert A.M.Stern）把它的特征概括为：历史引喻主义、文脉主义与装饰主义。其结果是出现了一种稀奇古怪的、模仿别人作品、东拼西凑的大杂烩；有时人们称之为“弗仑肯斯坦效果”（Frankensteineffect，即自己创造了一个怪物，到头来自己又被它毁灭的意思）。但是，这个名词目前正在被人越来越随便地使用着，几乎每一件事只要与被公认的、被普遍接受的实践分道扬镳的都可以套用。另一方面，也有其他一些团体竭力抵制这一标签，至少有一位既是理论家的建筑师就坚持自己恰恰是个后功能主义者。后现代主义也并不是那么神秘莫测，它使人联想到一个后工业社会，以及许多目前正在流行的带上“后”字的其他事物。这个字眼实在太大了，它足以囊括一切，真像一个杂货桶，而且在同等程度上也是个遁词。它包罗万象，桶里装着五花八门的思想与风格。

然而，我发现有许多公众当听人说他们已进入后现代主义，当他们最终已适应现代主义而现在又说它已经成为过去的东西的时候，他们都感到十分震惊。即使是那个信得过的老调子，叫什么“用传统主义来反对现代主义”的论点，过去曾使大家忙乱了好长一段时间，今天又被人老调重弹，也就像一匹老马一样，再鞭打它也提不起什么劲来。但有一点是清楚的，就是传统已经卷土重来，虽然人们还不容易察觉。而且，那些曾被现代主义者所禁忌的历史与历史风格又再度受人尊重。但是，一个人总不能直截了当地抄袭历史啊!它总得在人的心目中至少被扭转个45度才能套用啊!这些年来我们时常听到有些人用什么“机智巧妙”、“讽刺挖苦”等等字眼来形容建筑。历史上倒是有过这样的建筑师，比如勒琴斯(Sir Edwin Lutyens)等人，他们技巧成熟，能够把传统的东西运用得不落俗套，取得光彩夺目的效果。可是他们扎根于良好的建筑文化修养，因而完全可以做到得心应手。今天我对于所谓“机智巧妙”的建筑戒心很大；它往往暗指那些才能菲薄的人求助于时髦的服装饰物，搞些类似性质的“逗人”的东西。建筑师们可能正在发现历史，但是他们在这方面的知识仍然是如此残缺不全，他们的热诚如此游移不定，因而我们从他们那儿得到的许多东西只是“一个人干出来”的历史，要重新达到确有把握、笔法娴熟的作品还有一段很长的路程要走。

追求新奇和耽于反常是我们时代许多文化现象的共同特征。在这种精神的感召下，那些著名的娱乐场所，如莱维特镇(Levittown)、拉斯维加斯(Las Vegas)以及迪斯尼世界(Disney World)都成了文化界领袖人物热心研究的对象，但也正是他们曾经极端蔑视这些场所的粗野庸俗。甚至矫揉造作、手法拙劣的作品也被视为时髦而畅行无阻。装饰也不再等同于罪恶。路斯(Adol fLoos)曾经把装饰与罪恶联系起来，比之于野蛮人的纹身一样那种奇怪的美学思想已经被倒转过来。今天凡使路斯产生反感的东西却把我们搞得神魂颠倒。实际上，现在是什么东西都行，只要它打破现代主义的清规戒律，而且越是搞得使人震惊就越好。(唉，须知耸人听闻的价值只能是昙花一现的)。今天的建筑流派真是五花八门，无奇不有，从信奉那种难以理解的、与世隔绝的美学思想，直至招摇过市、惹人厌烦的庸俗风格。惟一的要求是，把建筑变成画图板上狂热地发泄精力的智力游戏。所有这一切都可看成是反映社会生活中或艺术领域里其他某些事物的符号、象征或隐喻。

五

有时，为了达到某种目的而采取复杂的手段，简直是毫无道理；有时，甚至说不出这手段到底要达到什么目的。比如，我非常钦佩菲利普·约翰逊（Philip Johnson）的艺术趣味与聪明才智，正因为如此，要我表示真心喜欢他设计的纽约美国电报电话大楼或匹兹堡PPG工业企业大厦，我是决不开这个玩笑的。我非常认真地对待这两座建筑物，因为它们实在是设计思想肤浅贫乏的坏作品。尽管建筑师煞费苦心，付出高昂的造价，也是无济于事。只有通过创造性的劳动，而不是靠东拼西凑、要弄小聪明，才能使一幢建筑物转化为一件艺术品。不能仅仅满足一个浏览市容的观光者的眼睛，而要给人们以更多的东西。非常遗憾的是，这些建筑物正在作为后现代主义的一面旗帜在当地的上空飘扬，而且还作为所谓历史引喻主义什么的代表作品。因为这一类浅薄无聊、令人震惊的东西，故意搞出来讨好一般群众，却受到了大众化报刊的青睐。

认真审视这些建筑物，实际上也就包含对这位建筑师大肆宣传运用传统的观点的评价。说过去的东西都是对的，已不再骇人听闻了；我们已经超越了那个阶段。约翰逊先生长期以来一直在宣传这种观点。但是，折中主义，对现代主义者说来是个最肮脏的字眼，仍然是个被禁止要弄的玩具；而他却发现这是个需要打破的最后一条建筑戒律。约翰逊先生对种种被禁止要弄的玩具有着特殊的爱好。他不相信有什么东西应该被禁止的，但是，像这样的采用折中主义手法的设计是否对文化思想观点中的各种教训作出了正确的回答？或者，只不过是为了取得容易得到的装饰效果而把形式与内容脱离开来？还是一时兴之所致采取了这种破例的行动？这种行动不是真要把建筑这一旨在解决实际效用、结构、空间、精神与风格等复杂问题的具有相当深度的艺术大大降低地位？

文丘里（Robert Venturi）与洛奇（Rauch）代表一种比较隐晦的、难以一目了然的折中主义。他们设计的奥倍林学院艺术博物馆（这是由凯斯·吉尔伯特设计的古典建筑）的加建工程是比较大胆的，但也值得一试。文丘里在1966年写出、并由现代艺术博物馆出版的论文《建筑中的复杂性与矛盾性》（副标题是“一个文雅的宣言”），论述了当前的新折中主义。这篇论文极受重视，在1977年重新再版。它所论述的是所谓“兼容并蓄”（“inclusive”）的建筑环境，而不是“清一色”（“exclusive”）的建筑环境；把复杂性与矛盾性看成是在美学上与城市规划上都合乎需要的东西。文丘里和他的妻子丹尼斯·布朗在《向拉斯维加斯与莱维特镇学习》一书中把流行时髦的世俗环境视同不朽的东西，并把它转化为一套用象征与符号来表达的建筑语言，从而提高了都市郊区所特有的风俗习惯的文化地位。然而，文丘里有着非常精细而敏锐的眼力，他常常通过所谓综合折中主义的设计手法微妙地设法超越他所信奉的理论。

穆尔（Charles Moore）与佩莱斯（Perez）合作设计的新奥尔良市的意大利广场是个彻底的折中主义设计，他们把建筑与城市规划当作舞台的道具和布景。这种折中主义在象征性与美学上具有多层意义。一方面它使人从流行艺术的欣赏角度微妙地联想到古典建筑；另一方面由于它是各种古代纹样装饰、色彩、象征，再加上霓虹灯的大杂烩，使它又转化为完全不同于它的传统来源的某种东西。它的终极意义，就是它对毫无特色、缺乏尺度感的现代城市环境表现了一种精心制作的有意识的嘲讽。今天的建筑师们不仅盖房子，而且还要发议论。他们的这种做法有的人喜欢，有的人就反对。

格雷夫斯（Michael Graves）热衷创造的是一种感情强烈、思路奥秘的折中主义意象，在这个小集团里真可数得上独一无二。他随意运用色彩、隐喻、历史联想等等手法，创造隐晦、难懂、与世隔绝的艺术形象。他基本上不考虑工程结构问题——打破了另一条建筑戒律吧。他正在冲破建筑语言的界线。格雷夫斯画得很好，但这个形象一离开图纸，真正做出来后，就完全成了另一种东西，给人以浮华而烦琐的印象。他这一套手法，在他的学生与模仿者手里，就成了一望而知的陈词滥调。

六

如果说折中主义是一个方向，那么抽象的形式美主义（formalism）是另一方向。埃森曼（Peter Eisenman）与那些从历史传统或通俗环境中寻找现成材料的人形成了极端鲜明的对比。他把任何与现实世界联系的材料，从他苦心经营、精致优美的创作中完全剔除出去。他所关心的是线条、平面、立体、空体，以及它们之间所存在的错综复杂的空间与图面关系。这些东西可以构成美妙的建筑图。当今盛行着等角透视画法，好处是没有容易产生错觉的灭点，给人一个精确的三度空间示意图。这种几何投影既表现线条美，又把面与空间交待得一清二楚。埃森曼在进行理论探讨之余，偶尔设计一些小住宅。他所创造的是一种为艺术而艺术、为形式而形式的纯粹抽象性建筑。

迈耶(Richard Meier)同时运用折中主义与形式美主义的创作要素。他并不排斥现代主义，他的作品被称为“重新构成的现代主义。”显然，他从柯布西耶（Le Corbusier）的早期作品得到借鉴；他以20世纪后期的眼光，热心探索为人怀念的20世纪初期建筑风格的各种细微差别。但他把运用这些形式的原有手法大大地发展了。迈耶把老的建筑词汇以他的想像力作了新的解释，运用它对空间几何构图作各种新的探索。这就从大家熟悉的建筑空间构图方法中向前迈出了重要的一步。这些新经验在他设计并已建成的印第安那州新哈莫奈俱乐部得到了集中的体现。该项工程是为向游人介绍这座历史名镇而建的，建筑师把它设计成一个交通系统式的工程结构。当游人沿着一条围绕五度倾斜网格而建的坡道上升时，空间好像在行动一样，把游人引入各个展览室、一个戏院和几处室外平台。室内空间同时以几种不同方式呈现在游人面前，每个视点从交错重叠的楼层和室内外空间产生错综复杂的图景，这设计手法不仅扩展了人们的视觉界限，而且也更充分地展示了时空之间的各种关系。

斯特林（James Stirling）是一位英国建筑师，今天许多同行都在密切注视着他，并向他学习借鉴。他曾设计过莱斯大学的工程馆和剑桥大学的历史图书馆，他运用工程技术美学的手法使早期现代主义者的“机械美”相形见绌。这种手法成为风行各国、最受欢迎的新风格之一，人们称之为“高技”（High Tech）。他的新作品又转向一种删繁就简的古典主义，介于18世纪法国建筑师勒杜式的简化古典主义（Claude Nicolas Ledoux，1736～1806年）与展示外部空间之间的折衷办法。这可算得上是不断追求设计手法极限可能性的创造性活动。它虽超越现代主义，但并没有否定现代主义的成就。如果没有老作品倡导在前，新作品也就不能存在。

用富于革新精神的先进技术来解决建筑工程问题是20世纪建筑的突出标志。它与追求不受限定的通用空间的设想步调一致。上述两项原则在福斯特联合事务所（Foster Associates）设计的桑倍莱中心（Sainsbury Center）中作了前所未有的探索。这座建筑物具有通用的性质，在该工程中包括一座博物馆与一所学校。同时，他们在把细部处理成非物质化方面也取得成功。在另一工程威利斯·费伯大厦（The Willis Faber Building）中甚至把建筑本身也处理成非物质化；他们把从玻璃外墙反射出来的种种映像看得跟构成这些外墙的惊人工程技术同样重要。这是把工程技术视同艺术的极大成就。

七

上面的简略介绍极为有限，而且是任意选择的。我尚未接触到同样使人感到兴趣的更多的建筑师及其作品。但能够把他们的理论与实践联成一体的基础是真诚的探索精神与追求为现代运动所否定的种种形式的愿望。过去紧闭的门户已经重新开放了，从广泛的兴趣与不同的理想中正在磨炼出新的建筑。

新的主题出现了：通俗主义（populism）与多元主义（pluralism）；不是一种风格，而是许多种不同的风格。纯粹主义（purism）与功能主义受到了冲击，折中主义与矫饰主义（mannerism）成为强烈爱好的对象。当前引人全神贯注的东西恰恰是为现代主义者所深恶痛绝的——巴洛克建筑、维多利亚鼎盛时期的建筑，以及学院派建筑。该派曾经遭人鄙视，现在又再度名声显赫。这些表现部分地来源于“把父辈一脚踢开”的综合病症。当前社会上流行着一股醉心于几个“颓废”时期的建筑、追求风格与空间的微妙复杂而又反常的艺术趣味。此外，对学院派建筑的钦佩赞赏之情也日益发展；而恰恰是这一类建筑我们这一代人在青年时代就不让去欣赏观摩，把它看成仿佛是某人在大街上犯了严重的言行失检而必须侧目相待一样。从浅薄无聊的恋旧之情，一直到修养有素的历史主义，什么表现形式都有。

有些建筑师越来越热衷于为艺术而艺术，正在把设计手法中属于抽象范围的领域又向前推进了一步。这是对今天的新作品争论最多的一个方面。有些作品能够接近于历来伟大建筑所追求的技术效果，即：有目的地处理好结构、光与空间等问题，以及实用与美观之间的相互关系。但与此同时，为艺术而艺术的建筑却威胁着建筑与社会需要和社会利益之间的非常重要的关系。它所造成的严重危害同它的发展前途一样巨大。

八

文脉主义是目前正在流行的另一个期待已久的主题。它意味着我们终于认识到历史与环境是建筑的两个方面，没有任何建筑物能够独立存在。人们看到了作为纪念碑来设计的个别建筑物就皱眉头。城市住宅区应该按照社会识别性、文化连续性与地方感等要求来对待。法国建筑师格伦巴赫（Antoine Grumbach）一直在研究如何对巴黎的历史组织结构进行“共鸣的干预”；他将设计建造大量住宅，作为“填充”式建筑插入原有房屋的群体组织之中。必须避免的是让新的东西居于支配地位。被现代主义者所抛弃的象征主义，是一个符合人类需要与历史职责的思想观点，现在又为人们所追求。凡对那些观赏或使用建筑物的人们能够传导特殊意义与价值的各种风格要素，由于它具有识别性而更多地受到重视。

有一次当我在罗马留学期间，赛维（Bruno Zevi）领我去观赏一座光彩夺目的巴洛克教堂及其广场。在月光之下，我真不敢相信城市能够如此美丽无比，石头能够如此引起美感，建筑师们为人类戏剧舞台创造了如此庄严壮丽的布景，空间能够引人进入如此强烈的情感，建筑能够使人看起来远远大于他的自身。这些富有魅力的、起指导作用的思想却在现代主义者的学说中没有地位。同这些思想一起被丢掉的是建筑师的创造能力和他艺术中的传统灵魂。所有这些都是我在欣赏这个巴洛克的建筑空间时得到的启示。“看啊！”赛维叫道，“她正在发现保护伞哩！”

是的，这就是今天正在发生的事情。建筑师们正在发现保护伞。从一种备受限制、活动范围狭隘的美学思想中解放出来以后，他们面对着各式各样的可能性，不禁眼花缭乱；而这些可能性源远流长，正如时间一样古老。老一代把这些新趋势视为异端，而年轻一代则把它们看成是创造性地重新开放对设计活动范围严加限制的框框。

所有这一切构成意义更为深刻的某种事物的一部分，即：寻求事物的含义与象征，重新建立建筑与人类经验之间的联系，寻找和表达一种价值系统，从社会利益的角度出发作出对建筑事业的关心。这就把建筑看成不仅是给人们以安全卫生的住宅和工厂而已，仅仅满足这些人类权利还不够，而且还要为人们提供特殊的生活情趣。这个雄心壮志跟当年早期现代主义者的一样伟大；这可能同样是个陷阱。但是，它又回复到这样一个基本认识，就是：建筑远远超过不动产与庇护所的功能，它还必须是一个物质生活与精神生活的奇妙的复合体，它是人类志向与信念的思想感情的有形工具，也是他的文明成就持久可行的指示器。

追求这些价值标准使当前的建筑实践获得丰富的内容是毫无疑问的。但是，有两个因素使我深感不安，即：建筑师们热衷于相互对话，从而日益加大了专业人员与公众之间在理解能力方面的距离，这是相当危险的。其次，从关心社会降低到仅仅关心艺术的急追直下的趋势。

钟摆正在从改造世界的愿望摆向改造艺术的愿望。从20世纪60年代宣扬建筑师的能动作用到80年代退缩到书斋里进行奥秘的创作活动，实在是个大伤元气的摇摆。建筑师在当代社会中的作用和责任的根本问题仍然没有得到解决。如果我们希望把错了方向的地方集中到一点，那么，这就是当代建筑失败之所在。而对于这样的失败，建筑师究竟应该承担多少责任，实在是说不清楚。建筑师的创造活动在很大程度上受制于社会上的种种势力、准则、愿望、约束，这些都是他们无法控制的。也许我们得到的这个世界，正是我们所想要的，而且也是理有应得。

（原文载于《建筑师》第24期）

城市并非树形

[美]克里斯托弗·亚历山大　著

严小婴　译　汪　坦　校

译者按：这是一篇探讨设计思想方法的论文，其原则并不限于城市规划。问世以后，反应强烈，当然是“正反”两方面都有。文章对多种著名城市设想方案进行了分析，极为雄辩，逻辑严谨，颇能活跃我们的思路。值得商榷的，一是亚历山大氏的价值观（见《建筑师》14期P.49）；其次是城市的形成过程总是发生的（Generative），其复杂性还不能十分确切地只表现在半格网和树形结构的差别上。皮亚杰（J.Piaget）把认识模式写成S⇌R，（S—刺激Stimuli，R—反应Response），是双向的，相互的，似乎比“交叠”更深刻些。

引起我们深思的还在于解决这样复杂而又多变现象的手段，目前趋向于重视公众参予（Public Participation），亚氏以后提出的模式语言（Pattevn Language）就是一种创造性的尝试。

译　序

克里斯托弗·亚历山大（Christopher Alexander），英国人。1936年生于维也纳。曾获英国剑桥大学建筑学学士和数学硕士学位，获美国哈佛大学建筑学博士学位。现为美国加利福尼亚大学伯克莱分校建筑系教授。亚历山大教授是当今世界试图发展建筑学理论基础的主要发言人之一。著有许多建筑及城市规划理论书籍和论文。本译文之原作于1965年在《建筑论坛》(Architecture Forum)杂志问世之后[1],立即被许多国家的众多杂志竞相重新刊出或译出。尤其对意大利、法国、英格兰和日本影响颇大。“考夫曼国际设计奖”(Kaufmann International Design Awards)评选委员会认为,此论文为近五年来关于设计问题的最深刻论述之一。亚历山大也因此文而成为1965年“考夫曼国际设计奖”的获奖人之一。著名建筑理论家查尔斯·詹克斯(Charles Jencks)曾在《现代建筑运动》(Modern Movements in Architecture)一书中给予此文以较高的评价。他认为“由于这一新的设计思维和设计方法的诞生,现在,至少在理论上已可能解决丰富而又复杂的城市问题了。”

[1] 本译文根据(Design)杂志1966年2月号译出。该刊转载时应作者的要求对最初发表的论文作了一些小的修改。——译者

本文标题所言及的树,并非长有绿叶的树。这是一种抽象结构的名字。我用树形和另一种称为半网络的更为复杂抽象的结构加以比较[2]。城市具有半网络结构,而不是树形结构。为了显示出这些抽象结构和城市性质之间的关系,我必须首先给出一个简要的区分。

[2] 树形(Tree)和半网络形(Semi-lattice)结构均为数学集合论的两个重要概念。——译者

自然城市和人造城市

我想称那些在漫长的岁月中或多或少地自然生长起来的城市为“自然城市”(Natural City)。称那些由设计师和规划师精心创建的城市和一些城市中那样的部分为“人造城市”(Artificial City)。西耶那(Siena),利物浦,京都,曼哈顿是自然城市中的一些例子。莱维顿(Levittown),昌迪加尔(Chandigarh),和不列颠新镇(British New Town)是人造城市的一些范例。

今天,人们越来越充分地认识到,在人造城市中总缺少着某些必不可少的成分。同那些充满生活情趣的古城相比,我们现代人为地创建城市的尝试,从人性的观

点而言，是完全失败的。

建筑师们自己也越来越坦率地承认，他们事实上更乐于生活在老的建筑中，而不是住在新大楼内。无艺术爱好的一般公众（Non-art-loving），非但没有感谢建筑师们的创造性活动，相反，而是把比比皆是的现代建筑和现代城市的冲击视为世界正在走向毁灭的一个不可避免、很可悲的巨大现实。

可以轻易地指出，这种观点仅仅表明了人们的怀旧情绪，和人们维护传统的决心。但就我个人而言，我信奉这样的保守主义。人们通常愿意随时代而前进。他们越来越勉强地去接受现代城市，这明显地表达了他们对正在从我们手中逃逸的某些真正价值的渴望。

我们也许正在把我们这个世界改造成为仅仅充斥着小块玻璃和混凝土盒子的地方。这一前景，已对许多建筑师敲响了警钟。为了与玻璃盒式的未来作斗争，许多勇敢的抗议和设计已经问世。这些抗议和设计旨在用现代形式重新创立各种似乎给予自然城市以生命的特征。然而，迄今为止，这些设计仅仅是旧物翻新。他们并未能创造新的东西。

“义愤”，这一由《建筑评论》杂志发起的运动，对新建设和电线杆正在淹没英格兰城镇这样一种现状进行了斗争。这场运动，从根本上来说，将它的拯救措施基于这样的理论，即，假如尺度应当受到保护的话，那么建筑的空间序列和开放空间必须加以控制——这一思想实际出自C·西特（Camillo Sitte）关于古代广场的著作。

另一种拯救方法，针对莱维顿的单调乏味，试图重新获得在老的自然城镇民居中呈现的那种丰富多彩的造型。英格兰拉什布鲁克（Rushbrooke）的L·戴维斯（Llewelyn Davies）村落是一个例子——每一幢农舍都和相邻的略有不同，屋顶以美妙别致的角度突前或凹进，造型有趣，逗人喜爱。

第三种建议的拯救方法是恢复城市的高密度。这样的设想似乎是，只要所有都市都像“中心大站”(Crand Central Station)那样：到处都是许许多多的层次和筒道，有足够多的人在里面转悠，那么，这也许又具有人情味了。维克托·格伦（Victor Gruen）的计划和LCC的“海湾新镇”计划中人为的文雅都反映出这种思想在起作用。

对到处都是的单调呆板进行抨击的，还有另一位非常出色的评论家，简·雅各布（JaneJocobs）。她的评论是绝好的。但是当你读到她所具体建议我们取而代之应做些什么时，你又感到她希望宏伟的现代化城市成为格林威治村与其他一些意大利山村的一种混合体，短街坊鳞次栉比，人们都坐在街上。

这些设计者们试图正视的问题是现实的问题。对于我们来说，至关重要的是去发现赋予这些老城生命的特征，并使其在我们的人造城市中得到发扬。但是我们不能仅仅通过移植一个英国村庄，意大利广场和“中心大站”来做到这一点。今天，太多的设计人员不是去追寻昔日的城镇碰巧具有的，而我们的现代城市概念尚未发现的抽象有序原则，而似乎一直在渴求昔日具体的和造型的特征。这些设计者们无法使城市呈现生机，因为他们只不过模仿老城的外表，也即老城的实体：他们没有能够发掘出老城的内在性质。

什么是内在性质，也即使人造城市有别于自然城市的有序原则？你也许从第一段已猜测出我所相信的有序原则是什么。我认为一个自然城市有着半网络结构；而一旦当我们人为地构成一个城市时，我们采用了树形结构。

树形和半网络

树形和半网络都是关于许多个小系统的组合将如何形成大而复杂系统的思维方法。更笼统一些说，它们都是集合的结构名称。

为了定义这些结构，让我首先确定集合的概念。集合是我们根据某种理由认为属于一类的一些元素的组合。由于我们作为设计人员涉及的是物质的有生命的城市以及它的物质支柱，所以我们极为自然地仅限于考虑这样一些物质元素群的集合，如人群，草皮，汽车，砖，微粒，房子，花园，水管，在管中流动的水分子等等。

当一个集合中的元素，由于它们在一定程度上合作或一起发挥作用而属一类时，我们就称这些元素的集合为一个系统。

这里是一个例子。在伯克莱的赫斯特和欧几里得(Hearst and Euclid) 街的拐角处，有一家杂货店。店门外有一个交通信号灯。在该店的入口处，有一个陈列各种日报的报栏。当红灯亮时，等待穿越马路的人们在灯的附近闲散地站着；因为无事可干，于是他们浏览着从他们站的位置就能看清的陈列着的报纸。一些人仅读标题，有些人在等待时则干脆买一份报。

这种现实使报栏和交通信号灯互依互存；报栏、报栏内的报纸、从行人口袋里流入自动售货机内的钱、被交通灯阻留和读报的人群、交通灯、信号改变的电脉冲，以及人们滞留的人行道，这一切组成了一个系统——它们在一起发挥作用。

从设计者的观点而言，此系统的物质不变部分具有特别的重要性。报栏，信号灯及它们之间的人行道，自然地互相关联着，形成了此系统的固定部分。这是一个不变的容器。在此容器中，系统的变化部分——人群，报纸，钱和电脉冲——能够共同起作用。我定义这种固定部分为城市的一个单元。它作为城市的一个单元而具有的粘合性既衍生于集它自身元素成一体的作用力，也来自于包含这种单元作为其固定不变部分的更大而又有活力的系统的能动粘合性。

城市系统的其他一些例子是：组成一幢建筑的材料

之集合；组成人体的粒子之集合；快车道上的汽车，加上驾乘人员，加上行驶的干道；通电话的二位朋友，加上举着的电话机，加上他们之间的电话线；电报局和它的大楼，服务设施和使用人员；雷克斯尔（Rexall）杂货店联号；位于旧金山市政厅内的行政当局管辖下的该市的物质成分；在旧金山市界内的每一件东西，加上所有经常访问这个城市和对它的发展有贡献的人[像鲍勃·霍普(Bob Hope)或者A·利特尔公司的董事长(Arthur D.Little)，加上向城市提供财富的主要经济福利来源；邻居的狗，加上我的垃圾箱，加上狗赖以生存的我的垃圾箱外的垃圾；约翰·伯奇协会的旧金山分会（John Birch Society)]。

这当中的任何一例，都是在某种内在约束力作用下变得具有粘合性与共同性的一些元素的集合。就像交通灯——报栏系统那样，每一例都有着我们视为一城市单元的一个物质上的固定部分。

城市中有许许多多固定有形的子集。它们是城市系统的容器。由此也被视为有意义的物质单元。我们通常从中选出少许作特殊考虑。事实上，我认为，不管某人对一城市有如何的印象，它都可以由他所看到的，作为单元的子集所确切地限定。

这里，形成如此印象的子集的组合，已不光是一个无定形的集合。仅仅由于一旦子集被选定则它们之间的关系即已确定，所以组合就自然而然地有一限定的结构。

为了理解这一结构，让我们用数字作符号抽象地思考一下。先不谈及在城市中出现的成千上万个物质元素的集合，而是让我们考虑一个较简单的、仅有6个元素组成的结构。给这些元素分别记为1，2，3，4，5，6，不包括全集（1，2，3，4，5，6)，空集（一）和单元素集(1)，(2)，(3)，(4)，(5)，(6)，则我们可以从这6个元素中取出56种不同的子集。

假定我们现在从56个子集中取出一些（正如当我们组成我们的城市结构图时，我们取出一定的集合并称之为单元一样）。例如，我们说我们取出下列子集：(123)，(34)，(45)，(234)，(345)，(12345)，(3456)。

在这些集合之间可能存在的关系是什么？一些集合完全是另一些较大集合的部分，就像 (34) 是 (345) 和 (3456) 的部分。另一样集合将交叠，如 (123) 和 (234)。还有一些则互相不搭界——这就是不包括任何公共元素，如 (123) 和 (45)。

我们可以看到以两种方式展现的这些关系（图 1)。在图a中，选择作为一个单元的每一个集合都画有一条线圈住。在图b中，选择的集合以上述数值大小序列加以排列，以便每当一个集合包含另一个时[如 (345) 包含 (34)]，总有一条自一点至另一点的直连线。为了使此体系简洁明了，常常仅在两个其间不存在任何其他集合和连线的集合之间划一条线；故因 (34) 至 (345)，(345) 至 (3456) 之间已有连线，所以 (34) 和 (3456) 之间无必要重划另一条线。

正如我们从这两张图例所看到的，仅子集的选择即可从整体上赋予此子集群以一个完整的结构。这就是我

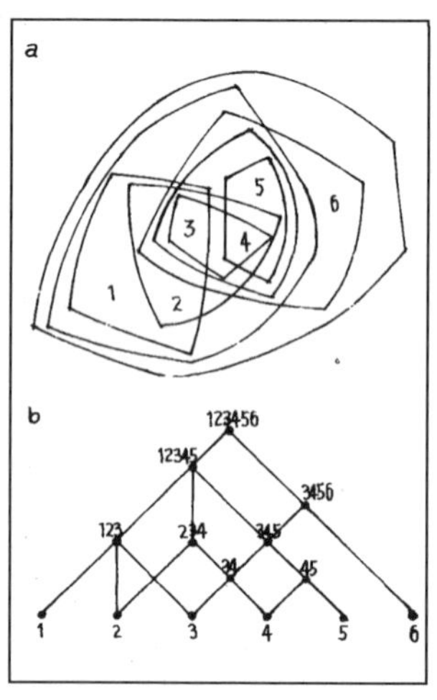

图 1

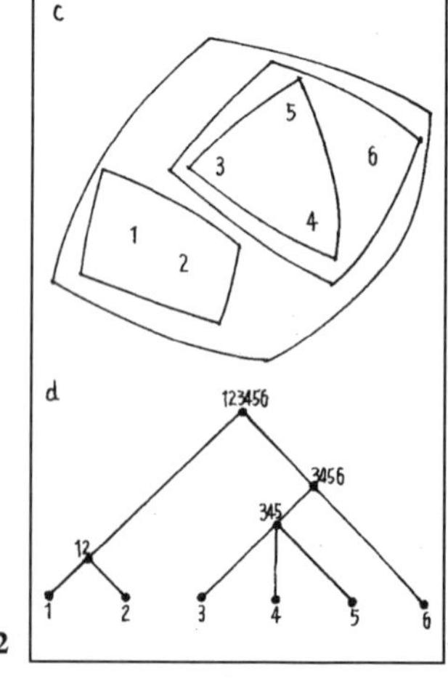

图 2

们在这儿要讨论的结构。当此结构满足一定的条件时，它就称为半网络结构。而当它满足另外更多的约束条件时，它就称为树形结构[3]。

[3] 数学集合论定义树形结构为半网络结构的一个简单特例。——译者

半网络的定理是这样的：

“当且仅当两个互相交叠的集合属于一个组合，并且二者的公共元素的集合也属于此组合时，这种集合的组合形成半网络结构。”

图a和图b给出的结构就是半网络形。例如，因为(234)和(345)都属这一组合，并且它们的公共部分(34)也属这一组合，所以它满足这条定理。(就所考虑的城市而言，这个定理即为，不管两个单元在何处交叠，此交叠区域本身也是一个可认识的实体，因而也是一个单元。在杂货店这个例子中，一个单元由报栏、人行道和交通灯组成。另一单元由杂货店本身以及它的入口和报栏组成。两个单元交叠于报栏这一项。很清楚，此交叠部分本身也是一个可认识的单元，因此也满足上述定义半网络结构性质的定理)。

树形结构的定理为：

“对于任两个属于同一组合的集合而言，当且仅当要么一个集合完全包含另一个，要么二者彼此完全不相干时，这样的集合的组合形成树形结构。”

图c和图d示出的结构为树形结构（图2）。因为此定理排斥了有交叠集合的可能性。因此，在任何情况下它都不可能违背半网络结构的定理。所以每一个树形结构是一个非常简单的半网络结构。

然而，在本文中，我们并不过多地讨论树形偶为半网络这一事实，而是讨论在树形结构和那些更为一般的半网络结构之间的差别。这类半网络不是树形，因为它们的确包括了交叠单元。我们讨论在其中没有交叠存在和确有交叠存在的结构之间的差别。

并非仅仅交叠使这两个重要结构有所差异。更重要

的是这样一个事实，即半网络是潜在的比树形更复杂更微妙的结构。我们可以从如下事实直接看出半网络结构是如何比树形复杂得多：一个基于20个元素的树形结构最多能包括此20个元素的19个更深一层的子集，而基于同样20个元素的半网络，则能包括多于上百万个不同子集。

和树形的结构简单性相比，这种极为丰富的可变性标志着半网络能有超乎寻常的结构复杂性。正是由于树形的性质缺乏这种结构复杂性，才使我们的城市概念受到损伤。

树形结构的人造城市

为了证实我将指出每一个例子都本质上是树形，让我们看一些现代城市概念。在我们查看这样的平面图时，记住下面这首打油诗也许是有用的：

大跳蚤驮着小跳蚤，
小跳蚤咬着大跳蚤，
大背小，小被更小的咬，
如此叠罗汉没完没了。

这首小诗完整和简洁地表示了树形的结构原则。

1.马里兰州哥伦比亚市，“社区研究和建设组织”的方案。五个一群的邻里形成村落。交通网把这些村落和一个新镇联系起来（图3）。结构是树形。

2.马里兰州的格林贝尔特市（Crennbelt），C.斯坦（Clarence Stein）的方案。这个“花园城市”被分解为若干超级街区。每一个超级街区含有学校，公园以及一系列围绕露天停车场而造的附属居住建筑（图4）。结构为树形。

3.大伦敦规划（1943），艾伯克龙比（Abercrombie）和福肖（Forshaw）的方案。此图

图 3

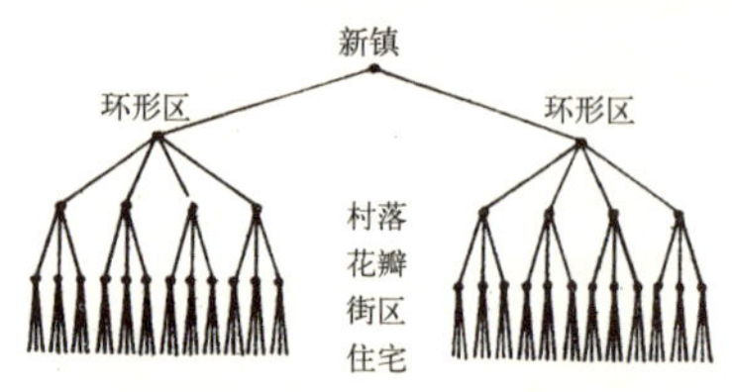

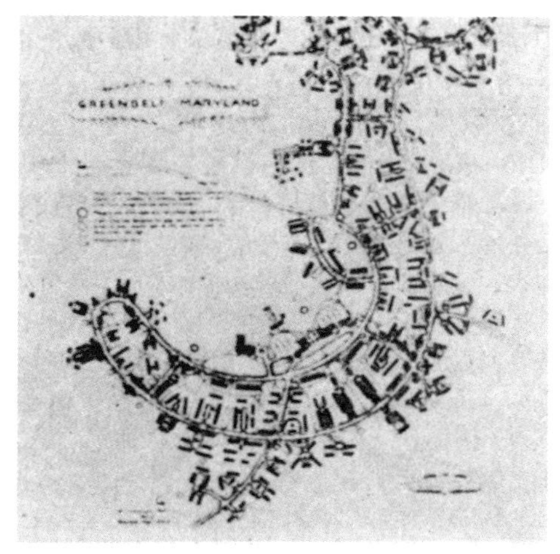

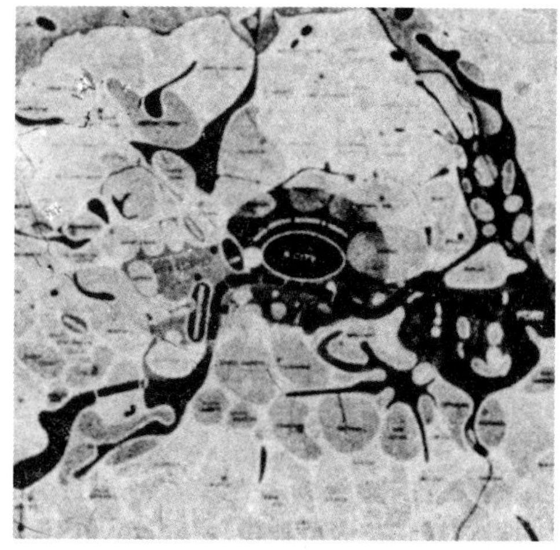

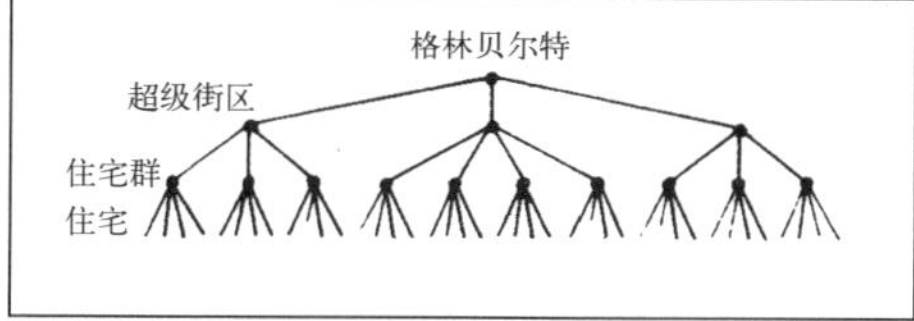

图 4

伦敦
汉普斯特德 肯辛顿 兰伯斯 格林威治 伍尔威治 等等

图 5

揭示了艾伯克龙比构想的伦敦结构。它由相当多的社区所组成。每一个都和邻近各社区明显隔开。艾伯克龙比写道，“此方案旨在强调现存社区的个性，提高它们之间的分离程度，并且在需要的地方将其重新组织成为分离和明确的实体”。此外，“社区本身又由一系列子单元组成，而这些子单元通常具有相应于邻里单元这一规模的自己的商店和学校。”城市被构想成具有两个主要等级的树形（图 5）。社区是此结构中较大的单元，邻里则为较小的单元。没有互相交叠的单元。结构是树形。

4. 东京规划，丹下健三的方案。这是一个绝妙的范例。它由一系列穿过东京湾伸展开来的环所组成。有四个主环。每一个都含有三个中级环。在第二个主环中，一个中级环是火车站，另一个是港口。其余则每一个中级环包含三个为居住区的小环。第三个主环有所例外。在其中，一个中级环包括政府办公区，另一个则包括工厂办公区（图6）。

5. 梅萨城（Meas City），保罗·索勒尔（Paolo Soleri）的方案。粗略一瞥，梅萨城的组织形式导致我们产生错觉，认为它比我们那些更明显单调呆板的例子具有较丰富的结构。但是当我们仔细看时，我们准确地发现了同样的组织原则。特别地，以大学中心为例。此外，我们看到城市的中心被分为一个大学区和一个居住区，而此居住区本身又被分为许多约有4000居民的村落（实际为公寓楼），每一公寓又再进一步分解并由更小的居住单元所形成（图7）。

6. 昌迪加尔，柯布西耶方案（1951）。全

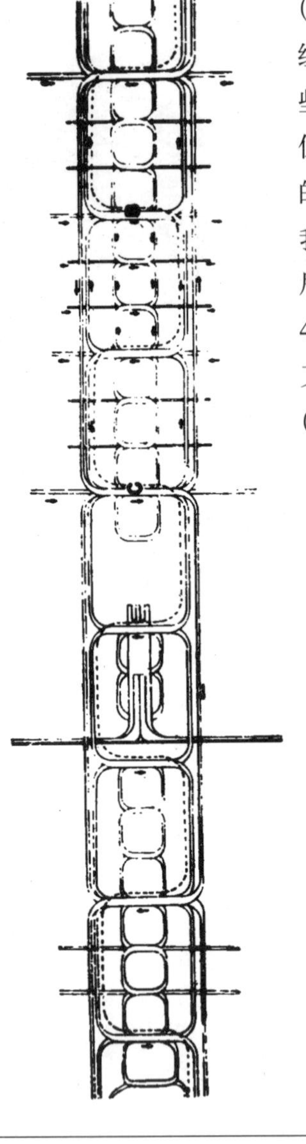

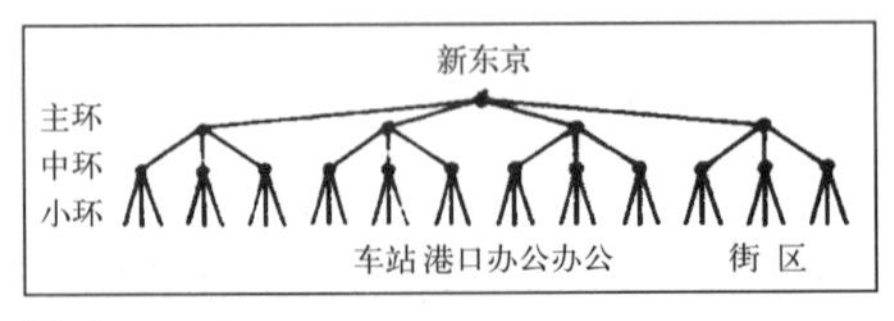

图6

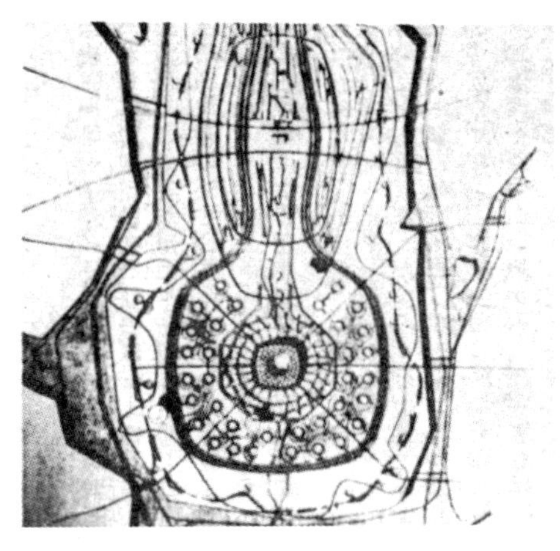

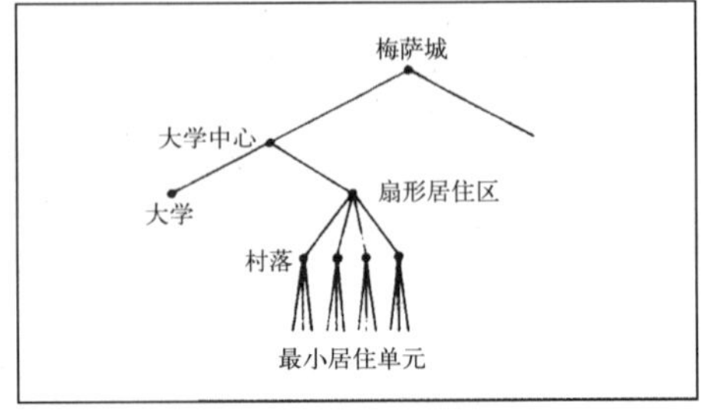

图7

城由位于城中部的商业中心提供服务，而商业中心又和居于首位的行政中心相连接。两个附属的带形商业核心区沿着主要干道自北往南连绵不断。附属于它们的是更深一层的行政社区和商业中心，每一部分负责城市的20个扇形区之一（图 8）。

7．巴西利亚，L · 科斯塔（Lucio Costa）方案。整个结构沿中轴线展开。每半边有一条交通主干道。若干平行于它的附属干道依次连入主干道。最后，这些附属干道又和环绕超级街区的道路相连（图9）。结构是树形。

8．公有社区（Communitas），珀西瓦尔 · 古德曼和保罗 · 古德曼方案（Percival and P aul Goodman）。公有社区很明显地按树形组成：它首先被分成四个主要的同心圆环区。最里面是商业中心，接着是大学，第三是居住区和医疗区，第四为旷野乡村。每一部分又被进一步分为：商业中心由巨大的圆柱摩天楼代表。摩天楼包括五个分层：机场，行政管理，轻工业，商店和娱乐；并且在底

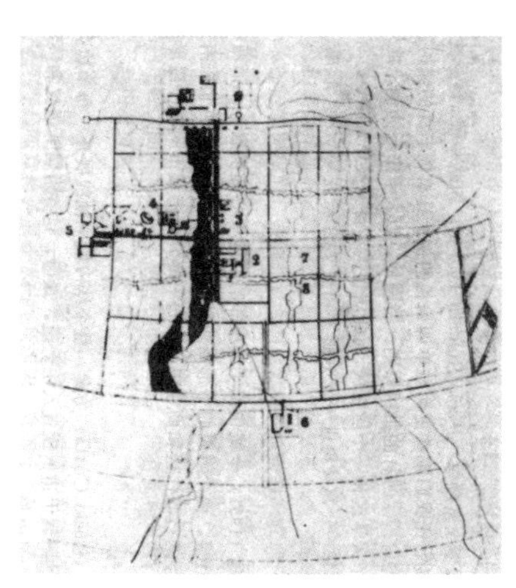

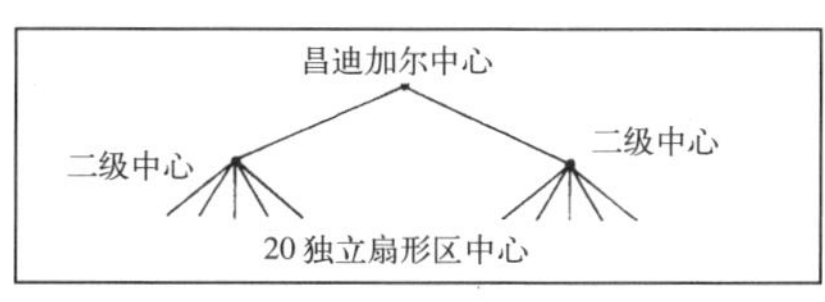

图 8

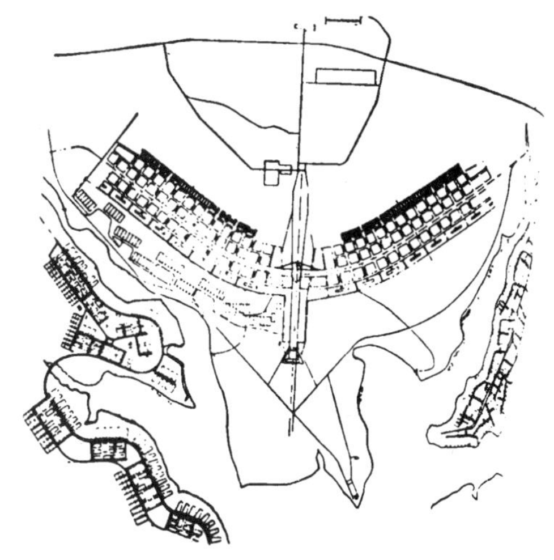

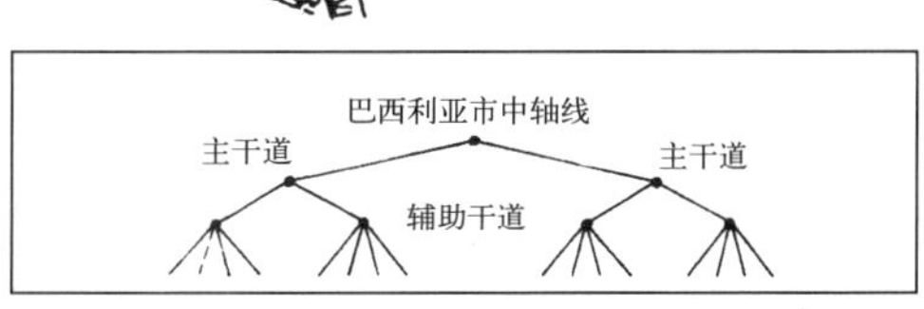

图 9

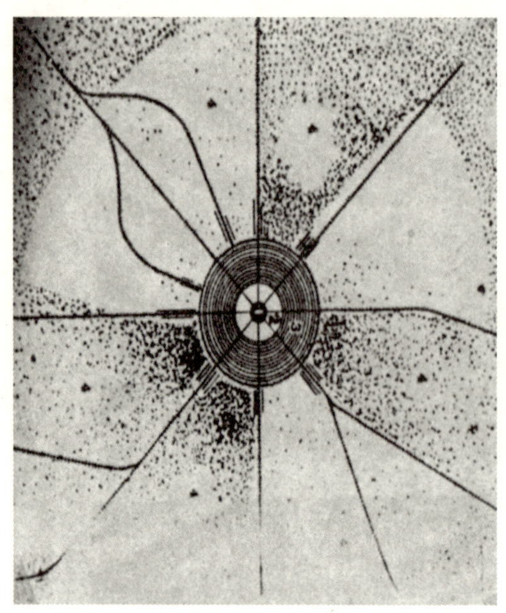

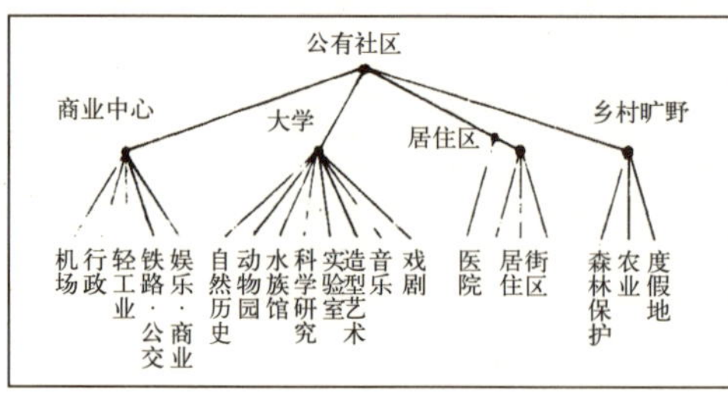

图 10

部有铁路、公共汽车和机械装置。大学被划分为八个扇形区：自然历史，动物园和水族馆，天文馆，科学实验室，造型艺术，音乐和戏剧。第三个同心环被分为若干含有4000人的街区。每个街区都不包括独立式住宅建筑，仅包括公寓楼群。每一公寓楼又进一步包括独户式居住单元。最后，旷野乡村被分为三个部分：森林保护区，农业区和度假胜地（图10）。整个组织为树形。

9. 我把最妙的例子留在最后，因为它完整地表现了这类问题的特征。此例出现在希尔伯塞姆（Hilberseimer）的《城市的性质》（The Nature of Cities）书中。他描述了这样一个事实：某些罗马城镇起源于军事营地。然后他显示了作为一种城市原型的一个现代军事营地的图。没有比这结构更清楚像树形了（图11）。当然，这个特征在这儿是合适的，因为军队的结构要求精确地形成，以便树立纪律和严格。当一个城市赋予树形结构时，这就是对此城市和它的人民所要发生的状况。底下一张照片显示希尔

图 11

伯塞姆本人的一个基于军营原形的城市商业区规划。

这些都是树形结构。

构成人造城市的单元总是被组织成树形。为了真正清楚地理解这一切意味着什么，让我们再次定义树形结构：

无论何时我们有树形结构，这都意味着在这个结构中，没有任一单元的任何部分曾和其他单元有连接，除非以整个这一单元为媒介。

这种限制的危害究竟有多大是难以领悟的。这有点儿像一个家庭中的成员不能自由地和外人交朋友，除非整个家庭和外界交友一样。

树形的结构简化性就好似为了简洁有序而坚持强求壁炉上的烛台应绝对笔直和绝对对称于中心。相比之下，半网络是一种复杂组织的结构形式，是具有活力的事物的结构——是美妙的绘画和交响乐的结构。

为了避免有条理的思维不至于因害怕任何并非以树形加以清楚地联结和分类的事物而畏缩、必须强调指出，交叠，模棱两可，多重性和半网络的思维并不比呆板的树形缺乏条理性，而是更多。它们代表一个更密集，更紧密，更精细和更复杂的结构观点。

现在让我们看一下，在不受人为概念限制时，自然城市显出本身为半网络结构的状况。

一个有活力的城市应是，且必须是半网络形

我所描述的每一个树形中的每一单元都是在有活力的城市中某些系统的固定不变的遗留物。例如，住宅是家庭成员及其感情、财产之间互相交往的物质遗留物。超速干道是运动和商业交往的遗留物。但是，树形仅含有极少这样的单元——以至于在像树形一样的城市中，仅有很少的系统能够有一个物质的对应物。成千的重要系统则没有此物质对应物。

在最坏的树形中，一些确实存在的单元也没有对应

于任何生命客体；并且那些由于它们的存在才使城市具有活力的真实系统也没有被提供任何物质容器。

例如，不管是哥伦比亚规划，还是斯坦的方案，都没有和社会实体相一致。方案中的实际布局和它们作用的方式提出了一个愈来愈强地闭合在一起的社会组织的等级状况。这种等级的范围自整个城市起直至家庭。每一社会组织由不同强度的社团束缚组结而成。然而这完全是不真实的。

在一个传统的社会中，假如我们要求一个人举出他最好的朋友们的名字，然后挨个要求这些朋友们中每一个列举他的最好朋友的名字，则他们都将列出相互的名字以至于形成了一个闭合的团体。一个村落就是由若干这类彼此分开的闭合团体所形成的。

但是，今日的社会结构已是完全不同了。假如我们要求某人列举其朋友的名字，然后依次要求这些人列出他们各自的朋友，则他们将列出不同的人，很可能列出第一人完全不认识的人；这些人又将再举出其他人，如此扩展开来。在现代社会中，实际上不存在闭合的团体。今日社会结构的现实中密布着互相的交叠——朋友和熟人系统也形成了半网络，而不是树形（图 12）。

图 12

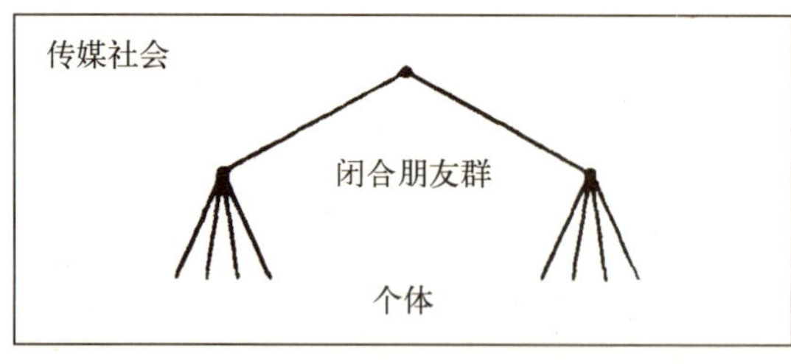

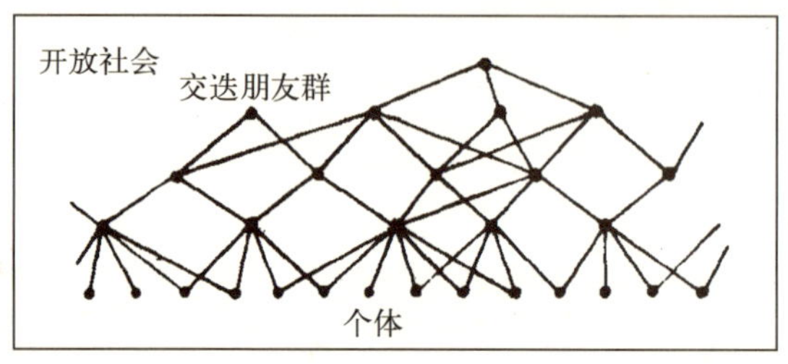

在自然城市中，甚至在一条长街两边的住宅（不是在略小的住宅群）也是对这样一种事实的更准确无误的认可，即，你的朋友不在隔壁邻居家，而是远着呢，要坐公共汽车或小汽车才能去他家。在这方面，曼哈顿比格林贝尔特有更多的交叠。虽然人们也能争辩说，在格林贝尔特，朋友们之间也仅需行驶几分钟，但是人们必然接着会问：既然一些社团由于物质结构中的物质单元而得到强调，为什么在社会中他们又是互不相干的社团呢？

R·格拉斯（Ruth Glass）提出的20万人口的米德尔斯布勒（Middlesborough）城的再发展规划揭示了树形结构决不能恰当地反映城市社会结构的另一方面。她曾建议将此城市分解为 29个独立的邻里。她通过确定建筑形式、收入和工作类型发生明显差异的地方，选取了她的 29个邻里。然后，她向自己提出了这样的问题："假如我们考察一下居住在此邻里内的居民中实际存在的一些社会系统，那么，由这些不同的社会系统限定的物质单元都限定同样的空间邻里吗？"她对此问题的回答是："不，它们并非如此。"

她所考查的每一个社会系统都是结点系统。它由某种中心节点，加上使用这一中心的人组成。特别地，她取小学、中学、青年俱乐部、成年俱乐部、邮局、蔬菜水果店和糖果杂货店为中心。每一个中心都有一定的空间区域或空间单元吸引它的用户。这些空间单元是整个社会系统的物质遗留物，所以，用本文的术语，也是一个单元。图13显示的是相应于滑铁卢大道（Waterloo Road）这样一个单独邻里中各种不同中心的单元。

深色轮廓线是称为邻里的界线。灰点代表青年俱乐部，实线小圆圈代表其会员的住处。点圆为成年俱乐部，它的会员的住处组成由破折线为边界标志的单元。白色矩形为邮局，虚线标出含有其用户的单元。中学由其中有一白色三角在内的圆点标出。它和它的学生们共同形成了由点划线标出的系统。

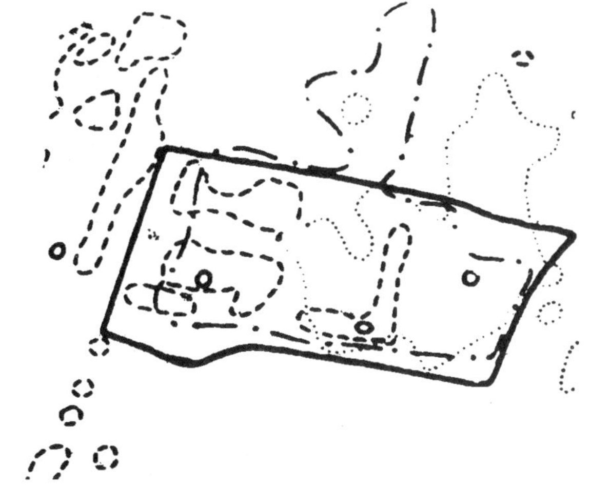

图13

正如你立即能够看到的，不同的单元并非一致。然而它们又不是分开的。它们互相交叠。

我们不能够借助于29个大而方便的、称为邻里的积木块获得米德尔斯布勒城是什么样或者应是什么样这么一张合适的图。当我们用邻里描述城市时，我们已经含蓄地假定，在任一此类邻里中的较小元素都如此紧密地聚在一起，以至于它们仅能通过它们本身所属的邻里作媒介和其余邻里中的元素交往。R·格拉斯本人明确地指出这不是事实。

图 14 和图 15 是两张沃特卢的邻里图。为了讨论起见，我将其分为若干小区。图 14 显示出这些部分事实上如何互相粘附在一起。而图 15 显示出此再发展规划所标榜的它们是如何粘附在一起的。

在各种中心的性质中，没有任何东西表明它们的汇集区域应当相等。它们的性质是不同的。所以，它们所限定的单元也是不同的。自然的米德尔斯布勒城忠实于它所具有的半网络结构。只有在人造的树形城市概念中，它们的自然、适当和必要的交叠遭到破坏。

同样的事情也以较小的规模发生。以行人和车辆之间的隔离为例，这也是勒·柯布西耶、路易·康和其他许多人提出的树形概念。若非常粗浅地想一下，这明显是一个好主意。每小时60英里的汽车和蹒跚学步的儿童混杂在一起是危险的。但这并不总是一个好想法。按生态学观点，有时候某种情境实际要求对立面。设想你步出第五大街的商店：你已逛了一下午商店，手上提满了包

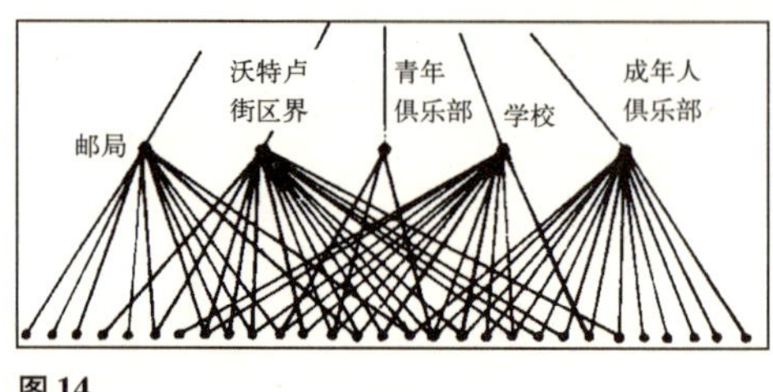

图 14

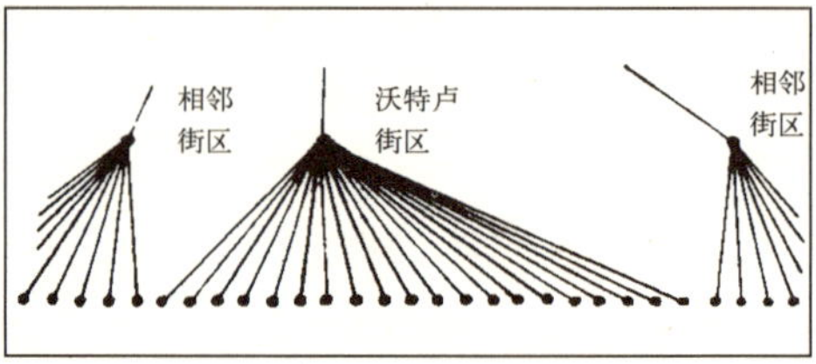

图 15

裹，你想喝一杯饮料，而你的夫人一瘸一拐地走着。感谢上帝来一辆出租车！

然而，都市的出租汽车仅当步行者和车辆并没有严格分离时才能起作用。四处徘徊的出租汽车需要一个快速的交通网，以便它能够驶经大片区域从而确保能找到雇主。行人需要能够从步行区中的任一处都可招手即来出租汽车，并能抵达他所希望去的步行区中任一处。包括出租车的系统要求既和快速交通网相交，又和步行道系统交叠。在曼哈顿，步行者和汽车的确分享着城市的某些部分，由此这种必要的交叠受到保障（图 16）。

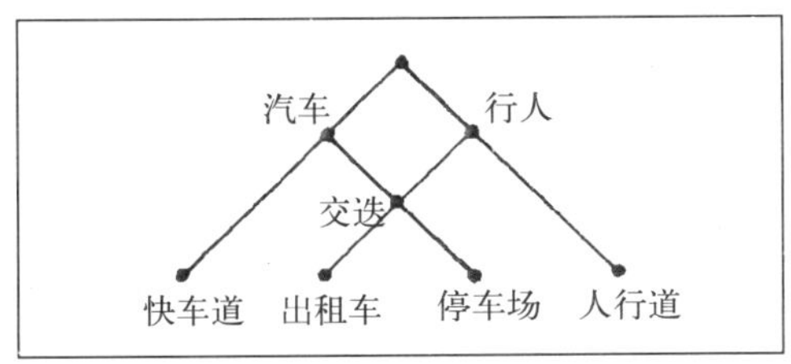

图 16

得到CIAM理论家和其他人青睐的另一个概念是娱乐部分和其他任何部分的分离。这个概念以游乐场的形式在我们的现实城市中具体化了。用沥青铺成并以围篱隔开的游乐场不是别的，正是我们对这一事实的形象化承认，即，“游乐”作为一个孤立的概念而存在于我们的思维中。这种概念和娱乐生活本身毫不相干。自重的儿童几乎不会在这样的场地游玩。

儿童们惯常的娱乐每天在不同的地方进行。某天也许是在室内玩耍，另一天在友好的加油站内，再一天在遗弃的空房内，又一天沿着河边，又一天则在周末不干活的建筑工地上。任一这类游乐活动和它所需要的客体组成一个系统。它并非割断了和城市中其他系统的联系而孤立存在着。不同的系统互相交叠。此外，也和其他许多系统相交。被视为游乐场的物质场地这一单元，必然存在同样的情况。

这就是发生在自然城市中的状况。游乐在成千的地方进行——游乐在成年人生活领域的每一处空隙中进行。孩子们玩的时候，他们的环境是充裕的。可是，在篱笆围起的场地内，一个孩子怎能有充裕的环境？他不可能有。在半网络结构中，他能够得到的；在树形结构中，他不可能得到。

古德曼的公有社区和索勒尔的梅萨城的树形结构中，存在着同样的错误。二者都将大学和城市的其他部分分开。实际上，人们也可以从常规的美国式孤立校园再次认识到这种状况。

到底为什么要在城市中划一界线，以至于界内为大学所有，界外为非大学？这在概念上是清楚的。但是，它是否符合于大学生活的现实？这肯定不是存在于非人造大学城内的结构。

以剑桥大学为例。在一些地方，三圣街（Trinity Street）实质上和三圣学院（Trinity College）几乎无法区分。位于街上的一座步行天桥字面上是学院的一个部分。沿街的建筑，虽然在底层含有商店、咖啡馆和银行，但上层也包括了大学在校学生的宿舍。在许多情况下，街道建筑和老的学院建筑是如此交织一起，以至于任何一方建筑的改建都必然要牵涉到另一方。

总有许多大学生活和城市生活交叠的活动系统：逐店闹饮，喝咖啡，看电影，散步。在一些情况下，学院的所有系科也许会积极地卷入城市居民的生活中去(有附属医院的医学院就是一例)。在剑桥这个大学和城市一起逐步成长起来的自然城市中，物质单元互相交叠，因为他们是互相交叠的城市和大学系统的物质遗留物（图 17）。

图 17

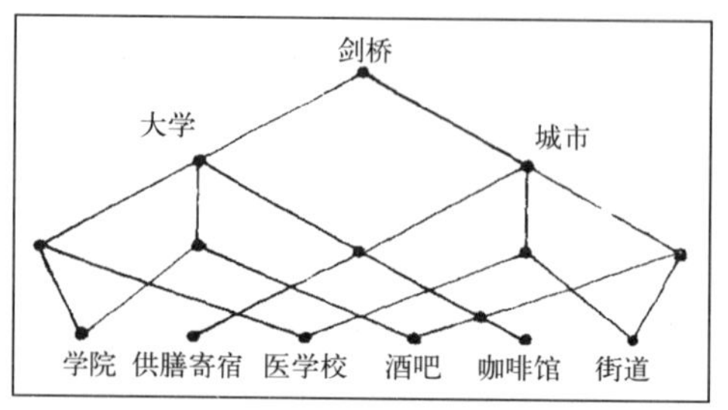

接着让我们看一下在巴西利亚，昌迪加尔，MARS的伦敦规划，以及最近的曼哈顿的林肯中心（Manhattan

Lincoln Center）所体现出的都市核心等级制。在林肯中心，为纽约市大多数市民服务的各种表演艺术云集于此，从而仅形成了一个核心。

一个音乐厅要求毗邻于一个歌剧院吗？两者能赖以互为生存吗？曾有何人在一晚上贪婪地光顾两个剧场？或者即便是去了一边的音乐厅后又买歌剧院的票？在维也纳，伦敦，巴黎，每一种表演艺术都有自己的范围。每一个都在城市中创造了自己的熟悉部分。即使曼哈顿本身，卡内基剧场和大都会剧院也并不并肩矗立。它们都有各自的立足之地，并且如今创造了自己的气氛。二者的影响互相交叠于城市的某些部分，并使其成为独一无二的部分。

林肯中心集所有这些功能于一身的惟一原因是表演艺术这一概念把它们互相连结在一起。

但是，树形结构和单一都市核心等级制概念（这是树形结构的起源母体）并未阐明艺术和城市生活之间的关系。它们只不过源于每一个头脑简单的人特有的，把同名物品放入同一筐内的癖好。

始于托尼·加尼尔（Tony Garnier）的工业城，并由1933年雅典宪章（Athens Charter）[4]加以具体化的，工作区和居住区的完全分离如今已存在于每一个人造城市并在每一处强制分区的地方得到接受。这是一个正确的原则吗？人们很容易理解，本世纪初那种糟糕的情况是如何敦促规划人员试图把肮脏的工业区迁出居住区的。但是，这种分离却丢弃了种种系统，而这些系统为其自身的生计仅需二者的一小部分。

[4] 原文为1929年雅典宪章。据查CIAM于1933年提出雅典宪章。特此更正。——译者

简·雅各布描述了在布鲁克林（Brooklyn）后院作坊工业的增长。某个希望开办一小企业的人需要空间，而此空间很可能就在他的后院内。他也需要和正兴旺着的大企业及他们的顾客间建立联系。这就意味着后院作坊系统要求既属于居住区，又属于工业区——这些区域需

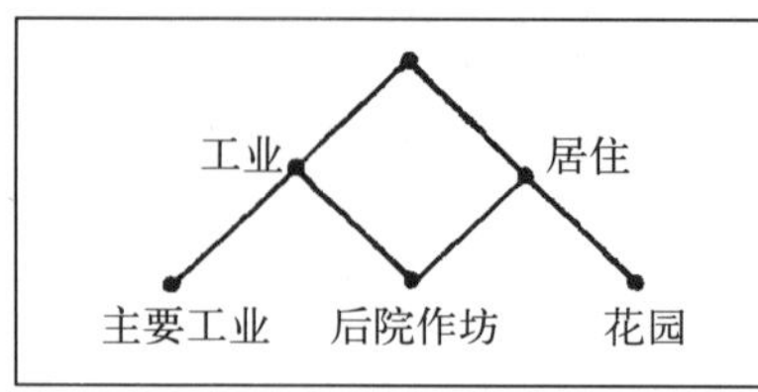

图 18

要交叠。在布鲁克林，区域是互相交叠的（图18）。而在树形城市中，它们不可能交叠。

最后，让我们考察一下把城市瓦解为孤立社区的二次划分。正如我们在艾伯克龙比的伦敦规划中已看到的，这本身也是树形结构。然而，单个社区作为功能单元没有什么现实性。在伦敦，就像在任何大城市一样，几乎没有人能设法找到一个合适而又离家近的工作。在此社区工作的人来自于彼社区。

所以，存在着成千上万个工人——工作场所系统。每一个系统由一个人加上他工作的工厂所组成。这些系统穿越艾伯克龙比的树形限定的界域。这些单元的存在以及它们互相交叠的性质指明伦敦的富有活力的系统形成了一个半网络。仅仅在规划人员的头脑中，它们才成为树形。

我们一直没有给此以任何物质的表示这一事实带来了致命的后果。照目前这样的情况，每当某人和他的工厂分属不同的行政当局时，含有工厂的社区汇集了巨大的税收，而仅有相对小的消费；而在工人生活的社区，假如主要为居住区，则几乎不能靠税收来获得收入，然而却有着学校、医院等等所造成的巨大额外财政负担。很清楚，为了解决这种不平等，工人——工作场所系统必须确定在城市中实际可识别的单元内。由此可以对这些单元征税。

也许有人会争辩，即使大城市的单个社区在其居民的生活中没有功能意义，它们仍然是最方便的管理单元，因此，它们应当留在目前的树形结构中。

然而，由于现代城市的政治复杂性，即便是这一点也尚属疑问。

爱德华·班菲尔德（Edward Banfield）在新近出版的《政治影响》（Political Influence）一书中，详细阐明了在芝加哥实际上导致影响和控制决策的图式。他显示出，虽然管理和实施控制的渠道有一个正式的树形结构，但是，这些影响和权威的正式链环由于一些特别的控制渠道而相形见绌。这些特别控制渠道在每一个新的城市问题自我暴露时自然地浮现出来。它们的形式取决于谁对此问题感兴趣,谁有着什么存亡攸关的问题,谁有着什么样的与他人作交易的偏爱。

这第二种非正式的，隐含于第一种正式体系内而作用的结构真正控制着公众活动。随着一些问题的此起彼落，它每周不同，甚至时时相异。没有任何人的影响范围完全受制于任何一个上司；随着问题的变化，每人又处于不同的影响之下。虽然市长办公室内的结构图表为树形，但权威的实际控制和实施却类似半网络结构。

似树形思想的起源

树形——作为一种思维方法虽然是如此简洁和绝妙，虽然它提出了将复杂整体分解为单元的如此简单和明了的方法——但是它并没有正确地描绘自然形成的城市的实际结构，也没有描绘出我们所需要的城市结构。

既然在任何情况下自然结构均为半网络，那为什么今天有如此众多的设计者都把城市构想成树形呢？他们这样做，是因为他们相信树形结构将更好地服务于市民？或者，他们这样做是由于情不自禁，因为他们已陷入了一个思维习惯的牢笼，也许甚至被思维进行的方式禁锢住了？或者是由于他们在任何简便的思维形式中不能够包含半网络的复杂性？或者是由于头脑中已形成一个不可抵抗的倾向性,使其无论瞧哪儿都认为是树形,而不能摆脱树形的概念？

我将试图使你相信正是这第二个原因使得树形一直受到推崇并构成城市——也就是因为大脑形成直观可以理解的结构这一能力必然使设计师们受到限制，因而他们不能在单一的思维活动中达到半网络的复杂性。

让我们以一例为开头。

假定我要求你记住四个物体：一个橘子，一个西瓜，一个足球，一个网球。你如何把它们记在心里？记在你的想像中？不管怎样，你都将通过组合来记住它们。你们中的一些人把两个水果归一起，橘子和西瓜，两个运动球归一起，足球和网球。你们中那些倾向于借助物质形状思维的人也许按不同的方法组合，把两个小球归一类——橘子和网球，两个大而更似蛋形的物体归一类——西瓜和足球。也有一些人则两种组合都意识到了。

图 19

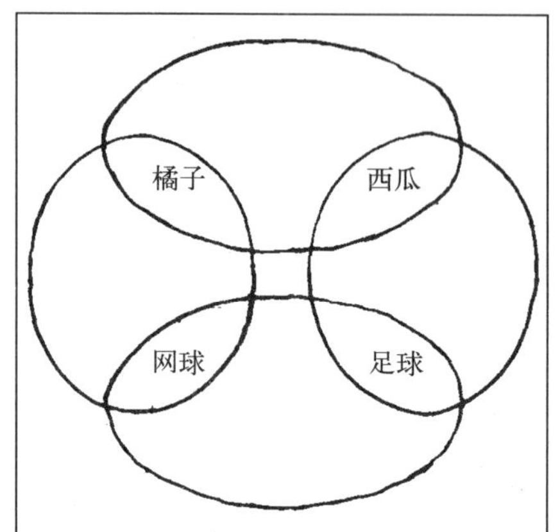

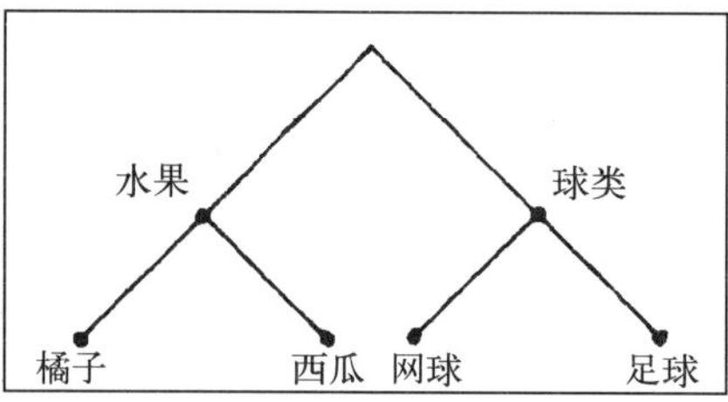

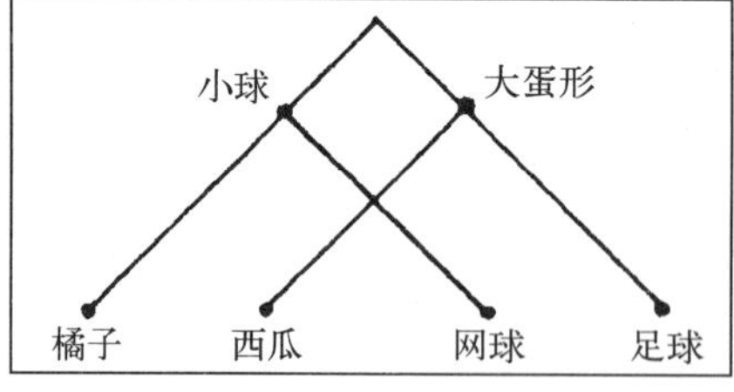

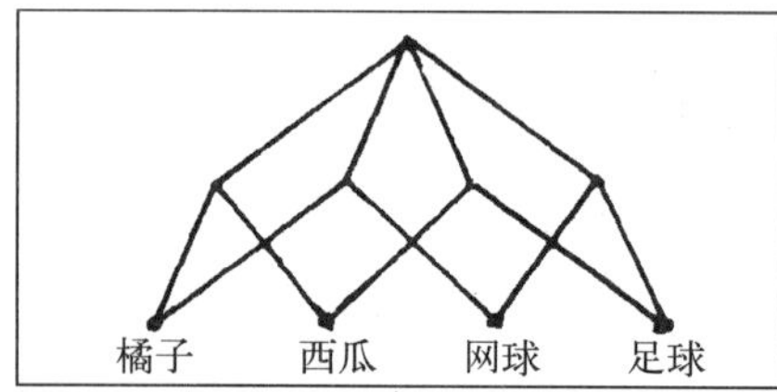

单独选取上述任一组合都只是树形结构。两种组合并在一起为半网络（图 19）。现在，让我们试着在想像中将这些组合形象化。我想你将发现你不能同时使全部四类集合形象化——因为它们互有交叠。你能够使其中一对形象化，然后另一对，你能极快地交替进行这两对的形象化，这种交替如此之快以至于你自欺地认为你能够同时将四对形象化。但是事实上，你不能够在一个单独的思维活动中同时想像所有四类集合。你不能在一个单独的思维活动中促使半网络结构具有形象化的形式。在一个单独的思维活动中，你仅能够使树形结构形象化。

这是我们作为设计人员面临的问题。虽然我们也许不必涉及在一个单独思维中使整体形象化的问题，但原则依然是同样的。树形是思维上可以理解，并易于处理的。半网络结构则难以想像，也难以处理。

今天，人们都已知道组合和分类是最初级的心理过程之一。现代心理学把思想视为在思维中使新的状态适应已经存在的缝隙和小孔的过程。正如你不能同时将一件物体放入不止一个物质小孔内一样，依此类推，思维过程同样阻止你将一个思维产物同时归入不止一个思维分类。对这种过程起源的研究指出，这种思维过程实质上萌生于有机体的减小其环境复杂性的要求。有机体通常在它所遇到的不同事件间设立屏障而达到此目的。

正是由于这一原因——因为思维的第一功能是在混杂的状态下减少模糊性和重叠性，并且由于为达此目的，思维的第一功能有着对模糊性的基本不容忍性——因此，像确实需要在其中有交叠集合的城市结构，也仍被坚持以树形来构成。

同样的僵化呆板甚至也缠绕着对物质图式的感知。在哈金斯（Haggins）和我在哈佛大学所作的实验中，我们向人们显示了一些内部单元互有交叠的图式，并且发现人们总是把此图式虚构成树形——即使在半网络图式观点有助于他们进行这一实验任务时，仍然如此。

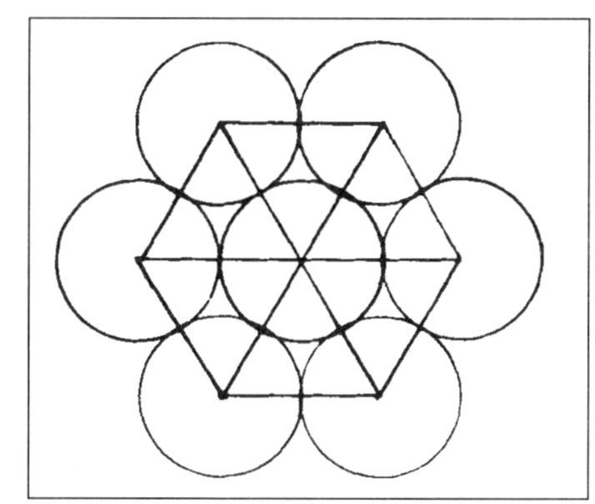

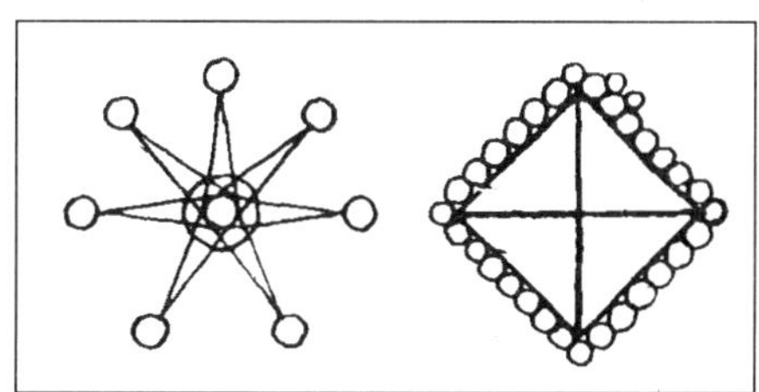

图 20

在弗拉德里克·巴特利特爵士（Sir Frederick Bartlett）的一些实验中，发现了人们倾向于甚至把物质图式构想为树形的最令人惊奇的证明。他用约四分之一秒的时间向人们显示了一个图形，然后要求他们画出各自所看到的东西。许多人不能把握所见图形的全部复杂性，因而通过剪裁掉图形的交叠部分而将其简化。图20包括了两个非常典型的对所示上图的重画形式。在重画的图形中，圆圈和其余部分分离了；三角形和圆的相交也不见了。

这些实验强烈地启示我们，当人们面对一个复杂的结构时，人们优先趋向于用不交叠单元在想像中重新构成这一结构。半网络的复杂性被较简单又易于理解的树形取而代之。

现在，你无疑地感到纳闷，具有半网络而不是树形结构的城市到底呈现什么形象。我必须承认我也不能向你展示方案或者草图。仅仅证实交叠是不够的——交叠必须是正确的交叠。这有着双重重要性。因为设计一个交叠在其间自我形成的规划方案是非常诱人的。这基本就是近年来在高密度、“富有活力”的城市中所存在的状况。但是唯有交叠本身并不足以形成结构。它也能造成一片杂乱无章。一个垃圾箱内也充塞着互相交叠。要形成结构，必须有正确的交叠，对我们来说，这几乎肯定不同于我们在历史古城中所见的旧的交叠。随着功能关系的改变，为了得到这些关系而要求交叠的系统也必须变化。旧交叠类型的再创造是不合适的，那将引起混乱，而不是形成结构。

试图理解到底现代城市所要求的交叠是什么样，以及试图把所需的交叠具体为物质和造型的专门形式这一尝试仍在继续进行中。在这工作完成之前，提出未经慎重考虑、毫不费力的结构草图方案是毫无意义的。

然而，我也许能通过形象使交叠的物质结果更容易

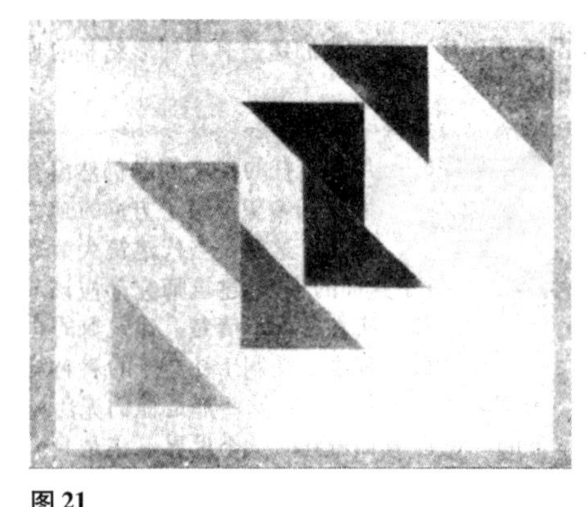

图 21

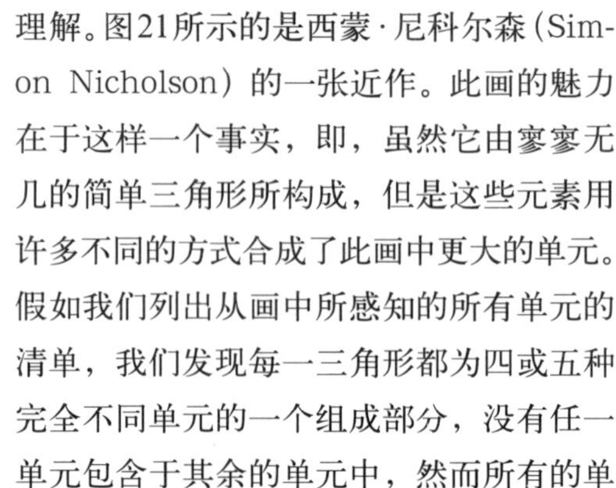

理解。图21所示的是西蒙·尼科尔森（Simon Nicholson）的一张近作。此画的魅力在于这样一个事实，即，虽然它由寥寥无几的简单三角形所构成，但是这些元素用许多不同的方式合成了此画中更大的单元。假如我们列出从画中所感知的所有单元的清单，我们发现每一三角形都为四或五种完全不同单元的一个组成部分，没有任一单元包含于其余的单元中，然而所有的单

元都交叠于那个三角。假如我们给所有的三角形编号，并把那些表现为强烈视觉单元的三角形集合叠出来，我们得到图 22 的半网络。

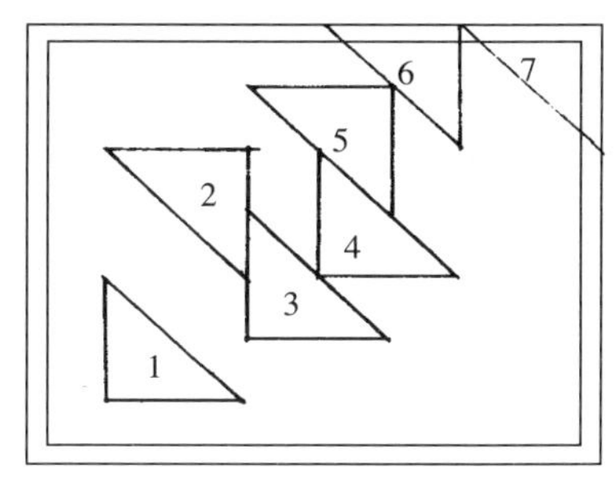

3 和 5 形成一个单元，因为它们合在一起便成了矩形；2 和 4 也形成一个单元，因为它们构成了平形四边形；5 和 6 则因为它们都是黑的并指向一处；6 和 7 则因为它们彼此为对方移至一边的重像；4 和 7 因为互相对称；4 和 6 因为它们形成了另一个矩形；4 和 5 因为形成了 Z 字形；2 和 3 因为它们形成了略为纤细的 Z 字形；1 和 7 因为它们处于相对角落；1 和 2 因为它们是一个矩形；3 和 4 因为它们像 5 和 6 一样指向一处，并形成了 5 和 6 的离心映像；3 和 6 因为它们围住 4 和 5；1 和 5 则因为围住了 2、3 和 4。我仅列出了两个三角形的单元。较大的单元更为复杂。白色部分还要复杂，并且它甚至不包括在图内，因为很难确定它的元素项。

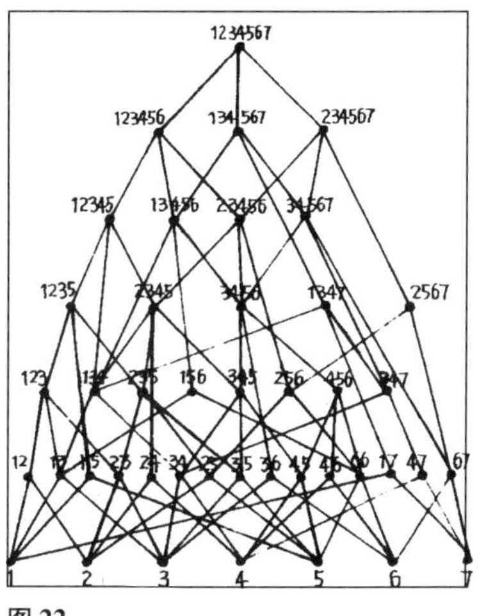

图 22

这张画之所以有意义，并非很大程度上由于其中存在着交叠（许多画都有交叠在其中），而是因为此画除了交叠并无他物。正是交叠，以及此形式表现出的由交叠产生的多重形态使此画产生魅力。它几乎就像画家明确地试图选择交叠作为结构的有生命的生成器。

我所叙述的所有人造城市都有树形结构而不是尼科尔森画中的半网络结构。然而，画和其他类似的映像必然是我们传达思想的媒介物。假如我们希望精确一些，那么，作为现代数学一大分支之一部分的半网络是揭示这些形象的结构的有效手段。我们必须追寻的是半网络，不是树形。

当我们借助树形思维时，我们正在以富有活力的城市的人性和丰富多彩为代价，换取仅有益于设计师、规划师、管理人员和研究人员的概念上的简化。一个城市每一次被撕下其一部分，并且以树形取代早先存在的半网络，则这个城市就朝着瓦解迈出了新的一步。

在任何有机体中，极度分割和内部元素的分裂，是行将毁灭的第一信号。对一个社会而言，分裂是无政府状态。而对一个人来说，分裂是精神分裂症和临近自杀的标志。整个城市瓦解的一个不祥实例就是退休老人和其他城市生活的隔绝。这种离群索居是由于对老年人而言枯燥无味的城市的增长所引起的，就像亚利桑那州的太阳城（Sun City Arizona）。它仅在树形思维的影响下才有可能存在。

分离不仅使年轻人和老年人之间变得不再交往，而且更糟糕的是，它也在每一个人生活中产生了同样的裂痕。当你本人住进太阳城并步入晚年时，你的今天和你的昔日之间的联系纽带将无法确认，将丢失，并且由此而断裂。在你的晚年时节，你青年时代的痕迹已不复存在——两者被分离，你的生活被一截两段。

对人类思维来说，树形是传递复杂思想的最容易的媒介。但是，城市不是，也不能是，并且必须不是树形结构。城市是生活的容器。假如因为此容器是树形结构，从而割断了在其间的生活流的互相交叠，那么这样的城市就像一个盛满直立刀片的碗一样，随时准备切断任何交赋予它的物体。在这样的容器中，生活被割成了碎片。倘若我们建造具有树形结构的城市，那么，这种城市将把我们在其间的生活绞得粉碎。

（原文载于《建筑师》第24期）

中国园林之意义

查尔斯·詹克斯　著
赵　冰　夏　阳　译
冯纪忠　校

译者按：意义的问题是当代建筑理论探讨的主题，而詹克斯则是意义问题的主要研究者。他在20世纪60年代出版的《建筑中的意义》一书中，提出了“物为何”的问题，引起了人们对于意义问题的关注。在《后现代建筑语言》中，他对于建筑意义的信码进行了分析。而在80年代初出版的《标记，符号和建筑》一书中，他进一步以符号学的理论来探讨意义的问题，深化了人们对于建筑的认识。不管詹克斯的探索是否成功，它对于我们创造多元化的建筑总是有益的。

对于我们接触到的中国园林的所有不同意义加以归纳将是徒劳无益，也许是执迷不悟的。它们不可能一概而论，而且中国园林也无一基本类型。传统也决不可归结而成为设计程式。实际上，中国园林在今天还以各种不同的、看上去甚至相反的处理手法在建造着。在康涅狄格州的柴郡，有个叫吴乃森的学者[1]，后面我们会简要谈到他的引人注目的见解，他建造了一个园林，具有王维的田园隐居传统。在台湾，也有一个令人振奋的神奇岛屿的本土复兴。在大陆，一些最著名的旧园已重新修整，许多新园也已应运而生。它们无一相同，可它们却都可以说是中国传统的延续。

[1] 吴乃森（Nelson Wu），曾著有《中国建筑与印度建筑》。

自然对人工

尽管对于历史不能一概而论，但却存在着一系列再现的主题，这些主题表明了基本的观念，其中之一就是自然主义观念。曲径、幽洞、仿建的田舍是何以自然的呢？这个看来难以回答的问题，构成了《红楼梦》中主要争论的一个话题，这个争论说明了人工和自然之间的区别。我们的许多论题围绕着这一区别汇合到一起了：象征儒家简朴的乡间田舍的观念、审美习惯的观念、气的观念和顺应自然的“生气”的需求与符合道的观念的需要。

当贾政、宝玉父子同一群文人第一次视察新落成的园林时，争论就在园中意味深长地发生了。讨论是由于在大观园中部发现了一个模拟的村落——稻香村而开始的（我们可否称它为逼真的茅舍村落？）。这个隐没在几百株杏花之中的村落由数楹茅屋组成。作为一个正统的儒生，贾政对此的反应是：他在所有俗艳中发现了这样一个朴素的景致，得到了宽慰。贾政笑道：“倒是此处有些道理。固然系人力穿凿，此时一见，未免勾引起我归农之意。我们且进去歇息歇息。”

然而，其子宝玉对此却另具慧眼，他对自然的理解截然不同。他年轻，思想活跃，而且未经传统方式的正规教育。——或许，他正是怀疑所受的教育。起先，他说他颇喜欢优美如画的潇湘馆，贾政听了道：“无知的蠢物！你只知朱楼画栋、恶赖富丽为佳，哪里知道这清幽气象。终是不读书之过！”宝玉接着争辩答道：“……但古人云‘天然’二字，不知何意”。也许是被这种戏弄激怒的父亲做出了宝玉希望的概括：“‘天然’者，天之自然而有，非人力之所成也”。

宝玉很容易提出这个看法：“却又来!此处置一田庄，分明见得人力穿凿扭捏而成。”——确实，园中之物不管看起来多么自然，也不管随着时光的流逝自然怎样地将其改变，它们都是人工的。但是贾政早已承认了这些（“固然系人力穿凿”），于是宝玉不得不指责更深的习俗自然观念，而不仅仅追究其父一时的失言了。因而他对这种精心设计的村庄的合理性，及其模拟他所知道的乡村的真实程度，表示怀疑。他说道，“远无邻村，近不负郭，背山山无脉，临水水无源……峭然孤出，似非大观。”

总之，村落因其与周围不协调，因此是不自然的，也即是人工的，特别是当同“有自然之理，得自然之趣”的潇湘馆相比时，更是如此。宝玉在做哪种区分呢?这关键一段的两种不同的翻译引出了问题，戴维·霍克斯[2]的译文是这样的：

“The bamboos in those other places may have been planted by human hand and the stream diverted out of their natural courses, but there was no appearance of artifice. That’s why, when the ancients use the term ‘natural’, I have my doubts about what they really meant.For example, when they speak of a ‘natural painting’, I can’t help wondering if they are not referring to precisely that forcible interference with the landscape to which I object: putting hills where they are not meant to be, and that sort of thing.However great the skill with which this is done, the results are never quite……”（“虽种竹引泉，亦不伤于穿凿。古人云‘天然图画’四字，正畏非其地而强为地，非其山而强为山，虽百般精而终不相宜……”）[3]

正当我们想了解宝玉的结论时，贾政喝止了他，争论中止了。但安德鲁·普莱克斯把宝玉这里的陈述曲解为“讨厌被迫发表意见，有意玩弄自然二字，而非汉语中如此贴切归结的天然”。[4]他继续援引园林指南《园冶》，该书告诫人们不要违背自然之理（“得体”）。然而正如我

[2] 霍克斯（David Hawkes），英国牛津大学教授。

[3] 詹克斯的引文出自戴维·霍克斯的《红楼梦》译本第334～337页。

[4] 见安德鲁·普莱克斯（Andrew Plaks）《原型与隐喻》第186页。对于贾氏父子的这场争论，普莱克斯有不同于霍克斯的译文。见该书第185页。

们在章节的插图里所见到的那样，有两种截然不同但相互混淆的观点，构成了“气韵生动”的基本原则。它是内在创造自发性，即画家内在“生气”的原则，而这种原则涉及了内在生气同外部自然的“和谐”。它既是心理学又是实在论的，既是创造性个体又是创造性自然的法则。

宝玉用这种混合的字眼不仅来反对其父那种传统儒家的简朴观念，同样也反对画家的习俗。当他把这些观念同自己对自然的理解相对照时，他发现这些观念都难以置信。他甚至会同意奥斯卡·王尔德[5]的文雅戏谑“所谓自然就是这么一种难以保持的状态”。这种传统观念的类似争论，在18世纪也曾由英国造园理论家们以极大的热情独立进行过，他们促成了一种对较不规则布置的爱好，这种布置对于英国田园恐怕更为自然，而模式还是人工的，还是像洛兰[6]和蒲桑[7]的罗马旷野绘画一样!如果“自然的”意指“处在原始状态”的话，那么所有的园林就必定是人工安排的，就像园中生长的大多数植物一样。这样一来，贾政和宝玉之间的争论就是假争论。诚然，对于“从整体考虑场所精神”和形象化地突出自然效果，英国人和中国人有着共同的爱好。当他们按习惯这样做时，都以自然主义为其理由，而在讨论奇山怪石这类显而易见的人造物时，又轻易地放弃了自然主义的理由。这种明显的、长期延续下来的矛盾表明，自然主义的理由忽略了某些深藏的价值。

欲为自然当然要遵循自然之道，使自己顺从季节、植物、宇宙的基本节律，以使内部存在和外部现实之间不发生矛盾。由于此即画家之观念，而在某种不同意义上，也是儒家“礼”（秩序或品行的准则）的观念，因此当宝玉和贾政都阐明了各自对“自然”的看法时，许多看法就站不住脚了。我们看到了一种基本的哲学争论，一方面是儒家的简朴观念和道家的无为观念，画家的“生气”观念；另一方面是表现这些观念的一些习俗。这场争论发生在园林之中不足为奇，因为园林确是宇宙

[5] 奥斯卡·王尔德（Oscar Wilder 1856～1900），英国剧作家、诗人、小说家及批评家。

[6] 洛兰（Lorrain 1600～1682），法国风景画家。

[7] 蒲桑（Poussin 1594～1665），法国画家。

的缩影，所有的作用力都呈现或至少表现在园林之中了。——这就是把我们带向了构成中国园林的下一个最重要主题的思想。

丰富性与无尽的极化

正如我们所看到的，园林是以多种方式来使用和理解的，其中有些是相互矛盾的。这种充满互斥的用途初看起来使我们无法进行归纳和理解，但当我们转而细心着眼于这种丰富性和矛盾性时，千变万化的图式便开始变得清晰起来了。园林，作为大自然的缩影，其中在美学层次上必然包容所有的体验，这种包容形成了一种特殊的空间，我们将简略地对此加以讨论。

园林是用来隐居、会友、学习、偶尔嬉戏的，也是用来怡情、养植、赋诗、沉思和全家出游或舟游的，皇家园林甚至用来做军事演习。与日本或英国的较恬静、较松散的园林生活相反，中国园林生活兼容了日常使用和静思的双重内容。由于中国园林是主人生活和性格的某种象征，因此园林必定表现和反映主人的日常活动及其抽象的思想。这样，就赋予园林一个不能完全实现的功能：它应象征整个宇宙万物，并使这一丰富性更易理解。安德鲁·普莱克斯认为这是文人园林的基本作用："所有文人园林，其封闭的空间清楚地'代表'了天地万物的所有总体。"[8]但这又产生了一个问题，因为尽管园林力图表现宇宙万象的整个可理解性和任何事物是可知的思想，它也是很清楚地反对单以文学思想来把握这种知识的。

园林解决这种难以调和的困境的方式有两方面：在一个紧凑空间中力图结合每个小的体验；始终保持阴阳（即虚实）两极相冲，也即普莱克斯指出的另一种五行（一般意指"很多"）的原型图式[9]。总之，园林通过其规范的手法来表征宇宙。这在一定程度上解释了对于我们如此陌生的中国园林的特征：意义密集地填塞在一个很狭

[8] 见《原型与隐喻》第146页。
[9] 同上，第50页。

小的空间里，紧密包容体验，外观不断变化。由于心情和景色不停地变换，以致中国园林无法以美学术语来加以阐明。18世纪的作家沈复的一段名言把象征手法同美学的动因联系了起来：

“若夫园亭楼阁，套室回廊，叠石成山，栽花取势，又在大中见小，小中见大，虚中有实，实中有虚”。[10]

[10] 见沈复（1763～1807）《浮生六记：卷二·闲情记趣》第19页。

换言之，一物乃是他物之替代或象征——园林的部分在体现更大的宇宙部分。熟悉这种象征手法的文人甚至懂得怎样以现有的特质来表示未有的特质，用秋季的景色来暗示未来的春天，以每一可见的质——石、空、复色来暗示对应的水、实、单色。这种否定的象征手法是一个再现的主题，如同我们在皇帝及画家文人的态度中看到的：他们对于秋意、古树、空灵都有很高的情趣，其中部分原因是，这些物质都象征着它们的对立物。任一园林中都设计了对立的两极，以保持盈亏交错。如果某一特质太多，设计者就应想办法使钟摆摆向另一端，不使其静止，而使其不断摆动。沈复接下来的一段话道出了这种无尽的极性作用：

“或藏或露，或浅或深，不仅在周回曲折四字，又不在地广石多徒烦工费。”[11]

[11] 见沈复（1763～1807）《浮生六记：卷二·闲情记趣》第19页。

如同造园者的性格一样，造园工作也非完美无缺的，而是不断兴衰变更的。但这样的象征理由不足以说明园林形态庞大复杂的特性：园林的特性还受其他动机的影响。

具有魔力的空间

如果园林确是严肃地试图表征宇宙，而且真也表征永恒之国或佛国乐土的话，那么园林的结构应同其他的宗教形式或礼仪空间具有某些共同之处。正如我们所看到的，园林的起源与圣山魔石有关，同某些皇帝向往长生的实际（和灾难性的）企图有关，也同源远流长的文人隐士力图与神秘的道相和谐的传统有关。一些当代作家曾经声称，中国人对自然的热爱如此之强，显示在中国的山水画及园林之中，构成了同儒家、道家及佛家一样的一种哲学或信念。这样就有理由把园林平面视为某种朴实的宗教形式，并且运用这一观点来探问它所产生的是何种的体验。

埃德蒙·利奇在最近对各种交流的研究中指出了与神话、仪式、禁忌和宗教有关的形的典型结构[12]。他发现，在这种神话逻辑形式下，有一种相当不同于常规事件逻辑的图式，一种归于正常状态中断，边界超越的图式。按照他的观点，具有高墙围合的明确边界、对称的平面布局和细致划分社会等级的儒士之宅，可与有意模糊内部边界、无明确秩序，也不对称的道家花园并置在一起。

[12] 见埃德蒙·利奇（Edmund Leach）《文化与交流》："联结符号的逻辑"第33～36页，第82～83页。此书在分析各种神话、仪式和社会行为的形式方面颇有新见。

利奇集中在人们划分所有活动的方式这一关键的概念上，比如像把连续的时间流分割为秒、小时、天这样的任意划分。这些划分把自然的或生物的生命流规定为分立的单元，这样就获得了社会和宗教的意义。因而人们可以用标志各个分立的社会状态之间的过渡的仪式来表明社会时期，例如青春期礼仪、婚礼、葬礼和医治仪式等。标志着每个清楚划分的社会状态的界限，如未婚和结婚之间的间隙是充满了渴望，而且被作为永恒的、不定的和神圣的来体验的。同理，由于中国园林不规则和难以理解的图式中断了城市的正常的社会和功能关系，或许我们可以把它称作"无穷的空间"。

利奇继续描述了这些不同状态间的中介的作用，并发现了一原型结构，不管这个中介是举行占卜或举行祭祀这类宗教活动的形式，还是像教堂这样的实际建筑。在所有这些情形中，中介的共同之处是，他、她，或它具有"阈限性——既世俗又神圣，既人类又动物，既是栽培的又是野生的"。介于天堂和人间的圣经的预言家占据了"荒野里"的双重位置。同样，基于对立极的中国园林也力图调节相当矛盾的方面，如既有奢华的后宫游园又有带小块菜地的儒家农舍，既有道观又有舟游的场景。中国园林是利奇所描述的同一种“阈限区”，它也像另一些仪式场所，如教堂、墓地和神殿那样，起着许多中介的作用。所有这些宗教或神圣的场所试图打断日常的社会时间，以不正常的和神圣的事件来破坏正常的事件流。当然神圣的事件必须发生在现实的时空中，但它标志了瞬时和永恒状态的转变，甚至可以作为非流衍的存有而被体验。如同观看一场使人印象深刻的话剧一样，在使人信服的中国园林中，人的分散和有序间隙感被新的秩序所超越——那就是事件顺序本身。

但同时园林果真可以被认为是更大意义上注意神圣和世俗领地的“阈限区”吗?多亏支持这一观点的当代学者吴乃森从一个相当不同的角度得出了相似的结论（他曾在中国园林中生活过，又在康涅狄格自行建造了一个）。在《中国建筑与印度建筑》一书中，他注意到，许多不同的中国建筑的关联所表现的四方形和圆形的普遍图式，像建筑平面、坛场、习惯上分别象征着地与天。

“（中国）城市的非自然的方形限定了其中的区域，同时也确定了其外的意义。相同的非自然秩序，即礼（用以约束人的行为和情感的人为社会规范和礼仪）只是相对四面城墙而起作用的。礼的宗师孔子就说过，‘方外’将在其关心之外，而这话在价值体系不同的道家经典著作《庄子》中也是有意义的。以天圆地方的基本概念设计的中国坛场就是由一系列同心的圆形和方形交替组合而成的，它们从中心向外扩散，而以方形（人的秩序和知识）或圆形（自然的混乱和真理）开始、终结……每个方形之外和下一个更大的圆形之内的区域习惯上称作“天人之间”。在这种永恒的否定空间之中，在理性与激情，准确直线与随意曲线，有限与浪漫的无限之间展现着介于建筑与山水画之间的中国园林”。[13]

[13] 见吴乃森《中国建筑与印度建筑》第45～46页。其中孔子所言见《庄子·大宗师（六）》，“孔子曰：‘彼，游方之外者也；而丘，游方之内者也。’”

为了了解园林何以同祭坛共具这种双重的、奥秘的形式，我们可以审视一个建成的园林平面，苏州留园。在平面的南部和东部，我们可以辨认出儒家宅第的布局要素。厅和庭院面南对称布置，表达了既定的社会秩序；然而通过引进多不胜数的紧凑空间、急拐角、借景以及叠石和树木，这个秩序被突破并复杂化了。这些地方并不是住宅，尽管人们可以也确实在那里生活。它们颇像介乎人间和天堂中途之间的超常“阈限”空间。东部的主要建筑物叫鸳鸯厅，隐喻夫妻幸福，这种隐喻体现在厅的分割、结合以及对称的平面之中。此种礼仪和社会意义以及隐喻的无所不在加强了二元的阐示：这种场所意味着作为同时占有两个世界来理解。而它确实是包涵着一个有待辨认的宗教论点的整体平面。我们可以理解什么呢?确实是混乱，多相性，无限的空间和永恒的时间。

对平面上充满匠心的曲折入口通道，中心周围的蔓生物，叠石和水体的复杂组合等进行了研究，又对园内拍摄的难以辨认拍摄方位的许多照片进行了研究之后，相当明显集中到一点，那就是设计并不意味着要人理解：尺度单元重复得还不足以形成一种图式，它主要是不存在的主题的变化；而中心与边界、前与后之类的方向性问题并不十分要紧。尽管主要的水池亭榭是一种中心，但这个中心却被一系列微小的中心冲淡了，事实上在这个园林中不停地前进将会不断取得有趣的体验。这里没有像在凡尔赛宫那种气势的“中止感”。尽管最终可以觉察出这里存在着一种结构复杂的秩序，但是中国人不像法国人和意大利人那样像是坐在理性的直升飞机上从上面概念化地进行园林布局。中国园林是作为一个线性序列而被体验的，使人仿佛“进入幻境的画卷”，趣味无穷。正如许多宗教和礼仪的体验一样，使内部的边界做成不确定或模糊，使时间凝固，而空间变成无限。显而易见，它远非只是复杂性和矛盾性的美学花招，而是取代仕宦生活，有其特殊意义的令人喜爱的别有天地——它是一个神秘自在、隐匿绝俗的场所。

（原文载于《建筑师》第 27 期）

编后记
——致《建筑师》的朋友们

《建筑师》杂志创办于1979年，是一本大型综合性学术刊物，已出版一百二十多期，刊登过大量具有很高学术价值的论文、译文，是中国建筑界最具学术份量和影响力的刊物之一。在其长达28年的办刊历史中，《建筑师》杂志浸透了几代编辑的心血，笼聚了大批优秀的专家、学者、职业建筑师与青年学生，记录了他们的历史印迹以及20世纪后期中国建筑理论的发展史。

2006年起，应《建筑师》新老读者的强烈要求，编辑部系统整理了《建筑师》从创刊以来所有的过刊。在翻阅那些纸页已发黄、变脆的杂志时，几位同仁们经常无法平静，《建筑师》的历史是多么辉煌又凝重啊，它见证了多位老一辈建筑泰斗晚年的呕心沥血和巨星一般的陨落，也见证了新一代建筑师的冉冉升起，而后者当中的许多人已成为当代建筑界炙手可热的人物；更多的，那些曾经关注过、热爱过《建筑师》的人已涌进人群中被岁月湮没。然而——思想的声音没有老去，那些智慧的文字足可以穿透这几十年再次闪光，把这些精华结集出版而不至于流失则是我们严肃而刻不容缓的责任。

本套《建筑师》丛书的策划，围绕着思想、人、事件等几条主线分别展开，文章的甄选经过了慎重的考虑，以启发性、经典性、思想性为主，首先出版的第一辑包括三本，分别为：《从现代向后现代的路上》(I) 与 (II)，《逝去的声音》。《从现代向后现代的路上》精选了从1979年以来，引导并反映了世界范围内建筑思潮一路演变的经典译文，这些文章的原作者都是20世纪后半叶国外建筑界最有影响力的人物，而译者则都是多年来深受大家爱戴、敬重的老学者，他们其中有些人已经离开了我们。《逝去的声音》一书精选了童寯、杨廷宝、陈占祥、陈从周、汪坦几位先生在去世前几年留下的珍贵篇章，这些文章立意深刻，深入浅出，耐人寻味，也罕见于其他书籍、资料中。接下来还将出版的第二辑将包括《外国建筑大师思想肖像》与《城市演变下的历史中国》等。

从书的甄选与出版过程期间，得到了来自读者朋友的很多关心和支持，没有你们的鼓励和建议就没有这套丛书的出版，期望这套书问世后能成为《建筑师》奉献给你们的一份小小的礼物，再次感谢你们。

《建筑师》编辑部